观赏龟图鉴

ATLAS OF FRESHWATER TURTLES

周 婷 陈如江 韩克勤 编著

中国农业出版社
北 京

图书在版编目（CIP）数据

观赏龟图鉴/周婷，陈如江，韩克勤编著．—北京：中国农业出版社，2023.4
ISBN 978-7-109-30578-6

Ⅰ.①观…　Ⅱ.①周…②陈…③韩…　Ⅲ.①龟科－图集　Ⅳ.①Q959.6-64

中国国家版本馆CIP数据核字（2023）第060478号

内容提要

《观赏龟图鉴》全书由六章和附录组成。第一章观赏龟概述，介绍了观赏龟文化传承及发展、观赏龟产业现状及发展趋势、龟类生物学、快速识别龟类方法。第二章观赏龟种类，重点介绍200种水栖龟类（含半水栖龟类），以文字介绍中文名、拉丁名、分布、属和种的主要特征及其观赏性特点；以图标形式展现生态类型、食性、CITES公约级别、国家重点保护级别；以彩图展示龟的头部、背部和腹部体色、斑纹、形态特征。第三章龟类变异和杂交，介绍变异和杂交龟类。第四章介绍海南省观赏龟规模驯养繁殖技术（包括蛇颈龟、麝香动胸龟、菱斑龟、大东方龟、伪龟类、图龟类）。第五章规模化养龟场池塘建造和布局。第六章龟的规模化包装和运输。附录中包含《国家重点保护野生动物名录》（2021年版）、拉丁名索引、中文名索引和部分观赏龟企业介绍等内容。

《观赏龟图鉴》是以10余万字、3 000多幅彩色照片展示了200种水栖龟类的图鉴书籍，也是首本图文并茂地介绍规模化养殖观赏龟技术的书籍。内容丰富，文字简练，图片精美。本书集科学性、实用性、可读性、观赏性和收藏性于一体，是一本学术和实用价值较高的工具书，对于龟类动物分类、研究、保护具有积极的影响。

本书既可为科学传播、科普宣传、国际学术交流等活动提供重要依据，也可作为动物研究者、大专院校师生、相关执法机构、龟类爱好者、龟类养殖企业、艺术创作者、美术设计者的参考书籍，也适用于广大读者阅读和收藏。

GUANSHANGGUI TUJIAN
封面绘画：丁弋

中国农业出版社出版
地址：北京市朝阳区麦子店街18号楼
邮编：100125
责任编辑：张艳晶　林珠英
版式设计：胡至幸　　责任校对：吴丽婷
印刷：北京中科印刷有限公司
版次：2023年4月第1版
印次：2023年4月北京第1次印刷
发行：新华书店北京发行所
开本：787mm × 1092mm　1/12
印张：$30\frac{1}{3}$
字数：500千字
定价：319.00元

作者简介

周婷 女，1966年生于南京，高级工程师。2015年3月前，工作于南京乌龙潭公园管理处南京龟鳖博物馆。2015年4月起，任职于海南省林业科学研究院。自1989年以来，长期从事龟鳖动物的物种鉴定、保护和养殖等工作。中国科普作家协会会员、中国农业出版社资深作者等。先后出版了《龟鳖分类图鉴》《中国龟鳖养殖原色图谱》《中国龟鳖分类原色图鉴》《李艺金钱龟养殖技术图谱》《世界陆龟图鉴》等10多本书籍。其中，《中国龟鳖养殖原色图谱》首次系统全面地向国内外介绍了我国的龟鳖养殖状况，推动了国内龟鳖养殖产业的发展，并荣获中国农业出版社2009年度优秀图书一等奖；《中国龟鳖分类原色图鉴》是“十二五”国家重点图书系列之一，并荣获中国农业出版社2014年度优秀图书一等奖；2020年出版的《世界陆龟图鉴》，是国内首本介绍世界陆龟种类的书籍，荣获中国农业出版社2020年度优秀图书二等奖。

陈如江 男，1960年生于上海。现任海口泓旺农业养殖有限公司董事长。1991年起，从事规模化龟鳖动物养殖。1998年在海南省开展观赏龟规模化驯养繁殖，是国内开展观赏龟驯养繁殖及贸易的先行者之一，已驯养繁殖国内外龟鳖100多种。2006年，批量驯养繁殖菱斑龟、蛇颈龟等20多种龟类，填补了国内空白。2012年，首次规模化引进苏卡达陆龟，并批量驯养繁殖成功。自2006年起，开展观赏龟类的批量出口业务，至今已成功出口50多种观赏龟至30个国家及中国台湾和香港地区。从业30多年来，积累了丰富的观赏龟规模化养殖技术，以及经营大型观赏龟养殖场的经验。另外，积极支持和参与了龟类动物研究，并捐赠龟类动物标本数百件，为龟类动物的科普宣传、科研、养殖产业做出了重要贡献。

韩克勤 男，1973年生于广西。现任海口泓盛达农业养殖有限公司总经理。1995年起，从事龟类动物规模化的驯养繁殖，是国内开展观赏龟规模化驯养繁殖及贸易的先行者之一，也是国内观赏龟养殖面积较大、养殖种类较多的企业之一。已规模化驯养繁殖伪图龟、西锦龟等100多种观赏龟，并批量出口30多种龟类至欧美及东南亚国家，以及中国香港和中国台湾地区。2016年，首次规模化引进红腿陆龟，并批量繁殖成功，填补了国内批量驯养繁殖红腿陆龟的空白。从业20多年来，不仅积存了丰富的观赏龟规模化养殖技术和经验，也积累了管理经营千亩龟类养殖场的经验。此外，积极支持和参与大专院校的龟类动物研究项目，为开展龟类动物科研、科普宣传、养殖产业做出了很大贡献。

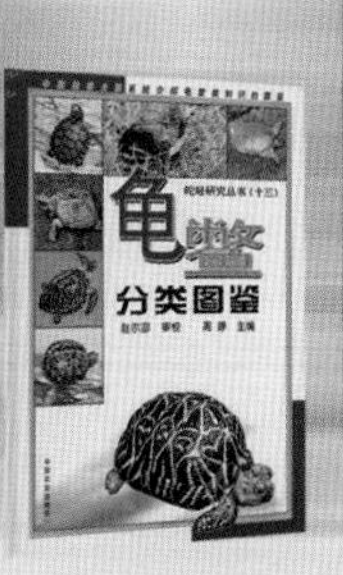

锯齿东方龟

序

龟类动物是生物多样性中不可缺少的重要类群之一，在生态系统中扮演着重要角色，占有特定的生态位。

翻阅《观赏龟图鉴》样稿获悉，世界水栖龟类现存262种，是龟类家族中最丰富的类群。《观赏龟图鉴》介绍水栖龟类200种，占世界水栖龟类的76%。可见，《观赏龟图鉴》是国内介绍淡水栖龟类最多的书籍，也是国内首本介绍60多种侧颈龟类的书籍。另外，本书也是国内首本以文字形式对红耳彩龟的变异、培育方式、变异的名称进行整理和记录的书籍。这是本书的亮点之一。

《观赏龟图鉴》内容主要由种类和规模化养殖技术两大部分组成。将种类介绍和养殖技术融合于一本书中，读者不仅可以认知龟，也可以了解龟的驯养繁育方法，使读者知其然，也知其所以然。这是本书的又一大亮点。

《观赏龟图鉴》以3 000多幅彩色照片，生动地呈现龟的纷繁色彩和繁杂斑纹；从各个角度，直观展现了龟不同年龄阶段的体色、斑纹特征，使读者不仅知晓龟的外部形态特征，而且可对龟各个年龄阶段的体色、斑纹变化进行对比。收集世界各地200种照片已实属不易，再收集不同年龄阶段龟的照片，其难度可想而知，但是作者做到了。这是本书最大的亮点。

《观赏龟图鉴》以图为主、以文为辅，一目了然。书中内容突出科学性、实用性、直观性，文字精简严谨，图片丰富精美，是一本上乘之作，值得被阅读、值得被欣赏、值得被推荐，我乐意为之作序！

中国科学院院士 2022.8.9

云南闭壳龟

前　言

世界上现存357种龟鳖动物，历经上亿年演变，已被大自然的鬼斧神工“打磨”得形形色色，千姿百态，具有独特的龟之魅力。龟的美来自其体形、体色、体态等自然特征，甚至龟的习性、行为都是“圈粉”利器。龟的体态和体色具独特的视觉美感，其异乎寻常的习性，自成一格的性情，使饲养者在饲养过程中体验到与龟互动的乐趣，享受龟出壳后满心欢喜的成就感。

2005年出版的《观赏龟的饲养与鉴赏》中以“龟之魅力”为前言，归纳出龟的外形魅力、习性魅力和性情魅力，三个魅力解密了龟被宠爱的缘由。龟是当今饲养观赏鱼、猫、犬等宠物之外，又一被大众接受的观赏动物，“龟粉”遍布世界各地。

2004年出版的《龟鳖分类图鉴》，至今已印刷11次。合作26年之久的中国农业出版社编审林珠英女士多次催促修订再版。因学识、时间和精力有限，一直未完成此任。多年来，我未忘此任，利用闲暇时间，积极收集资料和照片，日子长了，不知不觉积攒下数十万字和数万幅照片。在林珠英女士的敦促和关心下，在广大良师益友和龟友们的支持下，本书终于付梓。

《观赏龟图鉴》重点之一，是介绍了200种观赏龟种类，其中曲颈龟类138种，侧颈龟类62种。每一种龟以文字介绍中文名、拉丁名、别名、分布、属和种的主要特征及其观赏性特点；每一种龟配3 ~ 10幅彩图，以稚龟、幼龟、亚成体、成龟为序，重点展示头部、背部、腹部的体色和斑纹特征，大多数种类也展示雌雄个体。龟的生态类型、食性、CITES公约级别、中国保护级别以图标形式展现。随着年龄增加，龟的体色和斑纹变化较大，三线闭壳龟等种类的斑纹在2龄才逐渐显现。因此，辨识不同年龄阶段的龟需花费一番心思。如何迅速且准确地认识、辨识龟的种类，是本书重点解决的问题。

本书的另一个重点，是介绍陈如江和韩克勤在海南规模化养殖蛇颈龟等观赏龟的技术。陈如江、韩克勤是国内开展观赏龟规模化养殖的先行者。早在20世纪90年代中期，他们已开启规模化养殖观赏龟。在无规模化养殖技术的前提下，他们敢为人先，先行先试，近30多年养殖过程中积累了丰富的实践经验。他们不断研究新情况，解决新问题，摸索出“理念重于养殖，养殖重于预防，预防重于治疗”的经验，以及适合海南岛规模化养殖观赏龟的经营之道。他们经常互通互鉴，共享成果，共同提升，使海南成为100多种观赏龟规模化养殖的先行地。从过去“摸着石头过河”到如今“大场模型初现”，他们正在探索观赏龟屹立于国际市场的相互融合之道。我常与他们面对面交流，倾听他们的规模化养殖技术和经验。这些养殖技术不仅适合海南省规模化养殖观赏龟，也可供其他地区参考和借鉴。

本书的分类系统和分布，以世界自然保护联盟物种生存委员会龟鳖专家组（IUCN/TFTSG）专门成立的龟鳖分类工作组（Turtle Taxonomy Working Group）2021年11月发布的“世界龟鳖，分类、同物异名、分布、保护状况的注释目录（第九版）”为依据，加入2020年发现的新种科拉动胸龟（*Kinosternon cora*）。因中文名时常变化，使用时应以物种的学名（拉丁名）为准。

《观赏龟图鉴》是一本识别水栖龟类的工具书，可有效服务龟类研究者、龟类爱好者、各种需要辨识水栖龟和欣赏龟的读者。《观赏龟图鉴》也是一本介绍观赏龟规模化养殖技术的指南，可为规模化养殖观赏龟的读者提供养殖技术支撑。此外，期望借本书的出版，提高公众对龟类生物多样性的关注度，提升龟类动物科研和科普的宣传力度。最后，祈望本书能为观赏龟的科普宣传添砖加瓦，为观赏龟市场加油添彩，为观赏龟养殖产业增薪助火。

当前，新媒体和自媒体改变了人们认识龟的途径。但纸媒内容的专业性、稳定性依然有着得天独厚的优势，纸质文字载体更有温度。读者日后翻阅时，捻着书香，听着纸张的摩擦声响，在文字阅读中获得愉悦感；在白纸黑字间重温有价值的信息；在图片中欣赏龟之魅力。这正是我编写此书的初衷。

《观赏龟图鉴》已尘埃落定，其中必有疏漏及错误之处，盼广大读者不吝赐教指正。

2022年12月22日

注：本书照片除已署名的，其他均由周婷拍摄或提供。

致　谢

《观赏龟图鉴》出版之际，感慨颇多，但更多的是感谢，感谢所有曾指引、鼓励、支持、帮助过我的良师益友们。

感谢桂建芳院士应邀拨冗为本书作序，使本书增色颇多。感谢中国科学院植物研究所李承森研究员给予智慧启发和文稿审阅，提出诸多关键性意见和建议。感谢海南省农业农村厅、海南省野生动植物保护管理局给予大力支持。感谢中国科学院成都生物研究所赵蕙研究员，广东省野生动物救护中心古河祥高级工程师，南京大学黄成教授，江苏省淡水水产研究所唐建清研究员、韩飞研究员，暨南大学李贵生教授，中国热带农业科学院热带生物技术研究所王冬梅研究员，德国海德堡大学李莹博士研究生等诸多良师益友给予支持和帮助。特别感谢国家林业局调查规划设计院阮向东研究员、陕西省动物研究所吴晓民研究员提供珍贵的潘忠国先生照片，这是潘氏闭壳龟命名39年后首次展现。感谢著名爬虫绘画师丁弋（Papa_J）百忙中应邀创作绘画精美封面，为本书锦上添花。

在编写过程中，面临最大的困难是收集世界各地的龟照片，特别是一些侧颈龟类和稀有种类的照片更是难以获得。收集过程中得到美国厄勒姆学院John B. Iverson教授、美国龟类学者William P. McCord、闭壳龟保护中心Torsten Blanck（奥地利）、鹿特丹伊拉斯莫斯大学Ron de Bruin（荷兰）教授、奥地利格拉茨龟公园Peter Praschag博士、法国岗法洪龟鳖村Bernard Devaux和Franck Bonin、捷克侧颈龟类饲育专家Hynek Prokop、捷克龟类研究保护中心Petr Petras博士、墨西哥国家技术研究所Jesús A. Loc-Barragán硕士、新加坡Vincent Chong、日本胡子威等10多个国家的专家、学者及龟友们热情支持和帮助，在此一并致谢。

编写过程中得到国内外诸多龟友提供照片和信息，谨列姓名表达谢意（中文名以姓氏笔画为序，外文名以首字母音序排列），如有疏漏见谅为感。马　卓　王　佳　王　斌　王　豪　巴　顿　世家喉　东莞小V　邢振东　朱　彤　伊　星　刘　冰　刘子安　刘德毅　许玉红　李志雄　吴哲峰　邱天梁　张文彧　张运陶　陆义强　陆宏远　陆笑笑　陆雄耀　陈寿海　陈宣播　林业俊　林向阳　欧怡洲　罗平钊　赵洪昌　夏义俊　高一雷　黄　凯　黄远标　黄博文　康译夫　深圳ZEN　梁世荣　程　凯　韶关阿生　戴　翚　A. López-Luna　Ben Banick　Cris Hagen　Daniel Arenas　Disrk Daniel　Eduardo Reyes Grajales　Felipe S. Campos　James Liu　Michael Nesbit　Paula C. Lopes　Reptile Master　Richard Vogt　Sabine Schoppe　Santana Stratmann　Thiago S. Margues　Tyler Brock　Vicente Mata-Silva。

星点水龟

在新媒体盛行、纸媒遇冷的当下，海口泓旺农业养殖有限公司、海口泓盛达农业养殖有限公司、李艺金钱龟生态发展有限公司、rlyl的自然世界、苏州青青水产发展公司、佛山市神甲养殖有限公司、龟宝宝国龟纪录、中山市僖缘农业有限公司、海口天鹅湖动物园管理有限公司、惠州市寸金饲料有限公司、广东省茂名市电白区星火水产养殖有限公司及上海欣归生物科技有限公司，一如既往地给予鼎力帮助，令人感动。感谢以下企业给予的支持与帮助！

作　者

2022年12月22日

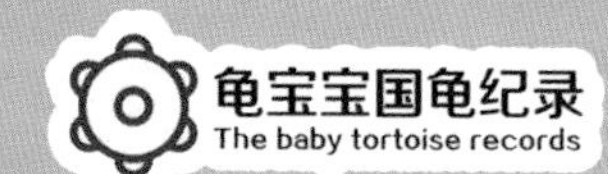

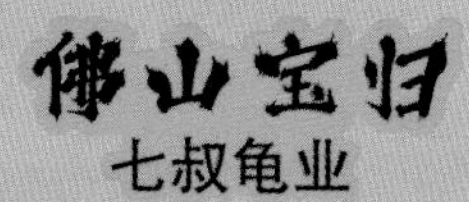

使用说明

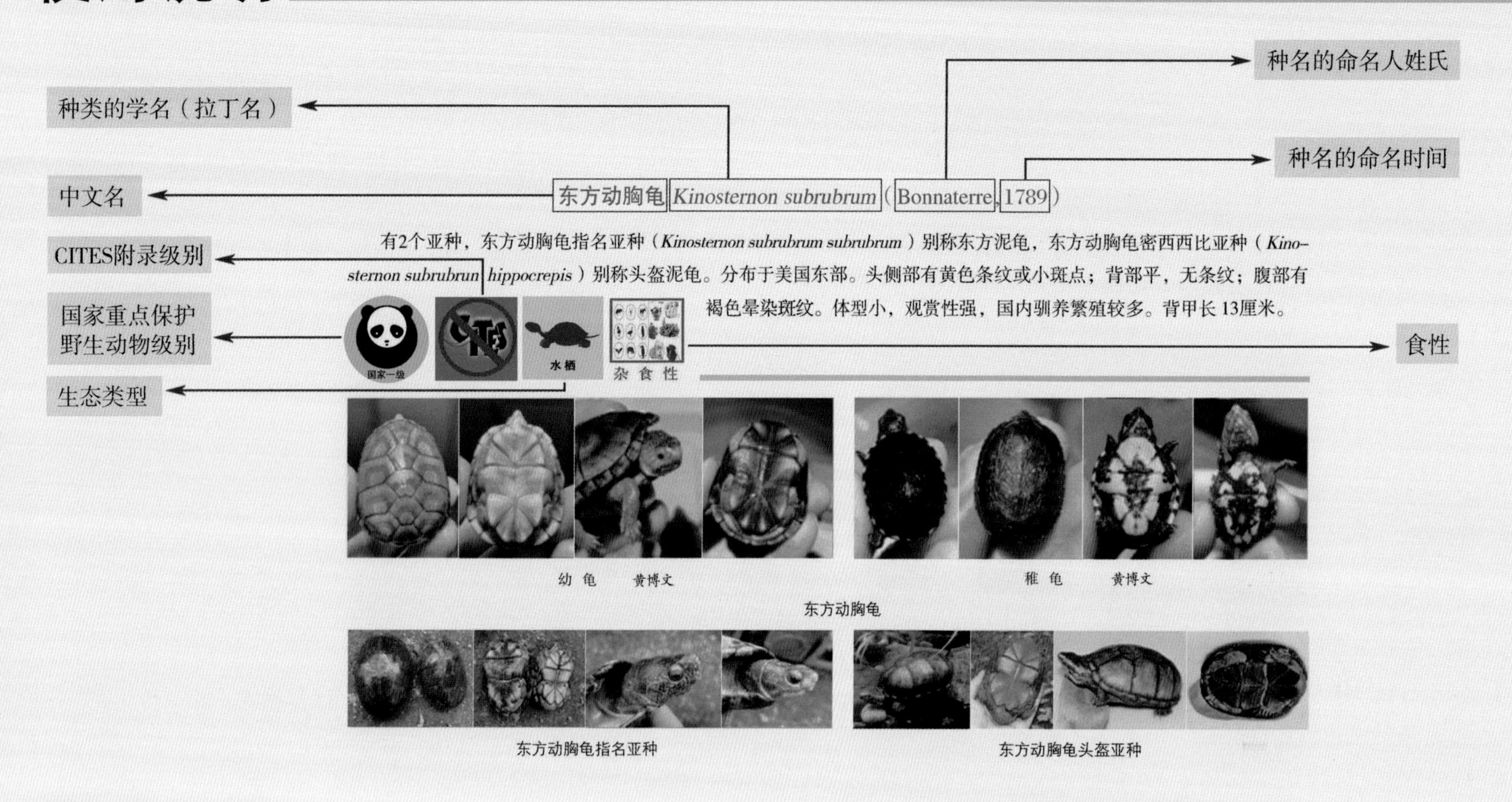

图例说明

代表国家重点野生动物保护一级

代表公约附录Ⅰ物种

代表水栖龟类

代表食性为植物性

代表国家重点野生动物保护二级

代表公约附录Ⅱ物种

代表半水栖龟类

代表食性为动物性

代表非公约物种

代表公约附录Ⅲ物种

代表食性为杂食性

目　录

锦 龟

三棱黑龟稚龟

第一章
观赏龟概述

一、观赏龟文化传承及发展

观赏龟，以赏识者的目光观察龟的体形、体态、体色等外在特征，进而用心感悟和体会来自龟的形态、姿态、神态，以及纹饰等自然之美，引发出人对大自然造物之神奇的感叹、心灵上的震撼与精神上的满足。观赏，是对观赏龟外在表征的仔细审视；欣赏，则是升华到感情层面上的赞许与满足。所有龟都具有观赏价值，尤其是稚龟和幼龟，其体色艳丽、憨态可掬，观赏性极强。观赏龟就是以饲养箱、水池和水族馆为主要饲养场所，供给饲养者或观赏者实现欣赏、收藏和投资的目的。

黄缘闭壳龟幼龟　周峰婷

（一）观赏龟文化传承

浩如烟海的古籍中，我国古人留下了许多用龟、养龟、赏龟的记载。殷商时期，因需要挑选符合要求的龟壳用于占卜，古人设立了养龟的职位，称为龟人，因此，殷商时期古人已开始养龟。所以，我国是世界上最早饲养龟的国家之一。我国五代的《写生珍禽图》源自宫廷画家黄荃，图中两只生动逼真、栩栩如生的龟，说明当时宫廷中已豢养龟。宋代有记载：龟可表演“水嬉”节目，龟主人叫着龟的名字，龟浮出水面舞蹈一番后沉入水底，再换一只龟继续表演。元末的文献记载“龟塔”趣事，龟主人把龟放在桌上，击鼓唤龟，龟按大小依次互相爬背，搭成宝塔形状，称之“叠罗汉”。在群养龟时经常可以看到龟的“叠罗汉”现象，这是龟的独特行为之一。随着社会的发展，龟文化已融入中华历史文化中，人们养龟、娱乐、玩赏，为龟吟诗作画，并通过诗、词、画、器物等赋予龟丰富的文化内涵和吉祥、长寿、先知等寓意，表达对“延年益寿”“吉祥安康”等美好生活的向往。

三爪箱龟　周峰婷

历朝历代，龟的名声起起落落，并不影响它在人们心中的位置。龟体态多姿、体色多样、行动迟缓，给人一种与世无争、随遇而安、安之若泰的等闲儒雅之情操。不仅让大众赏心悦目，还有一种不可名状的美感与享受，为如今生活快节奏、追流量、看颜值的人们提供了一种别样的生活意境。

目前，观赏龟的出现，远远超出了我们所习惯理解的“宠物”概念。观赏龟和宠物龟均具有观看、欣赏功能，两者之间最大的区别在于：观赏龟具有投资、收藏和增（减）值作用，偏重于经济目的饲养，如金钱龟、星点水龟、金头闭壳龟等种类；除了欣赏之外，还兼有收藏和投资功能。宠物龟是继猫、犬、鱼之外的又一种宠物，因娱乐、消闲而饲养，偏重于非经济目的，如红耳彩龟、乌龟等种类，人们作为宠物饲养。观赏龟与宠物龟之间仅仅是相对而言的，并无划分标准，两者之间因饲养数量、稀有程度、大众认可程度等因素变化而互相关联，互相交集，互相转换。

（二）观赏龟文化发展

20世纪70年代之前，龟通常作为食用和药用价值出现在水产和药材市场。龟的观赏价值尚未被大众熟知。因受传统文化的影响，人们提及龟，第一反应往往是龟是否可以食用或入药。龟的价值主要作为食用、药用。80年代初，养殖种类局限在乌龟、黄喉拟水龟，极少数种类被作为家庭观赏而饲养。我国早期的观赏龟主要来自野外，人工繁殖技术尚未成熟。80年代中期，随着经济的发展，人们生活水平提高，闲暇空闲之余开始饲养宠物，除了猫、狗和鱼之外，少部分人开始养龟，用于家庭饲养和把玩。龟作为观赏和收藏初露头角，最早作为观赏的中国龟类是乌龟、黄喉拟水龟、黄缘闭壳龟、三线闭壳龟（金钱龟）；这些种类资源较丰富，一些龟类爱好者作为观赏和收藏饲养，并少量繁殖。最早供观赏的外国龟类是红耳彩龟，当时红耳彩龟的名称为巴西龟，由美国引进，因商家避免泄露货源，称龟来自巴西，其实，巴西并无红耳彩龟分布和养殖。红耳彩龟被引入中国，因其体色艳丽迅速流行于宠物市场；与乌龟一起成为我国早期的宠物龟代表。随着人们对龟类认知的不断提升，人们生活水平的日益提高，对生活质量和精神追求提出更高要求，龟类动物的观赏和收藏价值得到逐渐体现。随着互联网发展，先后出现“灵龟之家”“爬行天下”“甲骨文”“陆龟学堂”等龟网站。一批慧眼独具的养龟者们已开始默默地收集，低调地饲养三钱闭壳龟、黄缘闭壳龟、金头闭壳龟等体色艳丽、稀有、独特的龟类。闭壳龟类的观赏和收藏价值最为突出，形成了独立的闭壳龟驯养、观赏和收藏群体，主要聚集在广州、上海、北京、

歇泽动胸龟红面亚种　周峰婷

南京和杭州等地。这些种类也深受国外观赏龟饲养者喜爱，一部分龟远渡重洋到日本、欧美等地，并繁衍后代。

观赏龟深入百姓人家，除了欣赏外观、生活习性外，有吉祥长寿之寓意。龟也被赋予镇宅辟邪、逢凶化吉之物。在南方一些区域，庭院、客厅都流行养龟或摆放龟工艺饰品。龟和锦鲤等观赏鱼一样，成为庭院、家庭景观的点睛之笔。特别是有“金钱龟归来”寓意的金钱龟，备受人们喜欢。目前，观赏龟种类多，从水栖到陆栖龟类，从大体型到迷你体型，从体色朴素到艳丽，各种各样的龟吸引着人们，而且观赏性已从起初的纯观赏和收藏逐渐发展成为热门的养殖业，成为一部分人的谋生手段之一。另外，观赏龟玩家群体扩大，观赏龟已划分出一些变异类、杂交类、闭壳龟类、陆龟类等特色类群。在广东、上海等地，每年均有观赏龟或爬虫展的评比大赛、博览会、科普展览等，有些观赏龟作为体验展示，已渗透到房地产、商业领域。

二、观赏龟产业现状及发展趋势

（一）观赏龟产业现状

20世纪90年代初，国际动物贸易交易频繁，中越边境贸易蓬勃发展，东南亚的龟类陆续进入中国水产品市场，以食用为主，死亡的龟被取龟甲壳作药材。这些进口的龟均来自野外，大多数腹腔内有钓钩，加之没有成熟的饲养经验，成活率较低，这种状况一直持续到90年代末。2000年，极少数养龟者开始注意到这些龟并尝试饲养，但未取得成功。2003年左右，美国、泰国等国家人工饲养的一些种类进入中国，除了红耳彩龟以外，印度星龟、河伪龟、黄耳彩龟、伪图龟等种类陆续进入中国，少数养龟者尝试饲养繁殖。广东、广西等省（自治区）养龟业在2003年悄然兴起。2006年，龟养殖产业进入发展期，当大多数养龟者追捧养殖黄喉拟水龟时，广东、广西、湖北、海南等地少数养龟者走发展观赏龟之路，低调养龟，默默耕耘；少数养龟者还培育出了10多个杂交龟，丰富了观赏龟市场。此外，在2006年，海南省的养殖企业独辟蹊径，利用发达的网络和航空服务，成功开辟了观赏龟出口市场。目前，观赏龟的养殖区域以广东、广西、海南省（自治区）为主要养殖区域，湖北、湖南、江苏省次之。其中，海南省的观赏龟养殖规模较大，为海南省成为中国最重要的观赏龟养殖省份奠定了坚实的基础。

麝动胸龟　　朱彤

至2022年，龟的养殖种类从早期的单一化，已扩大至

170多种。从龟的分类看，侧颈龟类和曲颈龟类均有；从生态类型上看，水栖龟、半水栖龟、陆栖龟齐全；从种类分布看，南美洲、欧洲、美洲、非洲、亚洲的种类齐全。饲养种类以国外水栖龟类为主，包括侧颈龟类、动胸龟类、地图龟类、伪龟类（甜甜圈龟类）等类群；陆龟类以苏卡达陆龟、黑凹甲陆龟、缅甸陆龟、阿尔达布拉陆龟和红腿陆龟为主要饲养种类。国内本土的平胸龟、黄额闭壳龟、四眼斑龟、眼斑龟、地龟、锯缘闭壳龟也吸引了少数饲养者的关注和饲养，有少量繁殖，尚未形成规模。

人工繁殖的剃刀动胸龟　张青

杂交龟是除纯种龟以外的一个特殊类群。杂交后的龟体现出双亲的优点，如菱斑龟与伪图龟杂交后，后代展现出独特的体色和斑纹，且斑纹变化万千，几乎没有相似的两个个体。这一杂交优势，使其成为杂交龟中的佼佼者。目前，国内已培育出60多个不同类型的杂交龟，出现了杂交龟与纯种龟杂交、杂交龟与杂交龟杂交的后代。一些杂交龟的子二代、子三代已成功繁殖，使观赏龟市场更加丰富多彩，并形成特定朋友圈和交流群。目前，我国各类型的杂交龟成龟养殖存量在5万～11万只，年繁殖各类杂交龟苗达20万只左右。其中，以黄喉拟水龟与乌龟的杂交后代、金钱龟与黄喉拟水龟的杂交后代、安南龟与黄喉拟水龟的杂交后代、黄耳彩龟与红耳彩龟的杂交后代为主。

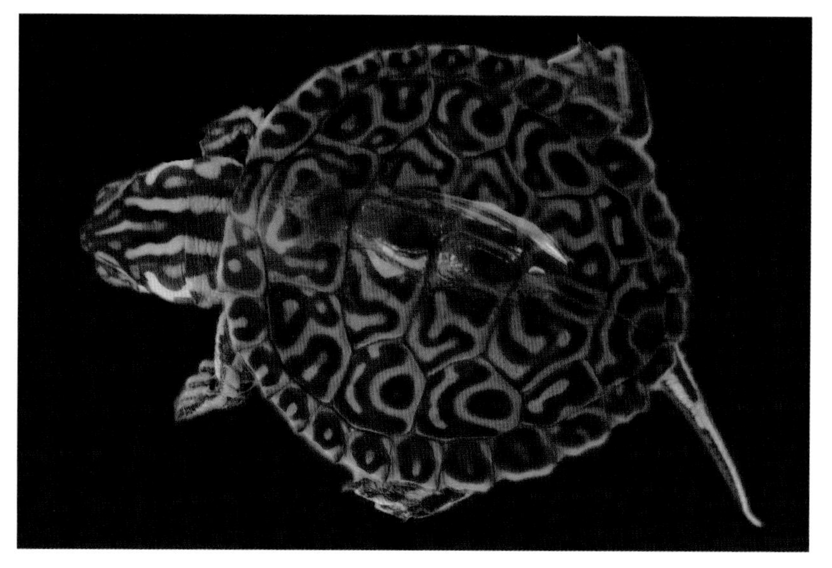

雄性菱斑龟杂雌性伪图龟　周昊明

全国各地饲养的种类中，以海南省的养殖种类最多，高达100多种。各地成功繁殖龟类60种，菱斑龟、黑瘤图龟、蛇颈龟、黑凹甲陆龟、苏卡达陆龟、圆澳龟等30余种都是国内首次批量繁殖，填补了国内批量人工繁殖龟的空白。

目前，饲养种类中，黄喉拟水龟、乌龟、中华花龟、红耳彩龟种龟存量最大，均超过100万只；黄耳彩龟、锦龟、伪图龟种龟存量为10万～16万只。半水栖龟的代表为黄缘闭壳龟，种龟存量约10万只。陆栖龟类中的苏卡达陆龟是观赏陆龟类的代表，苏卡达陆龟存量约5万只，年繁殖龟苗4万只以上；红腿陆龟，年繁殖量1万只以上。阿尔达布拉陆龟、缅甸陆龟、黑凹甲陆龟等陆龟有少量繁殖。亚洲特有的闭壳龟类（除安布闭壳龟、黄缘闭壳龟、金钱龟外）养殖量较少，每种龟的种龟存量均低于5 000只。此外，美洲特有的箱龟类种龟存量也较少，每个种类不超过3 000只。

（二）观赏龟贸易状况

观赏龟经过30多年的发展，已成为世界观赏水族经济中重要的组成部分。目前，观赏龟贸易分国内和国外两大市场。

国内观赏龟市场贸易，主要包括宠物、观赏收藏、养殖、文化旅游四个方面。宠物市场主要是面对宠物龟爱好者，宠物龟种类以红耳彩龟、乌龟、蛇鳄龟、中华花龟等种类为主；观赏收藏市场主要面对高端龟玩家，以稀有种类、特有种类为主，如闭壳龟类、箱龟类、木雕水龟等种类；养殖市场主要面对养殖和投资兼顾的群体，以热门、珍稀、流通快、前景好、易饲养繁殖等种类为主，如菱斑龟、木雕水龟、星点水龟、苏卡达陆龟、希拉里蟾龟等种类，宠物市场、观赏收藏市场、养殖市场随着市场发展、供求等因素变化而变化；文化旅游市场面对动物园、爬虫馆和以龟为主题的旅游项目，所有龟类都可用于文化旅游市场，侧重于以体型大、体色艳丽、稀有龟为主，如苏卡达陆龟、阿尔达布拉陆龟等，以达到展示效果的多元化、多样化。

出口包装　周峰婷

国外观赏龟市场贸易，主要是我国的观赏龟出口贸易。由于观赏龟具有“非食用性”，出口手续和要求相对宽松简单。中国未出口龟类动物之前，美国以种类多、繁殖量大成为国际观赏龟的主要供货商，种类以美国本土的红耳彩龟、黄耳彩龟、蛇鳄龟、动胸龟类、地图龟类等为主；欧洲、东南亚的一些国家也有少数养殖场，以印度星龟、红腿陆龟、黄头南美侧颈龟等种类为主。自2005年起，我国观赏龟在国际观赏龟市场崭露头角后，出口种类和数量逐年增加。我国出口的龟类以价格低廉、种类多、数量大、品质优的优势，吸引美国、新加坡、阿联酋等10多个国家进口商来中国实地考察。至今我国已成功出口观赏龟40多种，至德国、意大利、葡萄牙、美国、阿联酋、利比亚等30多个国家，以及中国台湾和香港地区，使中国的观赏龟走向世界。另外，观赏龟的种类以外国种类居多，种源或种群资源需要进口，为日后繁育和增加资源量奠定了基础。

（三）观赏龟养殖产业发展趋势

近三年，观赏龟养殖产业发展迅猛，饲养观赏龟已得到养龟者的广泛接受和认可，成为淡水养殖产业和水族产业的重要组成部分。从消费趋势看，国内的观赏龟市场以水栖龟类为主，非保护种类占据60%的市场，红耳彩龟、动胸龟类、伪龟类（甜甜圈类）等在水族市场、花鸟鱼市场随处可见。另外，欧洲的观赏龟市场对小型观赏龟需求量大，种类以乌龟、中华花龟、地图龟类、动胸龟类为主；红耳彩龟等价格低端的种类，深受东南亚、中东、南非等国家欢迎。此外，部分种类属于国家重点保护物种或CITES公约物种，开展这类种类繁育活动，需先获得合法来源，再申请繁育许可证，需花费精力和时间。但有些养殖者看好闭壳龟类、星点水龟、木雕水龟、菱斑龟等具有特殊体色和结构的龟，提前养精蓄锐，蓄势待发。

在市场需求的推动下，观赏龟养殖也成为部分地区调整产业结构、农业产业化经营的重要手段。随着全球经济的发展，世界各地文化和贸易的深入交流，观赏龟的爱好者已遍及全球，市场前景可观。观赏龟的饲料研发、龟药研发、龟舍和养殖器材等延伸产业，也是未来的发展方向。另外，观赏、旅游、文化、休闲、娱乐、科普展览等观赏龟产业链环节，以及观赏龟的生态和服务产业链的延伸，都是未来发展方向。以龟长寿为主题的康养产业也已崭露头角。可见，观赏龟未来前景有较大的发展空间。

三、龟类生物学

（一）外部形态特征

龟的外部形态分为头、颈、躯干、四肢及尾五部分。龟自出现在地球上，一直驮着厚重的甲壳，历经沧海桑田，演化出各种各样、颜色多彩的甲壳。因种类和生态类型的不同，龟的头、颈、四肢和尾多样化。

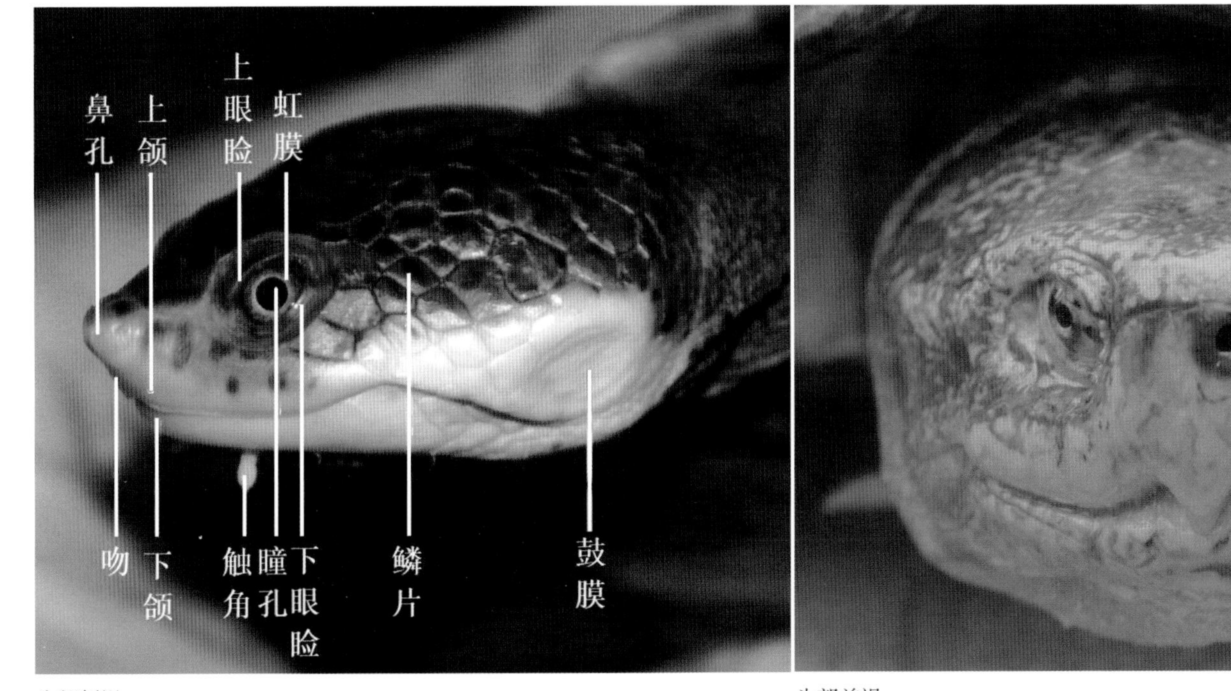

头部侧视　　头部前视

头　部

1对触角

2对触角

触　角

Λ形　W形　钩形

锯齿形　流线型　鹰嘴喙

龟喙多样化

龟的乳牙开食后自然脱落

盾片突起呈锥形的大鳄龟（右）和蛇鳄龟（左）

甲壳具有闭合功能的龟

背甲中央凹陷的红头扁龟

背甲平坦的平胸龟

背甲布满星点的星点水龟

甲壳上每一块盾片均有专属名称，盾片数目、形状、位置的差异是鉴定和识别龟种类时必不可少的依据。盾片数目多于或少于正常数目是个体变异（少数种类无颈盾、椎盾4枚是种类特征，非个体变异）。

淡水龟类背甲盾片和腹甲盾片结构名称

背甲盾片 carapace scutes			腹甲盾片 plastral scutes		
中文名称	英文名称	数量（枚）	中文名称	英文名称	数量（枚）
颈盾	cervical	1	间喉盾	intergular	1
肋盾	pleural	8	喉盾	gular	2
椎盾	vertebral	5	肱盾	humeral	2
臀盾	supracaudal	2	胸盾	pectoral	2
缘盾	marginal	22	腹盾	abdominal	2
上缘盾	supramarginal	4	股盾	femoral	2
			肛盾	anal	2
			下缘盾	inframarginal	3
			腋盾	axillary	2
			胯盾	inguinal	2

背甲盾片名称

1.颈盾　2.椎盾　3.肋盾　4.缘盾　5.上缘盾

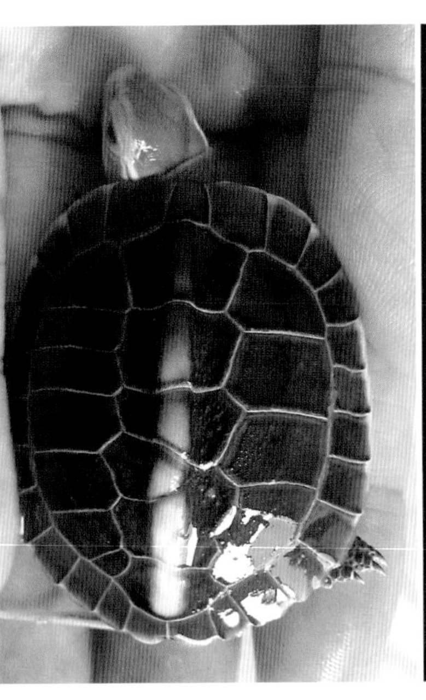

椎盾数目变异的背甲

椎盾和肋盾数目变异的背甲

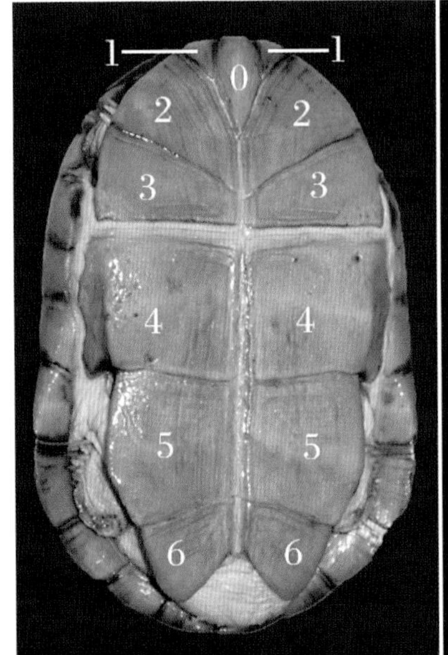

侧颈龟类腹甲

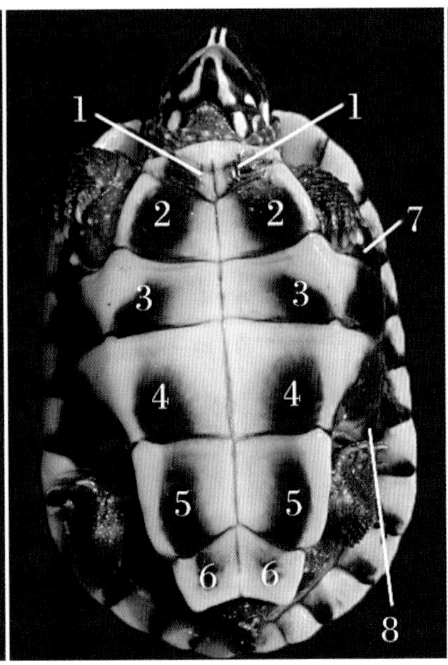

曲颈龟类腹甲

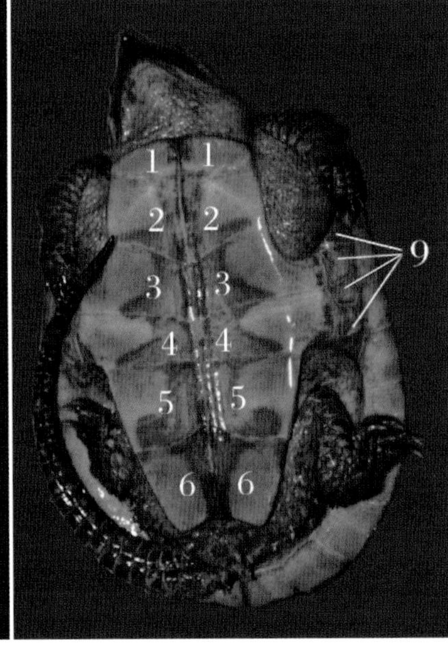

平胸龟有下缘盾

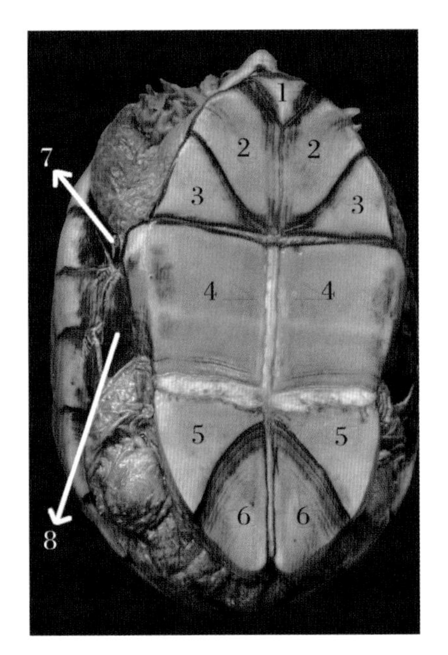

动胸龟类腹甲仅有1～2枚喉盾，有的种类无喉盾

腹甲盾片名称

0.间喉盾　1.喉盾　2.肱盾　3.胸盾　4.腹盾　5.股盾　6.肛盾　7.腋盾　8.胯盾　9.下缘盾

（二）生活习性

2亿多年来，龟类动物经历了不寻常的进化变迁，足迹遍布山林、荒漠、沼泽、海洋、湖泊、河流、小溪等除空中以外的环境。龟类动物按其生态类型，分为水栖、半水栖、陆栖、海栖4类。龟是变温动物，体温随环境温度变化而改变，以调整自己的行为来适应环境。龟有晒太阳、爬背（叠罗汉）行为。龟食性分为动物性（肉食性）、植物性（草食性）和杂食性3种。大多数龟类为杂食性，伪龟属成员偏植物性。龟类交配为体内受精。雌龟不交配也可产卵，每年5—10月是龟的繁殖期，生活于南方的龟繁殖时间较北方早2 ～ 3个月。卵未受精，不能孵化出稚龟。同种类的淡

晒太阳

龟叠罗汉

斑点池龟食菜叶

锯齿东方龟食水葫芦

黄缘闭壳龟食野果

欧洲龟食黄粉虫

云南闭壳龟食肉糜

云南闭壳龟食提子

水龟类，每次产卵的数量不同，少则1枚，多者达60余枚。产卵的数量随着雌龟年龄的增大而增多。龟卵呈白色，外面有壳保护。卵呈长椭圆形或圆球形，外壳坚硬或柔软。坚硬的卵壳钙质化；柔软的卵壳具韧性，似橡皮球。卵的长径30 ~ 70毫米、短径15 ~ 30毫米，卵重3 ~ 50克。龟无守巢护卵习性，产卵后仅用后肢扒沙或泥土将卵掩盖，并用腹部压实沙土后离开。卵的孵化期55 ~ 100天，卵孵化期的长短与气温、空气湿度有着密切的关系。若天气暖热，则孵化期短；若天气凉爽，则孵化期相对长一些。有的卵甚至成了过冬卵，至翌年才出壳。

交　配　　挖　洞　　产　卵

大东方龟龟卵　　各种龟卵　　蛇鳄龟龟卵

多数水栖龟类4年以上达性成熟，有些种类需要7年以上，少数种类需20年。人工饲养条件下，一些龟性成熟期可提前1 ~ 2年。雌雄龟性别特征明显，可从尾、前爪、体色、腹甲、泄殖腔孔等特征识别。

休眠通常是与暂时或季节性环境条件的恶化相联系。休眠分为冬眠、夏眠和日眠。低温是冬眠的主要因素，干旱及高温是夏眠的主要诱因，食物短缺是日眠的主要原因。除海龟外，我国的大多数龟类均有冬眠习性。生活于热带或亚热带的龟类，因环境气温常年偏高，龟冬眠期短或无冬眠。如果因龟患疾病或其他原因，人为提高或降低环境温度，龟可不冬眠或冬眠。

乌龟雄龟黑色，雌龟棕色（上雄下雌）

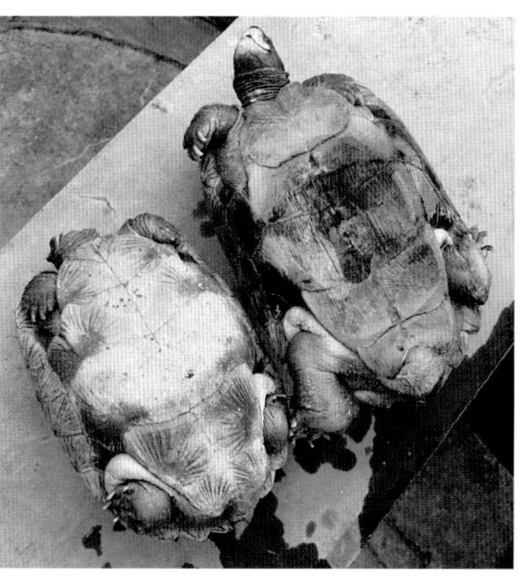

大东方龟雄龟腹甲凹陷，雌龟腹甲平坦（左雌右雄）

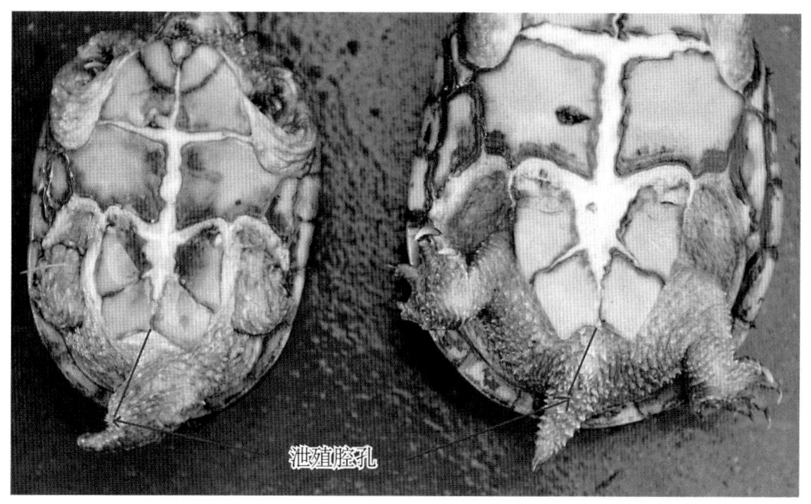

雄龟泄殖腔孔距离腹甲后部边缘远，雌龟反之（左雄右雌）

雄龟尾长，雌龟尾短（左雄右雌）

雄龟尾长，雌龟尾短（左雄右雌）

雄龟前爪长

四、快速识别龟类方法

辨识形形色色、各具特色的龟种类，是进入龟圈的第一步。正确快速识别龟种类，可为进一步了解龟、认知龟奠定坚实基础。识别龟主要从甲壳、头、颈、四肢、尾5个外部特征逐步筛选，逐步推断，逐步缩小种类范围，最终确定种类。

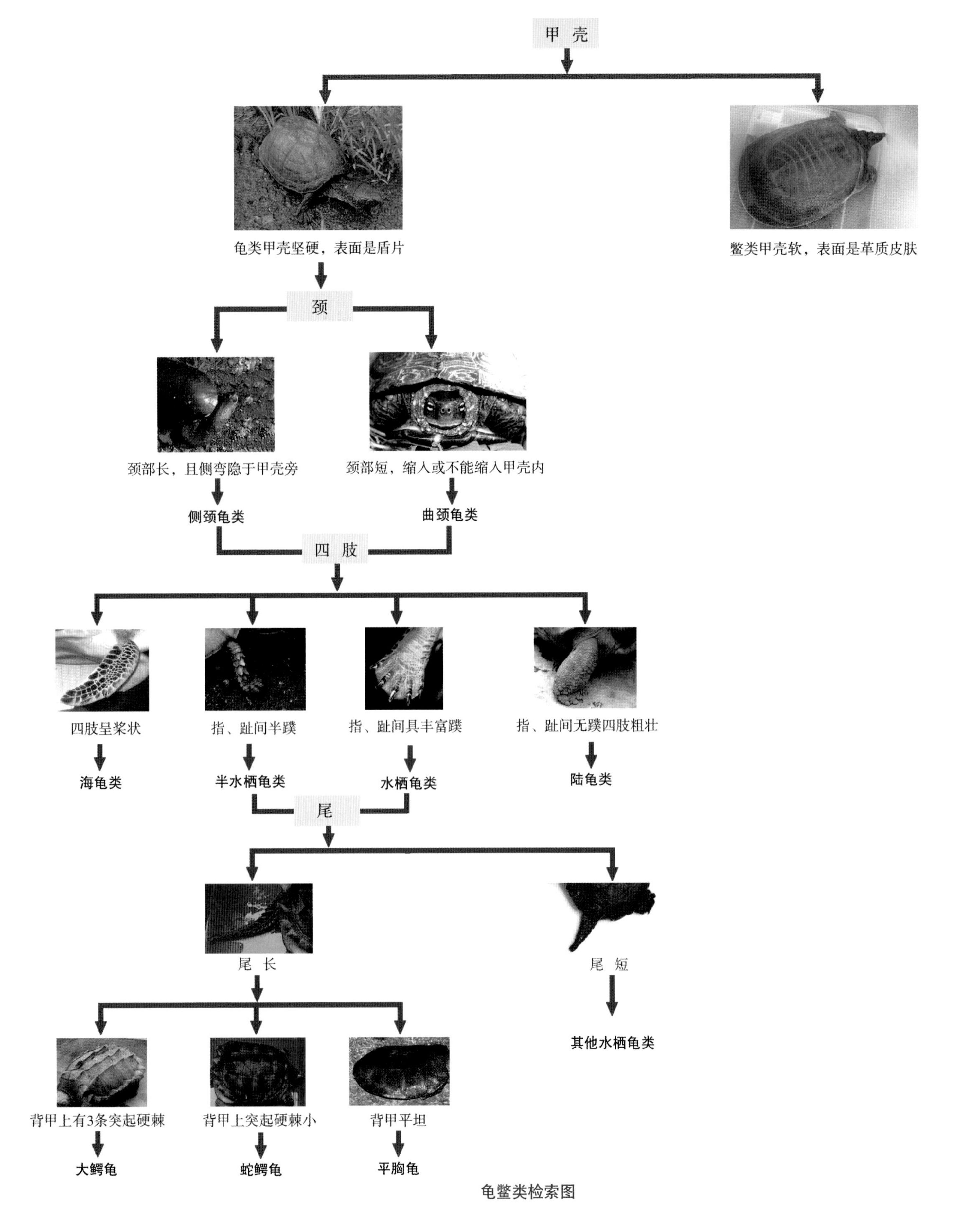
甲 壳
龟类甲壳坚硬，表面是盾片
鳖类甲壳软，表面是革质皮肤
颈
颈部长，且侧弯隐于甲壳旁
颈部短，缩入或不能缩入甲壳内
侧颈龟类
曲颈龟类
四 肢
四肢呈桨状
指、趾间半蹼
指、趾间具丰富蹼
指、趾间无蹼四肢粗壮
海龟类
半水栖龟类
水栖龟类
陆龟类
尾
尾 长
尾 短
其他水栖龟类
背甲上有3条突起硬棘
背甲上突起硬棘小
背甲平坦
大鳄龟
蛇鳄龟
平胸龟

龟鳖类检索图

第二章
观赏龟种类

伪图龟

截至2021年11月，世界上存有龟鳖类357种，由96种侧颈龟亚目成员和261种曲颈龟亚目成员构成。其中，曲颈龟类包括水栖龟类和半水栖龟类166种、陆栖龟类53种、海栖龟类7种、鳖类35种。本章重点介绍水栖龟类和半水栖龟类，共200种，包括侧颈龟类62种、曲颈龟类138种。侧颈龟类和曲颈龟类中，有7种体型大的海产龟适合水族馆、科普馆和动物园等场所展示，其他龟类均可以家庭养殖，具有很强的观赏性。因观赏性、饲养难易程度、人工繁殖量、认知程度等差异，每种龟的普及率和市场认可度也不同。

一、曲颈龟亚目CRYPTODIRA

曲颈龟亚目成员的颈部在垂直面做S形弯曲，头颈部可完全缩入壳内（少数种类头颈不能完全缩入壳内）。曲颈龟亚目成员分布于欧洲、亚洲、非洲、美洲等地的湖泊、河流、溪流、海洋和陆地区域，包括水栖、半水栖、陆栖、海栖和底栖（鳖类）。龟外形多种多样，体色丰富多彩，大的龟可达200多千克，小的龟仅3克。

鳄龟科 CHELYDRIDAE Gray, 1831

鳄龟科分为大鳄龟属和鳄龟属。头呈三角形，上喙钩状，背甲盾片有硬棘突起，腹甲小，有下缘盾，尾粗长。大鳄龟属成员背甲有上缘盾，背甲盾片有3行硬棘突起；鳄龟属成员无上缘盾，背甲盾片硬棘突起不明显或无。

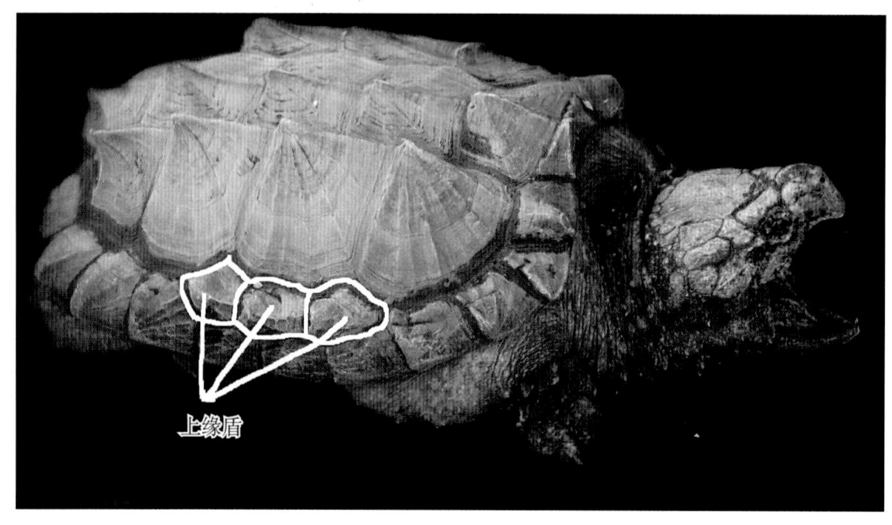

大鳄龟有上缘盾　周峰婷

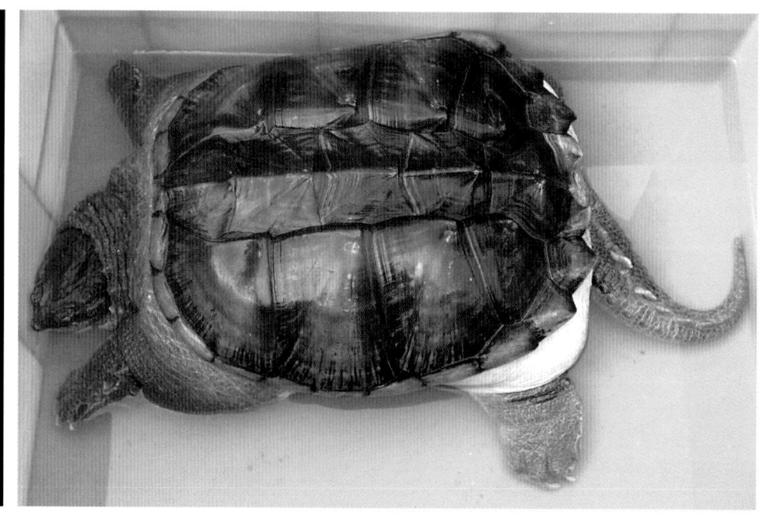

蛇鳄龟无上缘盾　周峰婷

鳄龟属 *Chelydra* Schweigger, 1812

本属有3种，统称小鳄龟类。除蛇鳄龟（*Chelydra serpentina*）为原有的种类外，南美鳄龟（*Chelydra acutirostris*）和中美鳄龟（*Chelydra rossignonii*）均由亚种提升至种。头三角形，头顶有鳞，上喙钩小；背甲盾片硬棘突起小，腹甲“十”字形，无腋盾和胯盾；尾背部仅有1行硬棘突起。本属分布于南美洲、中美洲和北美洲。

南美鳄龟 *Chelydra acutirostris* Peters, 1862

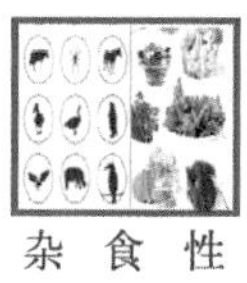

又名鳄龟。分布于哥伦比亚、巴拿马、尼加拉瓜、厄瓜多尔、哥斯达黎加和洪都拉斯。头侧有淡黄色粗条纹，下颌有3对触角，颈部有棘状刺；背甲接近圆形，平坦，第三枚椎盾较小；腹甲呈黄色、灰色。背甲长39厘米。

成龟　Katherine Young-Valencia

头部和腹部　Katherine Young-Valencia

中美鳄龟 *Chelydra rossignonii*（Bocourt, 1868）

水栖
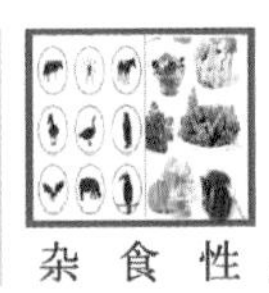
杂 食 性

分布于伯利兹、危地马拉、洪都拉斯、墨西哥。头大，下颌2对触角明显，颈部棘状刺发达；背甲呈长椭圆形，盾片上突起不明显，第三枚椎盾较大；腹甲呈淡黄色或白色。背甲长47厘米。

成龟 Luis Canseco-Márquez

雌性成龟腹部 Mónica S. Züger

幼龟 湖南龟友

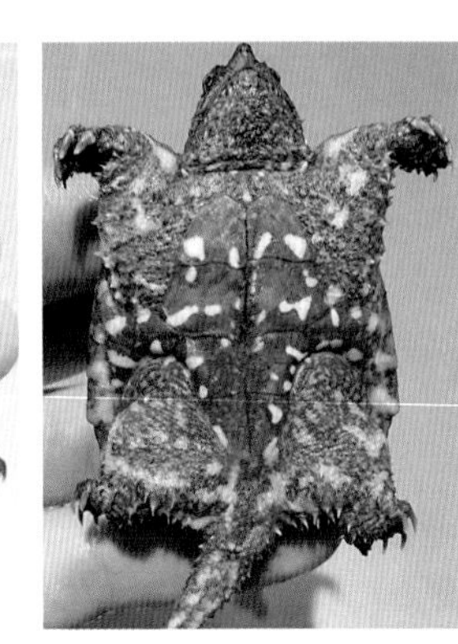

幼龟腹部 湖南龟友

蛇鳄龟 *Chelydra serpentina*（Linnaeus, 1758）

因分布于美国、加拿大，又名北美鳄龟。因背甲上盾片突起似鳄鱼得名，又名拟鳄龟、鳄鱼龟、鳄龟、小鳄龟。其中，小鳄龟使用频率最高，是3种小鳄龟类中最常见的一种。成龟性情凶猛，体重30克左右的幼龟性格温驯，无伤害性。捉龟时，尽量勿抓龟甲两侧（龟颈部较长，能伸长至背甲中部甚至后部），应迅速敏捷抓龟尾，龟头部朝外。国内已大量驯养繁殖，因外形酷，具挑战性，深受年轻人喜爱。背甲长50厘米。

附录Ⅱ

水栖
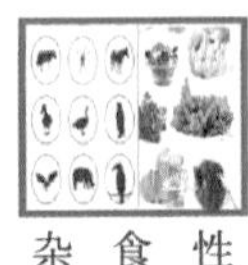
杂 食 性

稚龟 周峰婷

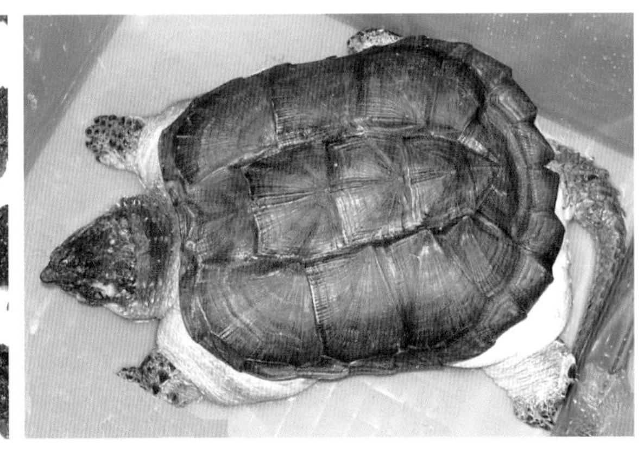

成龟 周峰婷

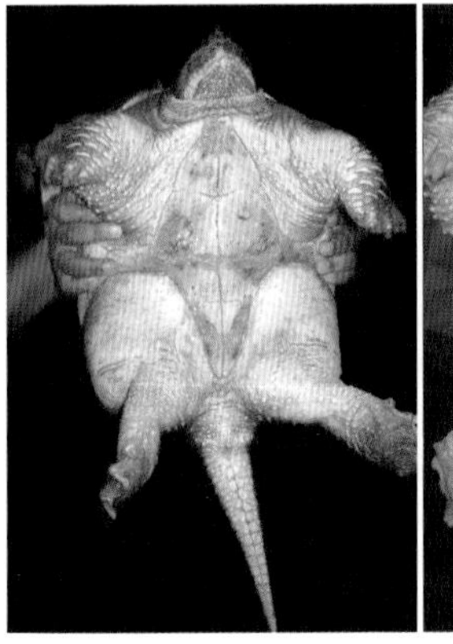
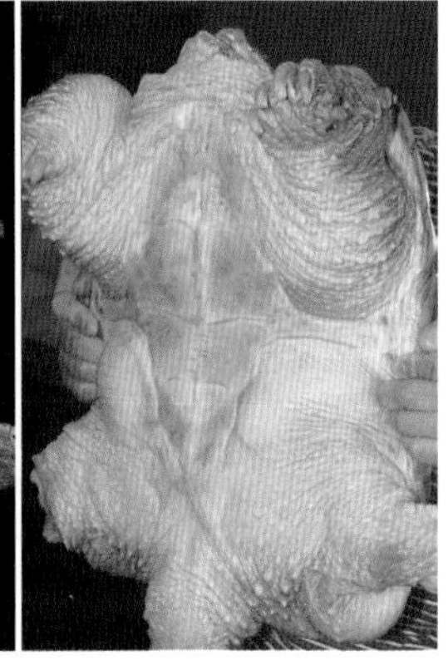

腹部 孙晓峰

大鳄龟属 *Macroclemys* Gray, 1856

本属有2种。萨瓦尼大鳄龟（*Macrochelys suwanniensis*）是由亚种提升至种。头部不能缩入壳内，上喙钩形；背甲盾片有硬棘突起，有上缘盾；腹甲小，有腋盾、胯盾和下缘盾；尾长，尾背部有3行硬棘突起。

萨瓦尼大鳄龟 *Macrochelys suwanniensis* Thomas, Granatosky, Bourque, Krysko, Moler, Gamble, Suarez, Leone, Enge and Roman, 2014

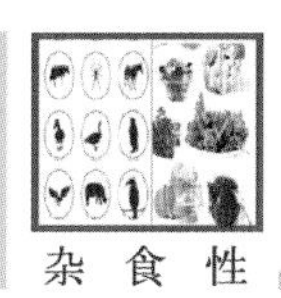

源自种名*suwanniensis*的音译。分布于美国佛罗里达州和佐治亚州。体色呈淡棕色，背甲后缘缺刻大，角度呈钝角。背甲长80厘米。

成龟背部　　Tyler Brock

成龟腹部　　Ben Banick

大鳄龟 *Macroclemys temminckii*（Troost in Harlan, 1835）

别名真鳄龟。分布于美国。大鳄龟是淡水龟类中体型最大的龟之一，也是淡水龟类中较原始的一种。它保留了头不能缩入壳内、尾较长等原始龟类特征，有“活化石”的美誉。捕食为守株待兔，成龟性情凶猛；幼龟温驯，不主动攻击人。背甲长超过80厘米。

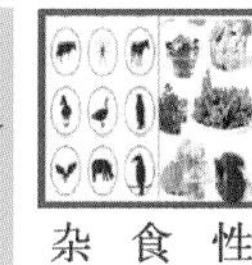

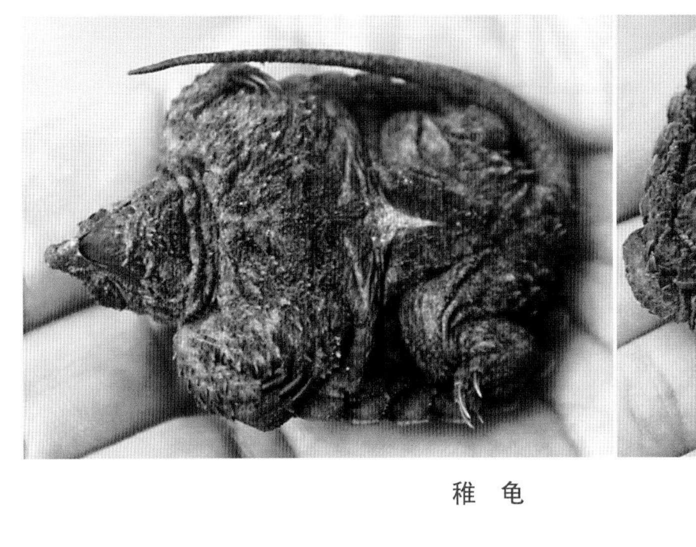

稚 龟

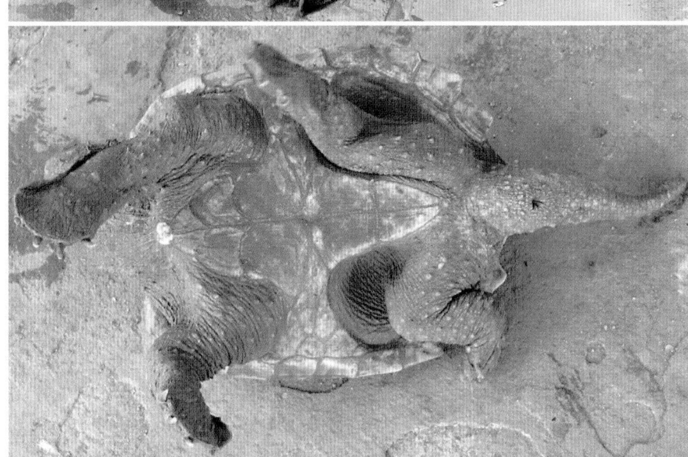

成 龟

头 部

龟抖动口中的红色触角，以吸引鱼等其他小动物

泥龟科 DERMATEMYDIDAE Gray, 1870

本科仅有1属，即泥龟属（*Dermatemys*）。上颌中央无钩，甲桥处有1列下缘盾，尾短。

泥龟属 *Dermatemys* Gray, 1847

本属仅有1种，为泥龟（*Dermatemys mawii*）。头部吻长且上翘；背甲宽扁；腹甲大，喉盾单枚。

泥龟 *Dermatemys mawii* Gray, 1847

泥龟因分布于美洲中部，又名中美河龟、美洲河龟。吻部上翘，又名尖鼻泽龟。化石记录表明，泥龟曾出现在北美、欧洲和亚洲东部，目前仅分布于美洲的墨西哥、危地马拉和伯利兹。国内驯养繁殖极少，2018年北京王斌于国内首次繁殖成功，至今已繁殖50多只。背甲长50厘米。

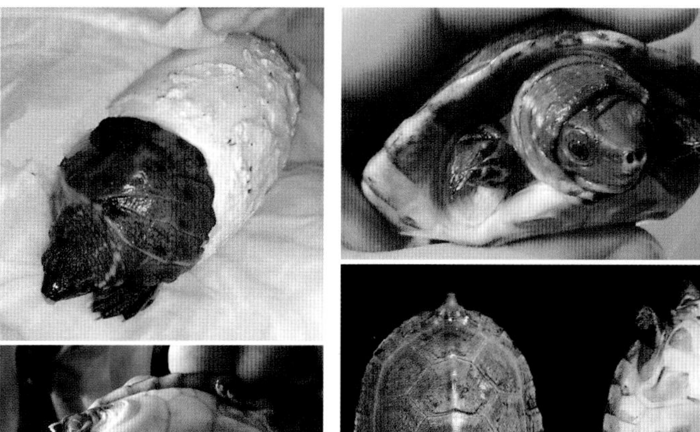

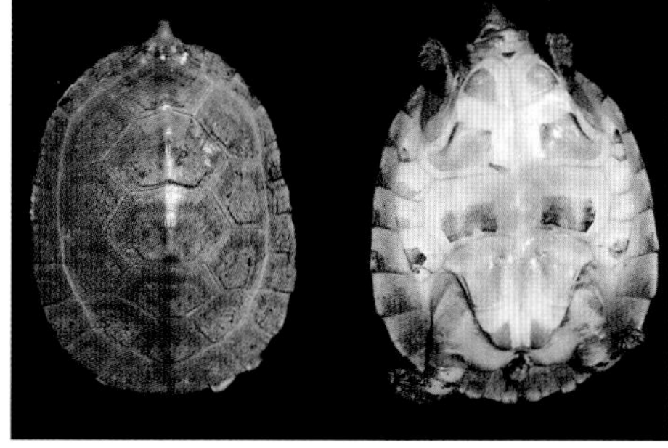

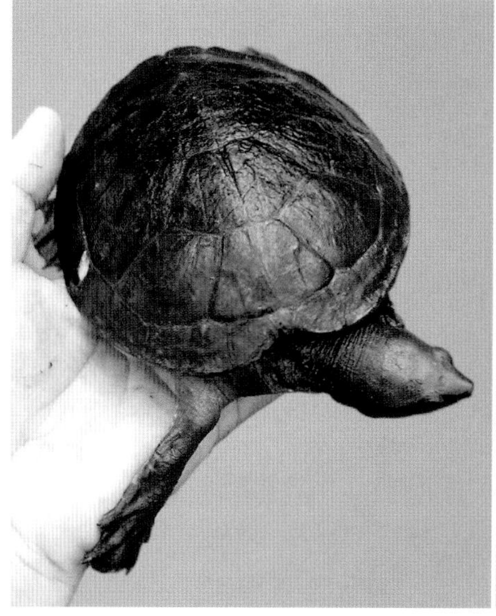

稚龟　王斌　　6月龄幼龟　王斌　　1龄幼龟　王斌

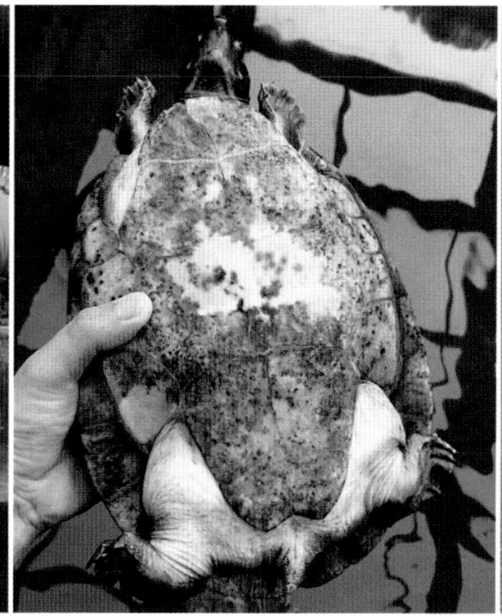

雌性成龟　王斌

繁殖季节雄龟头顶呈黄色（部分个体头部不呈黄色） 李志雄

成龟头部 王斌

龟卵 王斌

动胸龟科 KINOSTERNIDAE Agassiz, 1857

动胸龟科分为动胸龟亚科和麝香龟亚科。本科现存31种，分布于美洲。动胸龟科成员体型小，背甲隆起，形似鸡蛋，统称蛋龟类；又因其腹甲具“闭壳”结构或腹甲可以活动，故名动胸龟类。麝香龟类成员受到惊动时，身体散发麝香味道，又称“麝香龟”。体型小（除大麝香龟外），适合家庭饲养，饲养难度低，是当前龟界“网红”。

动胸龟亚科成员与麝香龟亚科成员主要区别在于腹甲上的盾片数目，动胸龟亚科成员腹甲盾片有10 ~ 11枚，麝香龟亚科成员腹甲盾片有7 ~ 8枚。

动胸龟科 KINOSTERNIDAE
- 动胸龟亚科KINOSTERNINAE →
  - 动胸龟属*Kinosternon* 22种
  - 小麝香龟属*Sternotherus* 6种
- 麝香龟亚科STAUROTYPINAE →
  - 大麝香龟属*Staurotypus* 2种
  - 匣子龟属 *Claudius* 1种

动胸龟亚科成员的腹甲

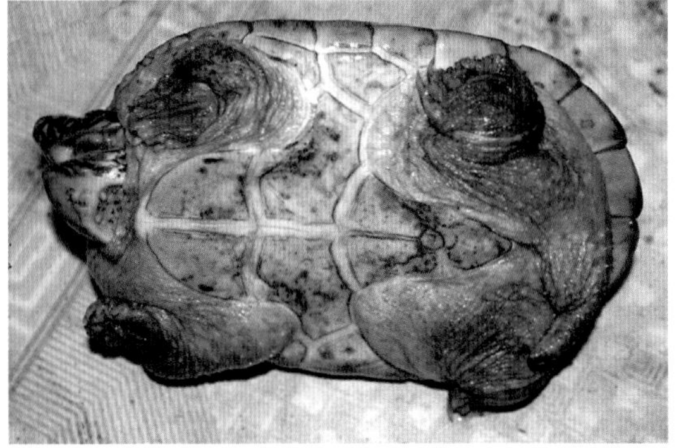
麝香龟亚科成员的腹甲

动胸龟亚科成员与麝香龟亚科成员腹甲对比

动胸龟属 *Kinosternon* Spix, 1824

动胸龟属又称泥龟属。本属有22种。头小，吻钝；胸盾呈三角形或近似三角形；腹甲盾片之间无皮肤或有少量皮肤，腹甲有2个韧带，第一个韧带位于腹盾前部边缘与胸盾后部边缘，第二个韧带位于腹盾后部边缘与股盾前部边缘；背甲与腹甲间具闭合功能。

恰帕斯动胸龟 *Kinosternon abaxillare* Baur in Stejneger, 1925

模式标本产地是墨西哥南部的恰帕斯州（Chiapas），故名。仅分布于墨西哥。头部具黄色斑纹；无腋盾，是识别其他动胸龟类的特征之一。面部似花脸，呆萌可爱，是动胸龟类中高颜值种类。国内暂无驯养繁殖。背甲长16厘米。

亚成体　Eduardo Reyes Grajales

腹部　John B.Iverson

斑纹动胸龟 *Kinosternon acutum* Gray, 1831

因头部散布无数褐色斑点，故名。分布于危地马拉、墨西哥、伯利兹。性情活跃，互动性强。国内驯养繁殖较少。背甲长10厘米。

侧部　Hynek Prokop

背部和腹部（左成龟，右幼龟）　Hynek Prokop

阿拉莫斯动胸龟 *Kinosternon alamosae* Berry and Legler, 1980

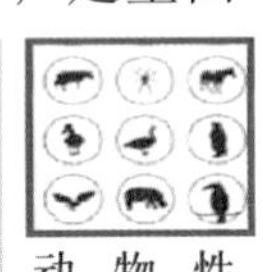

仅分布于墨西哥，是墨西哥特有种。体型较小，背甲中央无脊棱，第一枚椎盾侧边线前端与第一枚缘盾和第二枚缘盾的连接线相遇；后肢内侧无鳞片。虽性情胆怯，但环境安静后，龟爬动活跃。国内驯养繁殖较少。背甲长13厘米。

成龟　Jesús Alberto Loc Barragán

成龟　胡子威

窄桥动胸龟 *Kinosternon angustipons* Legler, 1965

又名窄桥泥龟。因甲桥窄，故名。分布于哥斯达黎加、巴拿马和尼加拉瓜。其甲桥比其他动胸龟类窄很多，此特征可明显区别于其他动胸龟类。窄桥动胸龟和匣子龟属 *Claudius* 的窄桥匣龟是两个不同的种类。国内驯养繁殖较少。背甲长10厘米。

头 部

雄性成龟

腹部（左雄右雌） Petr Petras

果核动胸龟 *Kinosternon baurii* Garman, 1891

因外形似水果的核，故名果核。分布于美国。其背甲上3条淡黄色纵条纹别具一格；龟头部两侧淡黄色条纹及头顶淡黄色斑纹更增加其观赏性。国内已驯养繁育。背甲长12厘米。

成 龟

稚 龟

科利马动胸龟 ***Kinosternon chimalhuaca*** **Berry, Seidel and Iverson, 1997**

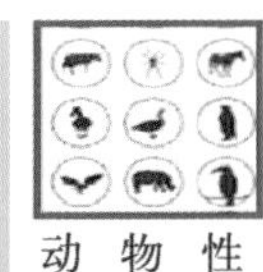

科利马是墨西哥西部的一个州名，模式标本产地，故名。仅分布于墨西哥。头顶部有密集的橙色斑点，背甲有3条不明显的纵棱。国内驯养繁殖较少。背甲长16厘米。

成龟　Jesús Mauricio Rodríguez Canseco

科拉动胸龟 ***Kinosternon cora*** **Loc-Barragán, Reyes-Velasco, Woolrich-Pina , Grünwald , Venegas de Anaya, Rangel-Mendoza and López-Luna, 2020**

种名*cora*源自墨西哥土著一族群名称。1962年，首次被发现于科拉族群区域；2020年，由墨西哥Jesús Alberto Loc Barragán等命名，仅分布于墨西哥。其头顶最前端的硬鳞有斑纹；颈盾较大，宽度是长度的2～3倍；腹甲后缘无缺刻，甲桥较窄，胯盾较大。雄性头顶前端有皇冠状黑白斑纹，非常独特。背甲长8.5厘米已可产卵。背甲长10厘米。

雌性幼龟　Jorge Larios Luquín

雌龟　黄博文

雄龟　M. A. López-Luna

腹部（左雄右雌）　胡子威

头部（上雌下雄）　M. A. López-Luna

杜兰戈动胸龟 ***Kinosternon durangoense*** **Iverson, 1979**

因模式标本产地是墨西哥西北部的杜兰戈州，故名。别名杜州黄泥龟。分布于墨西哥。原是黄泽动胸龟的一个亚种，现为独立种。头顶部黑色斑点密集，背甲接近圆形，腹甲前半部较短，不超过腹甲长度的33%，喉盾大且长。杜兰戈动胸龟是动胸龟类中体型较大的一种，性格安静，内敛。国内驯养繁殖较少。背甲长19厘米。

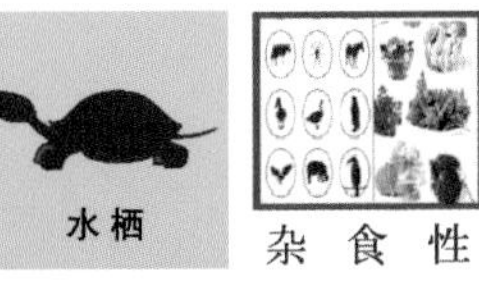

杂食性

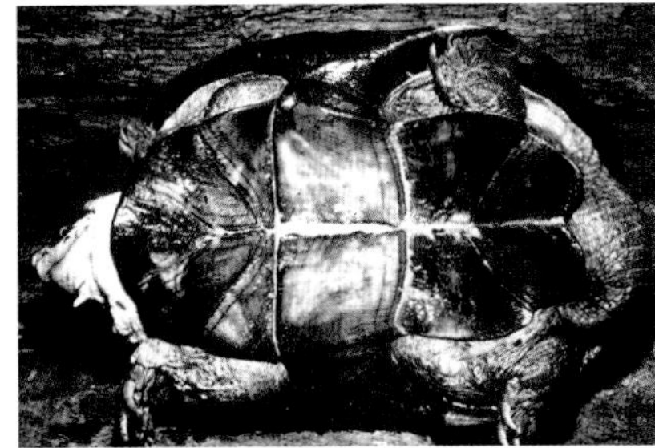

成龟　John. B. Iverson

成龟　John. B. Iverson，Franck Bonin

黄泽动胸龟 ***Kinosternon flavescens*** **Agassiz, 1857**

因背甲、腹甲、下颌等部位均呈黄色，简称黄泽、黄泥龟。分布于墨西哥、美国。因大而透亮的眼睛，体色单一黄色，颜值独特，似一杯芳香却不腻的奶茶，使其成为动胸龟类中的冷门种类；加之互动性强，深受大众青睐。国内已驯养繁殖。背甲长18厘米。

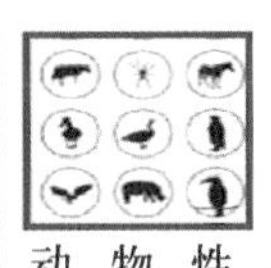

成 龟

幼 龟

埃雷拉动胸龟 ***Kinosternon herrerai*** **Stejneger, 1925**

种名*herrerai*源自墨西哥生物学家Alfonso Luis Herrera（1868—1942年）的姓氏。仅分布于墨西哥。背甲无3条明显纵条纹；腹甲后半部不能活动。国内已有驯养繁殖。背甲长17厘米。

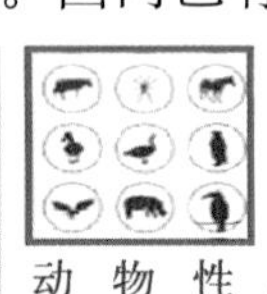

成龟  胡子威

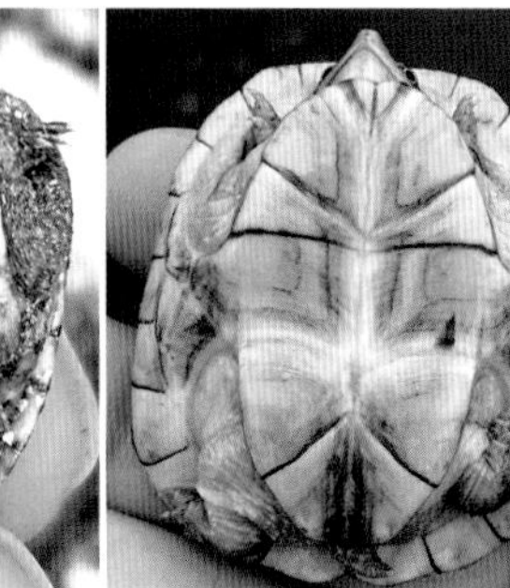

腹部（自左向右依次为稚龟、4月龄龟、1龄龟） 黄博文

腹部　黄博文

头部　胡子威　黄博文

虎纹动胸龟 *Kinosternon integrum* Le Conte, 1854

别名虎纹泥龟、墨西哥泥龟。因其头顶部布满繁杂黑黄互嵌的蠕虫条状斑纹，似虎的斑纹，故名。分布于墨西哥、哥伦比亚等国家，分布广泛。虎纹动胸龟是动胸龟类中体型较大的一种，头部斑纹在不同年龄段变化较大；背甲椭圆形；腹甲前半部较宽、后半部长度占腹甲的59%以上。其性格活跃，互动性强，颜值极高，深受年轻人喜爱。国内驯养繁殖较多。背甲长22厘米。

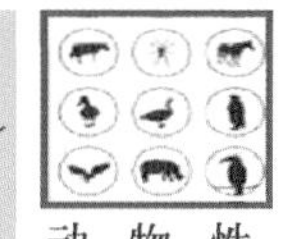

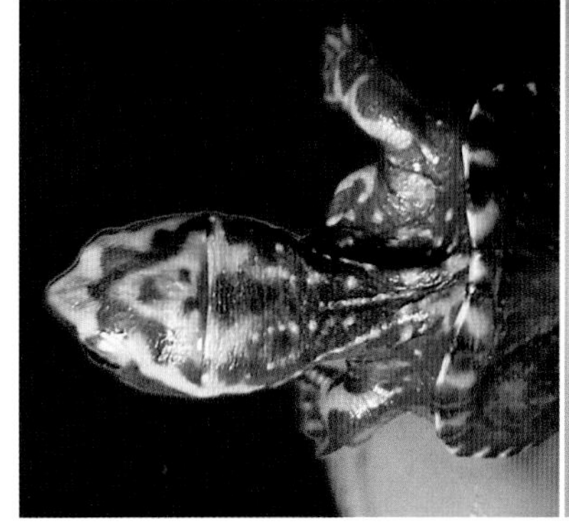

1月龄幼龟　陆雄耀　刘子安

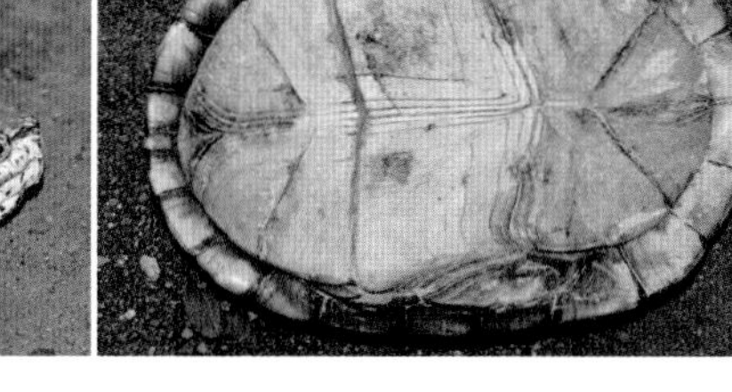

成龟　Jesús Alberto Loc Barragán

头部（左成龟，右幼龟）　Jesús Alberto Loc Barragán　胡子威

白吻动胸龟*Kinosternon leucostomum* Duméril and Bibron in Duméril & Duméri, 1851

别名白吻泽龟、白唇泥龟。因龟吻部呈白色，故名。分布于哥伦比亚、哥斯达黎加、洪都拉斯和墨西哥等国家。本种有2个亚种，分别为白吻动胸龟指名亚种（*Kinosternon leucostomum leucostomum*）和白吻动胸龟南部亚种（*Kinosternon leucostomum postinguinale*）。白吻动胸龟指名亚种，头顶两侧黄色斑纹宽且呈淡黄色；背甲隆起高；腹甲宽大，胯盾较长，与腋盾相连。白吻动胸龟南部亚种，头顶两侧斑纹细或无斑纹，颜色暗淡；背甲较平；腹甲较窄，胯盾和腋盾不相连。成龟性情凶猛，攻击性强。国内已大量驯养繁育。背甲长16厘米。

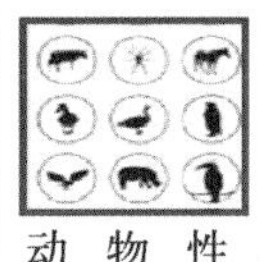

白吻动胸龟南部亚种

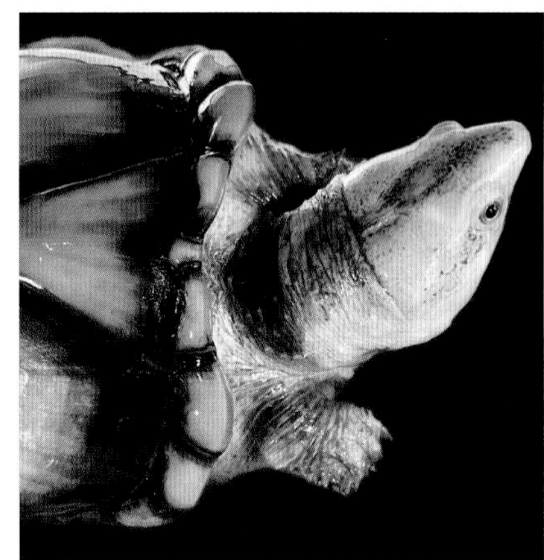

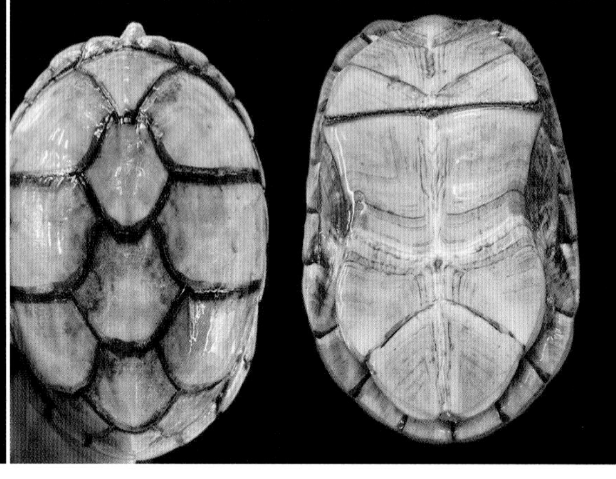

白吻动胸龟指名亚种（北部白唇蛋龟） 刘子安

白吻动胸龟幼龟

瓦哈卡动胸龟 *Kinosternon oaxacae* Berry and Iverson, 1980

因其模式标本来自墨西哥南部的瓦哈卡州（Oaxaca），故名。仅分布于墨西哥。头部布满黄色细小斑点；背甲有不明显黑斑点，有3条纵棱；腹甲胸盾缝最短。国内驯养繁殖较少。背甲长17厘米。

成龟　Vicente Mata-Silva

雄性成龟　Eduardo Reyes Grajales

背部　Torsten Blanck

腹部　Torsten Blanck

歇泽动胸龟 *Kinosternon scorpioides*（Linnaeus, 1766）

又称歇泽泥龟。有3个亚种，其中，歇泽动胸龟指名亚种又名歇泽泥龟（*Kinosternon scorpioides scorpioides*），分布于巴西、委内瑞拉等南美洲国家，头侧有黑色细密斑纹；歇泽动胸龟白面亚种又名白喉泥龟（*Kinosternon scorpioides albogulare*），分布于阿根廷等南美洲国家，头侧红色或橘红色，颜值高，是龟界“网红”之一；歇泽动胸龟红面亚种又名红面泥龟、红面蛋龟（*Kinosternon scorpioides cruentatum*），分布于墨西哥、伯利兹等国家，因龟眼睛后部、枕部呈红色或橙色，使它很容易区别于其他动胸龟。国内驯养繁殖较多。背甲长20厘米。

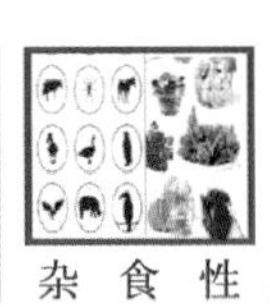
杂 食 性

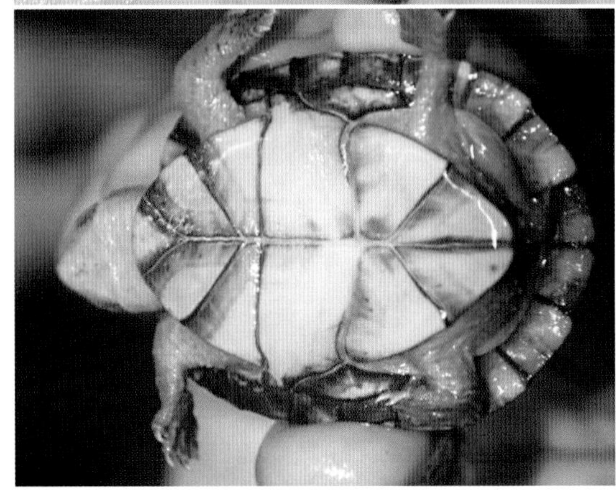

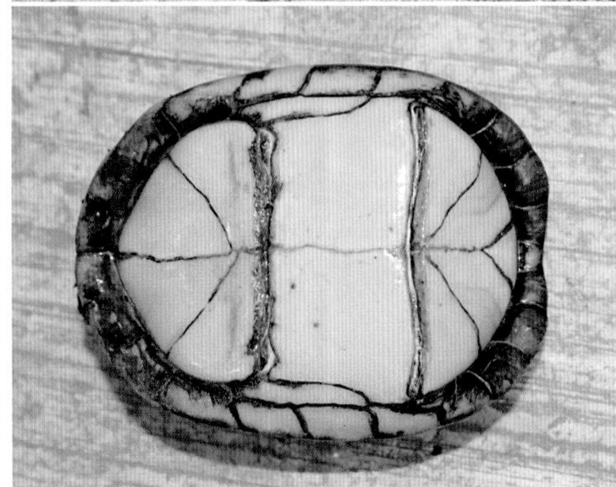

歇泽动胸龟红面亚种幼龟

歇泽动胸龟红面亚种成龟

Eduardo Reyes Grajales

歇泽动胸龟白面亚种成龟

索诺拉动胸龟 *Kinosternon sonoriense* Le Conte,1854

别名索诺拉泥龟。因发现于墨西哥的索诺拉州（Sonora），故名。分布于美国和墨西哥，有2个亚种。龟体型偏小，背甲长度不超过17.5厘米。头部侧面有条纹，下颌部有4个触角；背甲光滑细长，有1 ~ 3条纵棱。国内驯养繁殖较少。

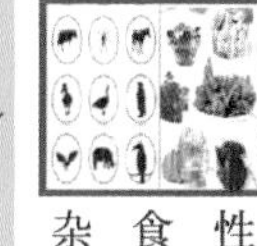

幼龟　Vincent Chong

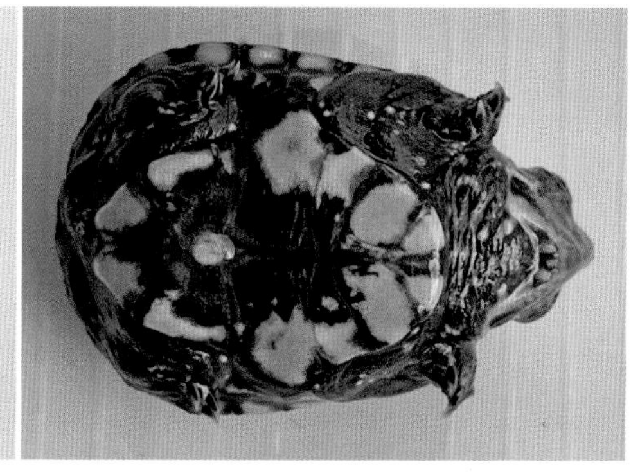

稚龟　Vincent Chong

下颌有2对触角　Vincent Chong

成龟背部和腹部　Vincent Chong

东方动胸龟*Kinosternon subrubrum*（Bonnaterre, 1789）

本种有2个亚种，其中，东方动胸龟指名亚种（*Kinosternon subrubrum subrubrum*），别称东方泥龟；东方动胸龟头盔亚种（*Kinosternon subrubrum hippocrepis*），别称头盔泥龟。分布于美国东部。龟头侧部有黄色条纹或小斑点；背部平，无条纹；腹部有褐色晕染斑纹。体型小，观赏性强，国内驯养繁殖较多。背甲长13厘米。

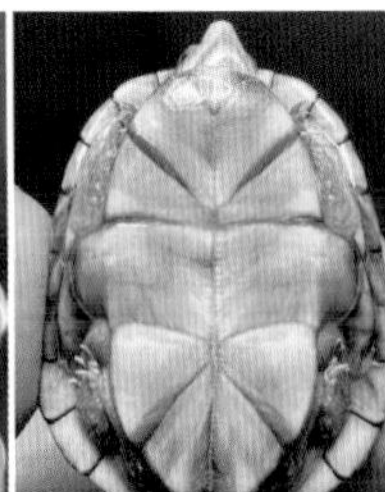

幼龟　黄博文　　稚龟　黄博文

东方动胸龟

成龟（左雌右雄）　　头部（左雄右雌）

东方动胸龟指名亚种

成龟　　亚成体

东方动胸龟头盔亚种

瓦拉塔动胸龟 *Kinosternon vogti* López-Luna, Cupul-Magaña, Escobedo-Galván, González-Hemández, Centenero-Alcala, Rangel-Mendoza, Ramírez -Ramírez, and Cazares-Hemández, 2018

种名*vogti*源自美国爬虫学家Richard Vogt（1949年8月至2021年1月）的姓氏Vogt，故又名沃格特动胸龟。本种是2018年发现的新种。因雄龟鼻部上方呈金黄色，又名金鼻蛋龟。仅分布于墨西哥巴亚尔塔港（Puerto Vallarta）。"瓦拉塔"源自Vallarta的音译。龟体型较小，背甲宽度比甲壳高度长，雄龟头顶最前端（鼻部上方）呈金黄色，雌性无。背甲长12厘米。

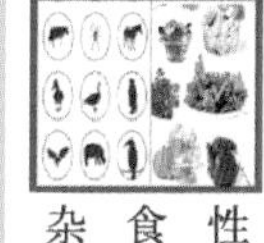

雄性成龟　reptile master

雄性成龟　Torsten Blanck

雌性成龟　陈宣播

雌性成龟腹部　陈宣播

成龟（上雄下雌）　陈宣播

小麝香龟属 *Sternotherus* Bell in Gray, 1825

本属有6种。除麝动胸龟分布在加拿大、墨西哥和美国外，其他5种均分布于美国。胸盾呈长方形，腹甲盾片之间有皮肤（幼龟不明显）；胸盾和腹盾间具韧带，背甲和腹甲间无闭合功能。剃刀麝香龟因无喉盾，极易区别于其他5种。

剃刀麝香龟 *Sternotherus carinatus*（Gray, 1856）

附录Ⅱ

水栖

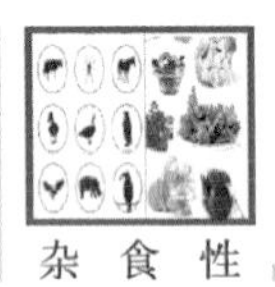
杂食性

背甲高隆，自中央突起脊棱向两侧倾斜，形成“人”字形，似帐篷状、屋顶状、剃刀状和刀背状，故有屋顶龟、剃刀龟、刀背蛋龟和剃刀动胸龟等多个别名。分布于美国。龟背甲中央脊棱突起强烈，椎盾呈覆瓦状重叠；腹甲无喉盾。性情略胆怯，但具攻击性。国内驯养繁殖较多。背甲长20厘米。

稚　龟

头　部

成龟腹部

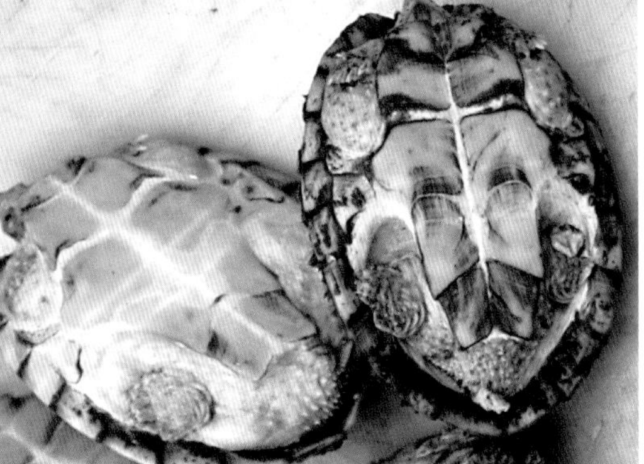
亚成体

平背麝香龟 *Sternotherus depressus* Tinkle and Webb, 1955

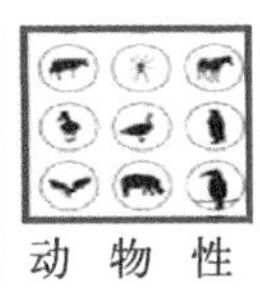

别名平壳麝香龟。因其背甲扁平，故名。分布于美国。龟体型较小，背甲宽短，中央平；头顶部具黑色蠕虫状细密斑点。性情羞怯，眼睛炯炯有神。国内已驯养繁殖。背甲长12厘米。

成龟　周峰婷

成龟腹部（左雄右雌）

巨头麝香龟 *Sternotherus minor*（Agassiz, 1857）

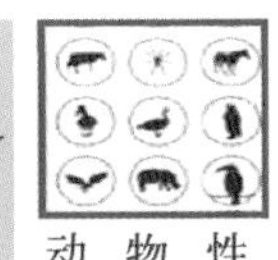

本种原有2个亚种，现为1个独立种。别名巨头动胸龟、小动胸龟、巨头龟。分布于美国。龟头部具密集细小黑斑点；背甲隆起较高，背甲顶部至两侧的夹角小于100°；腹甲上有喉盾。体色简单，头顶部黑色细密斑点与黄色底色搭配，形成别样的动感韵律。性情活跃，互动性强。背甲长14厘米。

成　龟

头部　刘子安

亚成体

幼　龟

麝动胸龟*Sternotherus odoratus*（Latreille in Sonnini and Latreille, 1801）

别名蛋龟、麝香龟、普通麝香龟。其中，蛋龟是众多别名中使用最多的名称。分布于加拿大、美国和墨西哥。龟头顶边缘具白色细条纹，触须在下颌或喉部，背甲椎盾无重叠。体型小，性情凶猛，具攻击性；拿龟时，切忌小心谨慎。受到惊吓时，其身体会散发刺鼻的麝香味。国内已大量驯养繁殖。背甲长15厘米。

附录Ⅱ

水栖

动物性

稚 龟

亚成体

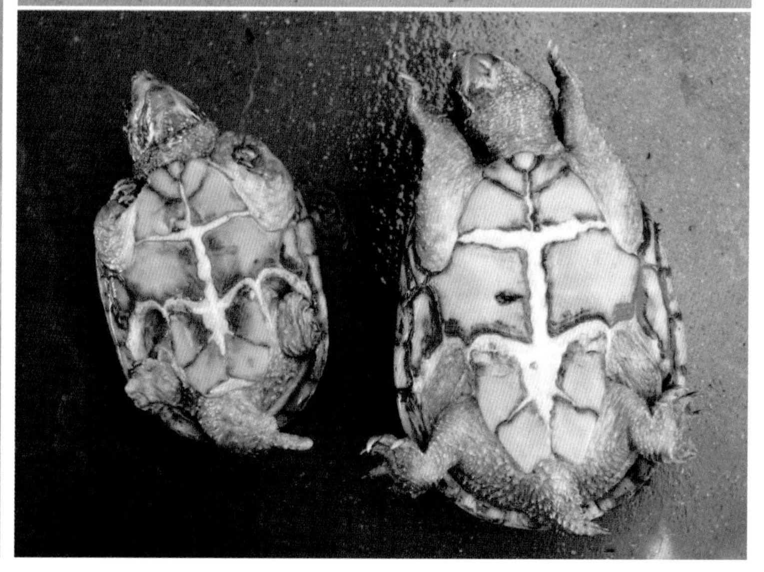
成龟（腹部左雄右雌）

虎纹麝香龟 *Sternotherus peltifer* Smith and Glass, 1947

别名条纹麝香龟。原是巨头麝香龟的一个亚种，现为独立种。分布于美国。体型较小，头顶及颈部布满黑黄色互嵌蠕虫条纹状斑纹，似虎皮斑纹，富有力量感。性情活跃，爬动频繁。背甲长12厘米。

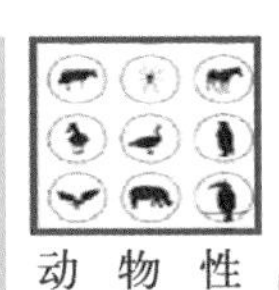

头　部

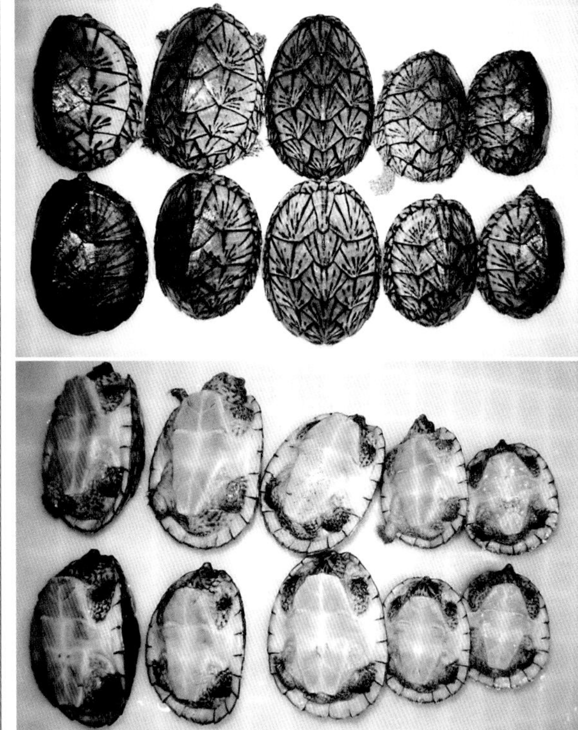
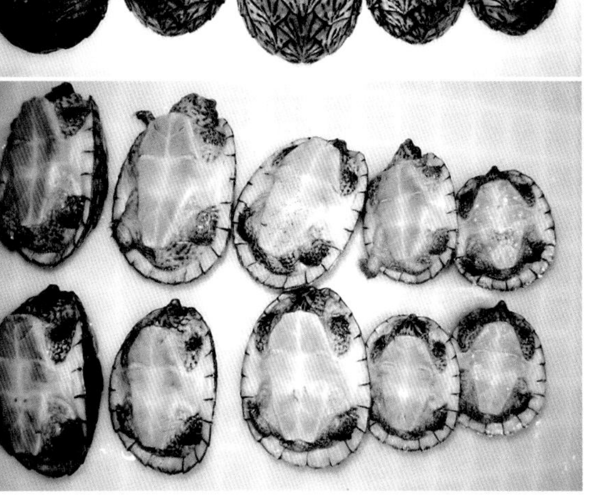
幼龟　刘子安

稚　龟

匣子龟属 *Claudius* Cope, 1865

本属仅1种，窄桥匣龟（*Claudius angustatus*）。腹甲窄而小，呈“十”字形，腹甲盾片仅8枚（大多数龟通常11枚），腹甲与背甲间借韧带相连。

窄桥匣龟 *Claudius angustatus* Cope, 1865

别名窄桥龟，简称窄桥。分布于墨西哥、危地马拉和伯利兹。龟头部上喙中央有1个明显的角状钩，两侧各1个齿状钩，下颌中央有1个长而尖锐的钩，下巴有1对触角。有一部分龟的背甲盾片上具黑色放射状斑纹，体型较小，民间称其为小种窄桥龟；一部分龟的背甲盾片上无黑色放射状斑纹，体型较大，民间称其为大种窄桥龟。性情暴躁，强悍凶猛，攻击性较强，勿轻易触碰。其呆萌的外表，独特的外形，素雅的体色，招人喜爱。国内已驯养繁殖。背甲长20厘米。

雄性成龟

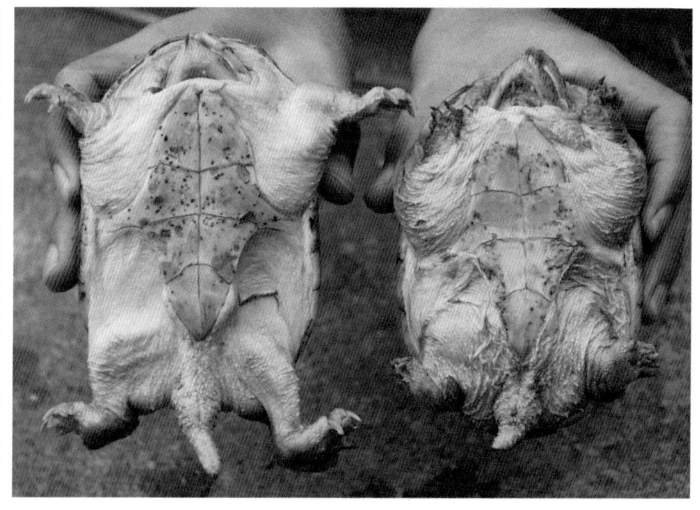

腹部（左雄右雌）

头部上喙具3枚尖利齿

头部下颌具一锋利尖钩　Ron de Bruin

稚龟　邱天梁

大麝香龟属 *Staurotypus* Wagler, 1830

本属有2种，即大麝香龟（*Staurotypus triporcatus*）、沙氏麝香龟（*Staurotypus salvinii*）。腹甲特征非常独特，腹甲盾片7～8枚。体型比动胸龟类大，背甲长达40厘米左右，是蛋龟类中的巨人，素有“蛋龟之王”美名。

沙氏麝香龟 *Staurotypus salvinii* Gray, 1864

别名萨尔文巨蛋、萨尔文麝香龟。分布于萨尔瓦多、危地马拉和墨西哥。龟背甲上3条脊棱不明显，腹甲前叶短于后叶，头部有网状黑色斑纹，喙呈淡黄色或橘红色。性情略凶猛，但不主动攻击人。外表朴素，惹人喜爱。国内已驯养繁殖。背甲长20厘米。

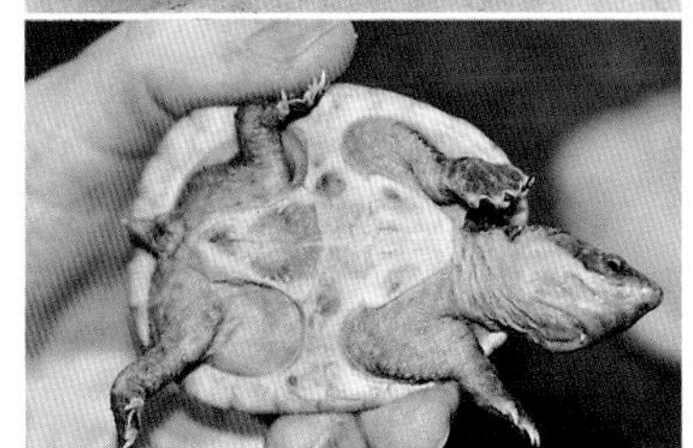

3月龄幼龟　Michael Nesbit

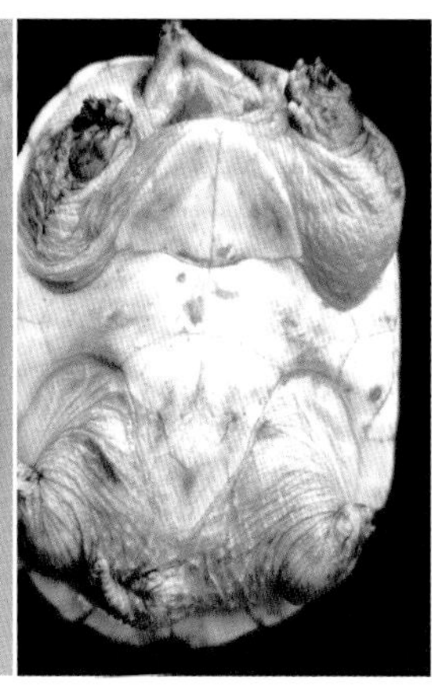

幼龟　伊星

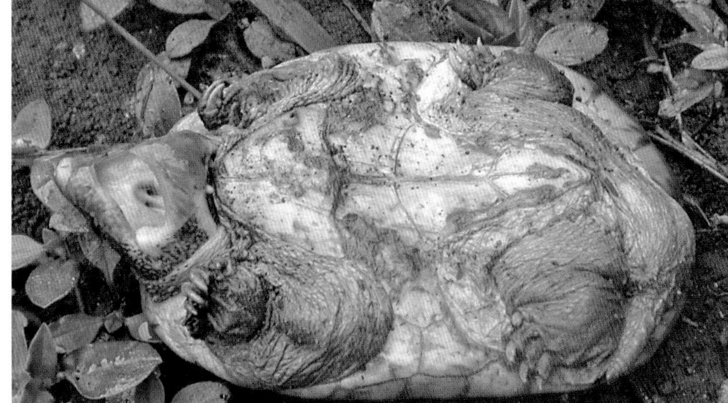

雄性成龟　周峰婷

幼龟鼻部橘红色　伊星

成龟鼻部无橘红色

大麝香龟 *Staurotypus triporcatus*（Wiegmann,1828）

别名墨西哥巨蛋，简称墨蛋。分布于墨西哥、危地马拉和伯利兹。大麝香龟背甲上具明显隆起的3条脊棱，也称“龙骨”；腹甲前叶比后叶长；头部有黑色条纹状斑纹，喙黑色。嗜水性强，很少上岸。性情凶猛，具有攻击性，上颌坚硬，下颌中间具锋利钩，霸气十足。幼龟背甲具黑白斑纹，随着年龄增长，斑纹色彩加深。国内已驯养繁殖。背甲长40厘米。

成 龟

成龟腹部（上雌下雄）

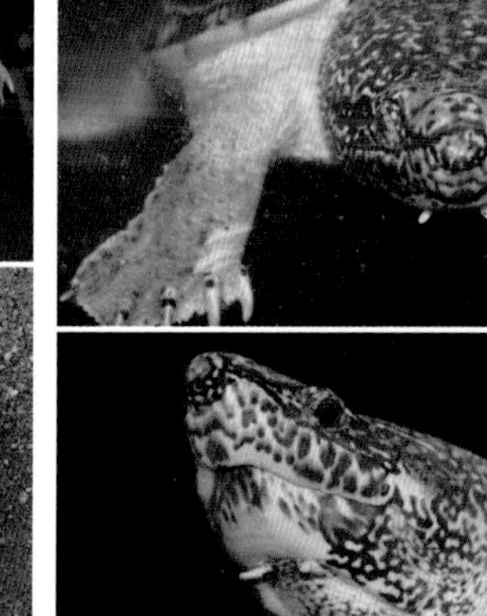
头 部

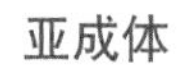
亚成体

幼 龟

稚 龟

龟科 EMYDIDAE Rafinesque, 1815

龟科成员是龟鳖家族中“人丁兴旺”的一族，有10属57种。彩龟属（*Trachemys*）成员最多，多达16种；其次为图龟属（*Graptemys*），14种，分布于美洲、欧洲等国家，个别种类分布于亚洲，与分布于亚洲的地龟科成员遥遥相望。

锦龟属 *Chrysemys* Gray, 1844

本属有2种，即南锦龟（*Chrysemys dorsalis*）和锦龟（*Chrysemys picta*）。其中，南锦龟原属于锦龟的亚种之一，现提升为种。锦龟属成员中等体型，背甲上红绿条纹交错镶嵌，背甲缘盾腹部和腹甲红黑黄镶嵌，斑纹非常精美，加之头颈和四肢上布满黄绿镶嵌的条纹，可谓花花绿绿一世界。

南锦龟 *Chrysemys dorsalis* Agassiz, 1857

别名丽锦龟。分布于美国南部，故名。南锦龟是锦龟属中体型最小的一种，背甲中央有1条红色或淡红色纵条纹，腹甲淡黄色，无斑纹，使其很容易与其他锦龟类区别。国内已驯养繁殖。背甲长16厘米。

动物性

成龟　深圳ZEN

幼龟　深圳ZEN

头部　深圳ZEN

稚　龟

锦龟 *Chrysemys picta*（Schneider, 1783）

别名火神龟、火焰龟，因其背甲、腹部有红色斑纹。本种有3个亚种，分布于加拿大和美国。锦龟东部亚种（*Chrysemys picta bellii*）简称东锦龟，其背甲盾片成行排列，不像其他龟类的盾片交错排列，头部眼睛后方有1对淡黄色斑块，似1对眼睛；锦龟西部亚种（*Chrysemys picta picta*）简称西锦龟，背甲盾片未成行排列，腹部中央有黑色斑纹；锦龟中部亚种（*Chrysemys Picta marginata*）简称中锦，腹部中央有黑斑纹。锦龟性情活泼、胆大。背甲色彩鲜艳，红绿色交错；腹甲红色斑纹具强烈的视觉冲击力，观赏性极强。国内已大量驯养繁殖。背甲长20厘米。

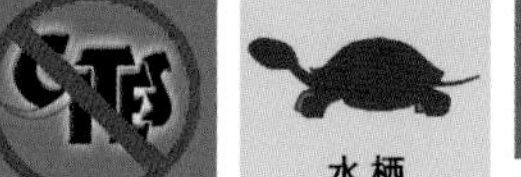

动 物 性

成龟背部

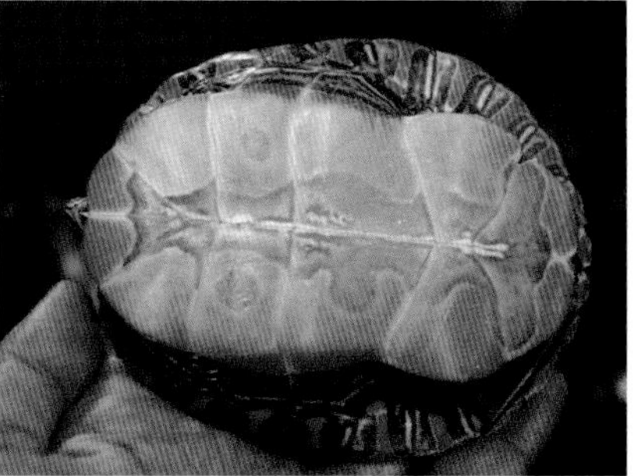

幼龟

稚龟

锦龟西部亚种

亚成体

幼龟

稚龟

锦龟东部亚种

鸡龟属 *Deirochelys* Agassiz, 1857

本属仅1种，鸡龟（*Deirochelys reticularia*）。因龟颈部较长，与蛇颈龟类颈部相似，似鸡颈，故名。

鸡龟 *Deirochelys reticularia*（Latreille in Sonnini and Latreille, 1801）

本种有3个亚种，分布于美国。鸡龟指名亚种（*Deirochelys reticularia reticularia*），背甲上网状斑纹线条较细，甲桥处黑斑纹较大；鸡龟佛州亚种（*Deirochelys reticularia chrysea*），背甲上网状斑纹线条较粗，颜色鲜艳，甲桥处黑斑纹较小；鸡龟西部亚种（*Deirochelys reticularia miaria*），背甲上网状斑纹线条宽，甲桥处黑斑纹较小，腹部各盾缝间有黑色斑纹。背甲上淡黄色线条勾勒出斑纹似网状，又名网纹龟。性情活跃，喜运动和晒背。外形帅气，充满活力，时尚感强。国内已驯养繁殖。背甲长26厘米。

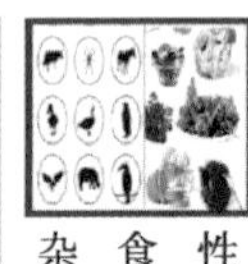

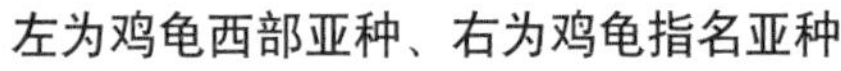
左为鸡龟西部亚种、右为鸡龟指名亚种

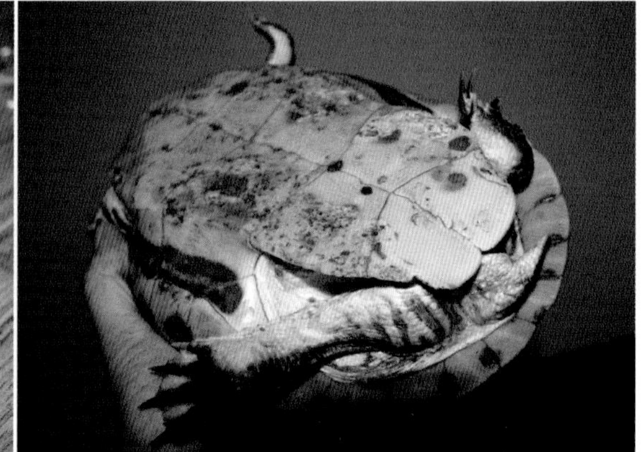

鸡龟指名亚种成龟

鸡龟指名亚种稚龟

鸡龟佛州亚种稚龟

鸡龟佛州亚种成龟

鸡龟西部亚种（腹部盾片缝间有黑色斑纹）

鸡龟西部亚种成龟

图龟属 *Graptemys* Agassiz, 1857

本属有14种。因其背甲斑纹似地图，故名。除地理图龟（*Graptemys geographica*）分布于美国和加拿大外，其他13种均分布于美国，是美国特有种。雄龟体型比雌龟几乎小一半。

巴氏图龟 *Graptemys barbouri* Car and Marchand, 1942

附录Ⅱ

水栖

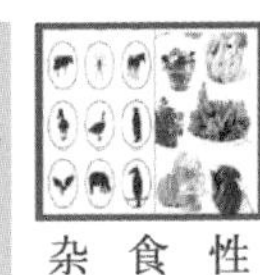
杂 食 性

因其眼睛周围几乎被黄色斑纹包围，似蒙面侠，又名蒙面地图龟。分布于美国。头较大，眼后方具粗条纹斑块；背甲具黄色环状纹（老年个体无），中央具黑色条纹。国内驯养繁殖较少。背甲长32厘米。

稚龟　李志雄

头部　Disrk Stratmann

成龟（上雄下雌）　李志雄

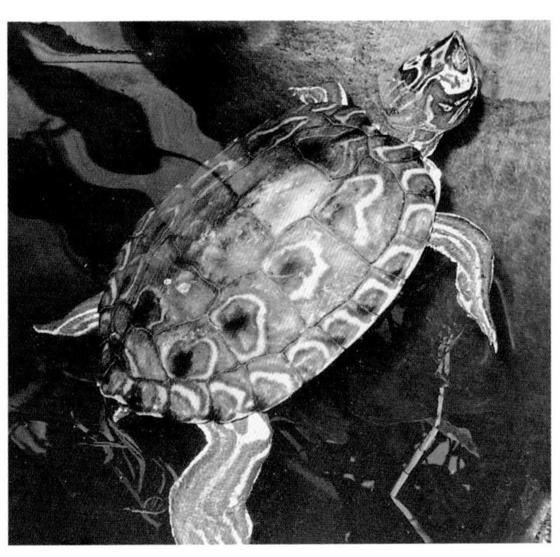

成　龟

雌性成龟　李志雄

雌性成龟腹部　李志雄

卡氏图龟 *Graptemys caglei* **Haynes and Mckown, 1974**

又名图龟、巴氏地图龟。种名*caglei*源自美国爬虫学家Fred Ray Cagle (1915—1968年)。分布于美国。卡氏图龟是地图龟类中体型较小的一种，雄龟体型几乎比雌龟小一半。头较小，头顶有V形条纹，下巴有横向米黄色条纹，下颌无纵向黄色斑纹；背甲较平，盾片表面凹凸不平；腹部各盾缝具黑色斑纹。幼龟体色鲜艳，黄绿黑交错形成众多大小不一的环形斑纹，观赏性强。国内几乎无驯养繁殖。背甲长21厘米。

附录Ⅲ

水栖

动物性

幼龟　Jeff Waters

头部　John B. Iverson

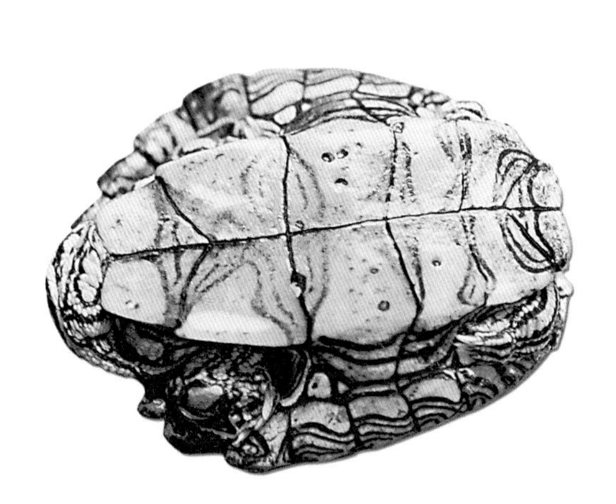
雄性成龟　松板实　Disrk Stratmann

黄斑图龟 *Graptemys flavimaculata* Cagle, 1954

CITES
附录Ⅲ

水栖

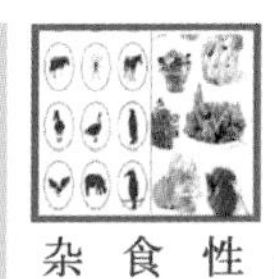
杂 食 性

别名珍珠地图龟，源自其背甲椎盾和肋盾中央有大块黄色斑块，似一粒粒珍珠。分布于美国。黄斑图龟是地图龟属中体型最小、颜值最高的一种龟。国内已有少量驯养繁殖。背甲长18厘米。

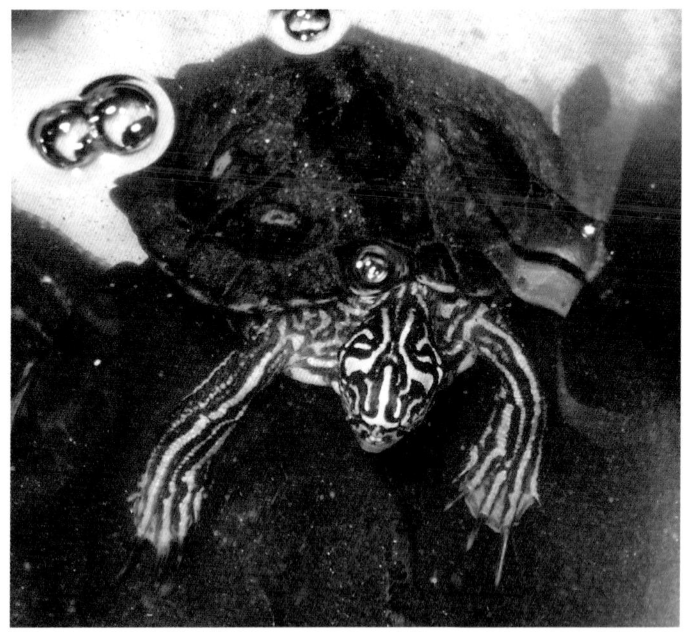
成 龟

幼龟 欣归

幼 龟

地理图龟 *Graptemys geographica* (LeSueur, 1817)

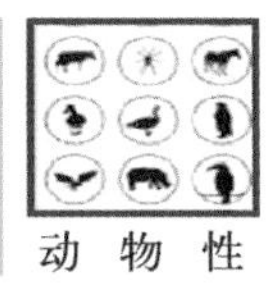

动 物 性

地理图龟又名普通图龟，因分布广泛，是常见种，故名。分布于加拿大和美国。头部眼后具黄色斑点；背甲椎盾中央脊棱低矮，硬棘不明显。背甲长28厘米。

幼龟　　Disrk Stratmann

成　龟

吉氏图龟 *Graptemys gibbonsi* Lovich and McCoy,1992

种名*gibbonsi* 源自James Whitfield Gibbons(1939年—　)博士的姓氏。仅分布于美国密西西比州。头部两眼之间的黄色与眼后大块斑纹相连接，鼻部两侧具黄色条纹；背甲隆起较高，中央脊棱明显，缘盾具黄色斑纹；腹甲淡黄色，各盾缝黑色。幼体背甲体色鲜艳，观赏性强，国内驯养繁殖极少。背甲长29厘米。

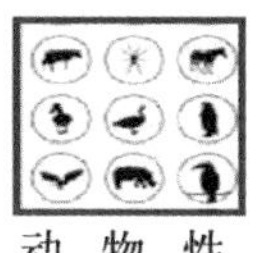

动 物 性

幼龟　　台湾宏骏

幼龟腹部　　台湾宏骏

亚成体　　台湾宏骏

黑瘤图龟 *Graptemys nigrinoda* Cagle, 1954

附录Ⅲ

水栖

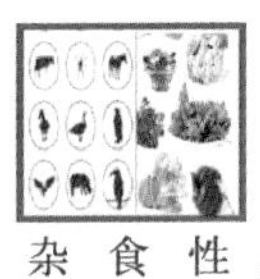
杂食性

背甲中央有黑色突起硬棘，故背甲斑纹多样，似花斑，又名花斑图龟。分布于美国。颜值高于伪图龟、得州图龟。国内已驯养繁殖。背甲长23厘米。

亚成体

幼 龟

稚 龟

眼斑图龟 *Graptemys oculifera*（Baur, 1890）

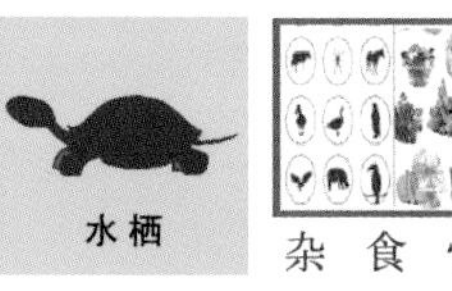

因头部眼后有黄色斑块，似眼睛，故名。又因背甲上有同心圆环，又名黄圈地图龟。分布于美国。背甲盾片上有橘红色或黄色圆环斑纹；腹部有黑色斑纹。体型小，体色华丽，观赏性强。国内已驯养繁殖。背甲长21厘米。

稚龟　马卓

幼龟　马卓

幼龟　周峰婷

雌性成龟　马卓

雄性成龟　马卓

幼龟背部（左为眼斑地图龟，右为黄斑地图龟）　马卓

伪图龟 *Graptemys pseudogeographica* (Gray, 1831)

本种有2个亚种，即伪图龟指名亚种（*Graptemys pseudogeographica pseudogeographica*）和伪图龟密西西比亚种（*Graptemys pseudogeographica kohnii*）。分布于美国。其头部斑纹和条纹存在差异。性情温驯，无相互撕咬现象。因龟爪较长，可攀爬粗糙的物体，如水泥墙、树干等，故又名爬墙龟。幼龟体色特别，条纹清晰，引人注目；随体型不断增大，体色变暗淡，条纹不明显。国内已大量繁殖。背甲长26厘米。

伪图龟指名亚种幼龟

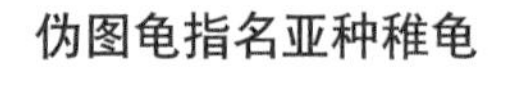

伪图龟指名亚种稚龟

伪图龟密西西比亚种幼龟

伪图龟密西西比亚种稚龟

阿拉巴马图龟 *Graptemys pulchra* Baur，1893

因模式标本来自阿拉巴马州，故名。分布于美国。其头部斑纹特别，两眼之间及头侧有黄色斑纹，似雄鹰展翅。背甲中央有1条黑色纵条纹，腹部无繁杂斑纹，仅各盾片连接缝间具黑色。体色明亮，头顶斑纹独特，观赏性强。国内已驯养繁殖。背甲长27厘米。

亚成体　李志雄

幼　龟

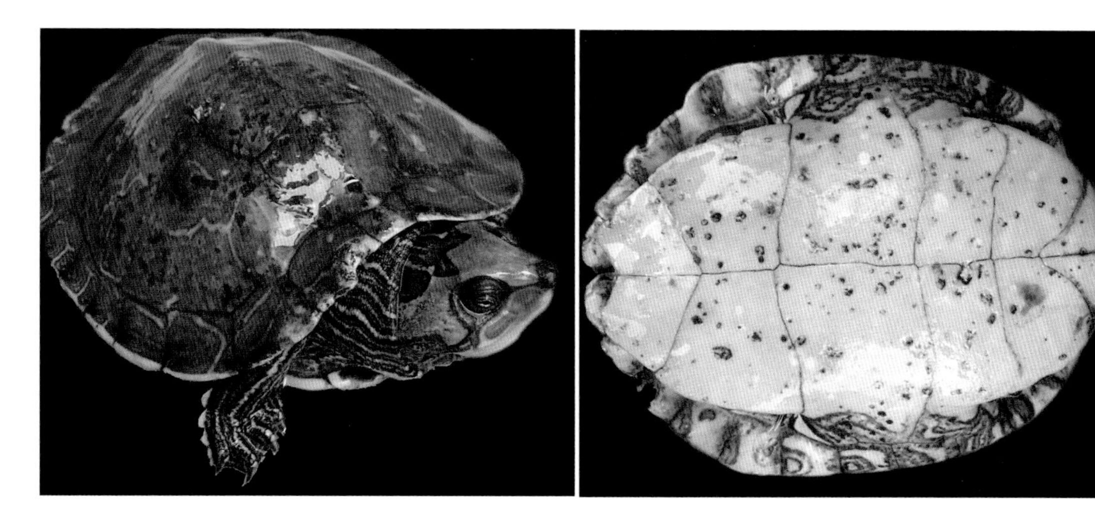

成龟　李志雄

得州图龟 *Graptemys versa* Stejneger, 1925

因模式标本来自得克萨斯州，故名。分布于美国。头顶两眼之间有1条黄色或橙黄色条纹，一直延伸至颈部，眼后有黄色或橙黄色7字形斑纹；背甲散布褐色小斑点，中央脊棱隆起；腹甲中央具褐色条纹，随年龄增长，斑纹增长。国内已驯养繁殖。背甲长21厘米。

附录Ⅲ

水栖

杂食性

幼　龟

雄性成龟

稚　龟

菱斑龟属 *Malaclemys* Gray, 1844

本属仅有1种，即菱斑龟（*Malaclemys terrapin*）。其背甲粗糙，斑纹变化多样。头部斑纹、体色多种多样，人们依据其特征，称其大花钻、小花钻等名称。

菱斑龟 *Malaclemys terrapin*（Schoepff, 1793）

别名钻纹龟、钻石龟。因其背甲盾片上有淡黄色斑纹，似钻石，故名。菱斑龟是北美龟类中唯一可生活于咸水域的种类。本种有7个亚种。除菱斑龟卡罗莱纳亚种（*Malaclemys terrapin centrata*）分布于百慕大群岛和美国外，其余6个亚种均分布于美

国。7个亚种间各自外部特征变化较大。菱斑龟指名亚种（*Malaclemys terrapin terrapin*），又称北部钻纹龟，是7个亚种中的常见种。性情温和，互动性强。头颈、四肢和甲壳盾片的颜色、纹理丰富，多变的斑纹给人一种视觉上的享受，在龟界知名度极高，

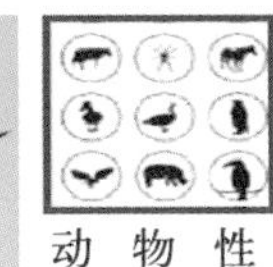

观赏性极强。人工繁殖的龟苗可用淡水饲养。国内驯养繁殖较多，也出现了亚种间的杂交现象。背甲长24厘米。

成龟（大花钻）

成龟（小花钻）

雌性成龟　　刘子安

稚龟（大花钻）

稚龟（小花钻）

菱斑龟指名亚种

成龟　朱彤

成龟（左雄右雌）　欣归

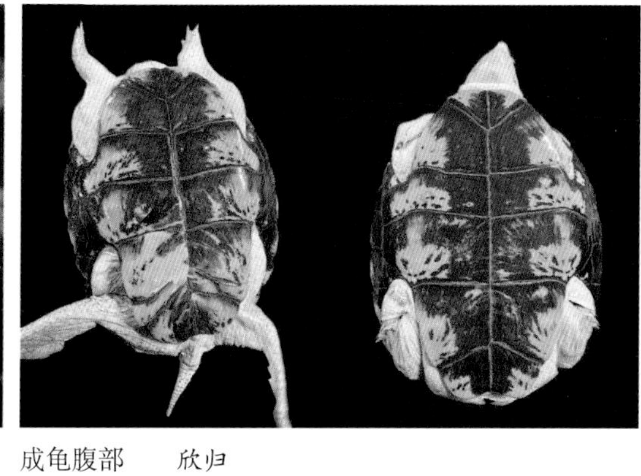
成龟腹部　欣归

菱斑龟锦钻亚种

雌性成龟　Disrk Stratmann

雄性成龟头部　Disrk Stratmann

菱斑龟得州亚种

成龟　欣归

菱斑龟红树林亚种

成龟　林业俊

头部　林业俊

菱斑龟得州亚种与菱斑龟北部亚种杂交

伪龟属 *Pseudemys* Gray, 1856

本属成员因鲜艳颜色和多变斑纹组成的甲壳，似伪造的、不真实的，故名伪龟属。本属现存8种，除格兰德伪龟（*Pseudemys gorzugi*）分布美国和墨西哥外，其他7种均分布于美国，可谓美国特产。伪龟属成员体型较大，背甲长20～40厘米，属中大型龟类。伪龟属成员的背甲以绿色为背景，淡黄色环纹和条纹变化多样，似环状的甜饼，又名甜甜圈龟。阿拉巴马伪龟、纳氏伪龟和北部红肚龟的腹部呈红色，特征明显。伪龟属成员性情活跃，互动性强，喜上岸晒太阳，其伸展头颈和四肢的姿态似芭蕾舞演员。随着年龄增长，龟的体色逐渐变暗淡，环状条纹变化为斑块。

阿拉巴马伪龟 *Pseudemys alabamensis* Baur, 1893

水栖
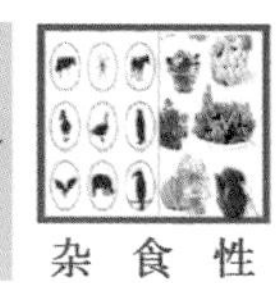
杂 食 性

别名阿拉巴马红肚龟。背甲肋盾中央具橘红色斑块，腹甲缘盾腹部淡红色。腹部鲜红色，散布黑色不规则斑纹，美到让人惊艳，是伪龟属家族高颜值种类。观赏性强。国内已驯养繁殖。背甲长38厘米。

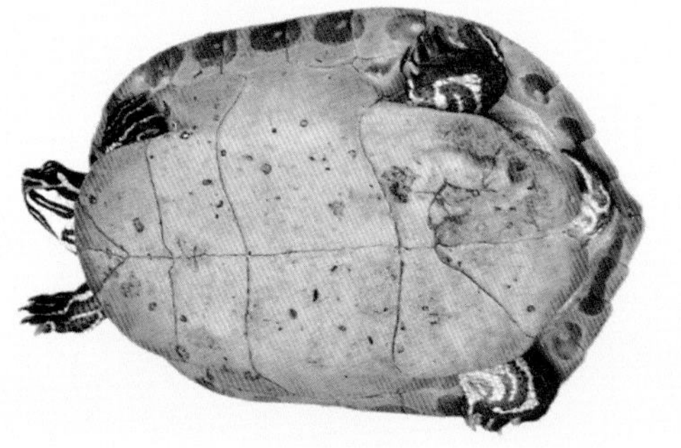

成 龟

幼 龟

稚 龟

河伪龟 *Pseudemys concinna*（Le Conte, 1830）

水栖

杂 食 性

别名东部甜甜圈龟。有2个亚种。背甲密布甜甜圈斑纹，甜甜圈纹路复杂；腹甲淡黄色，散落黑斑块。因有黄绿镶嵌的甜甜圈斑纹，观赏性强。国内已大量驯养繁殖。背甲长38厘米。

成 龟

幼 龟

稚 龟

格兰德伪龟 *Pseudemys gorzugi* Ward, 1984

水栖

杂 食 性

其头部斑纹较少，背甲肋盾和椎盾上有黑色斑块，并散布黄绿交错镶嵌条纹，缘盾有黑色大斑块，腹甲有繁杂黑色斑纹，成龟黑色斑纹变淡。分布于墨西哥、美国等美洲国家。体型大，体色艳丽，观赏性强。国内已驯养繁殖。背甲长40厘米。

成 龟

稚龟　伊星

纳氏伪龟 *Pseudemys nelsoni* Carr, 1938

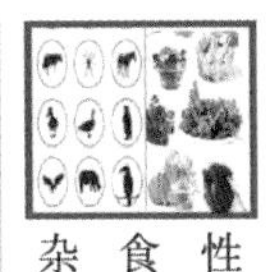

杂食性

别名红肚龟，源自其幼龟腹甲呈淡红色。幼龟体色艳丽，腹甲淡红色，观赏性强，喜庆之意浓重，深受人们喜爱。国内已大量驯养繁殖。背甲长38厘米。

成龟 周峰婷

成 龟

稚 龟

佛州伪龟 *Pseudemys peninsularls* Carr, 1938

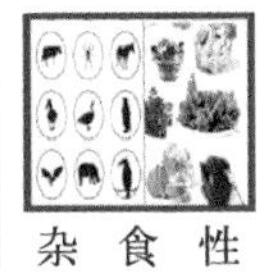

杂食性

别名佛州甜甜圈龟、黄肚甜甜圈龟。其眼后方有2条黄色细条纹，延伸至颈部；背甲绿色，肋盾上有黄色条纹；腹甲淡黄色，无斑纹，此特征在腹部斑纹复杂多变的伪龟类家族中与众不同。国内已驯养繁殖。背甲长37厘米。

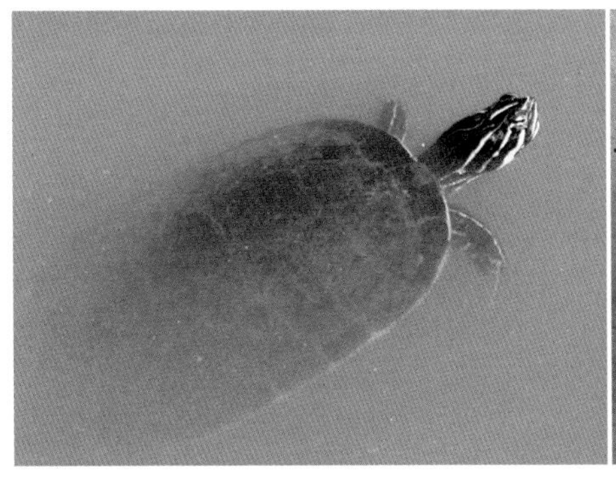

成 龟

幼 龟

稚 龟

北部红肚龟 *Pseudemys rubriventris*（Le Conte，1830）

别名火焰龟。源自其背甲上有红橙色斑块，腹部呈红橙色。腹部无斑纹，呈红橙色（幼龟有黑色斑块或斑点）。性情活跃，晒太阳时伸展头、尾、四肢。体色黄绿橙色交错，幼龟体色鲜艳，纹路繁杂精美，观赏性极强。国内已大量驯养繁殖。背甲长33厘米。

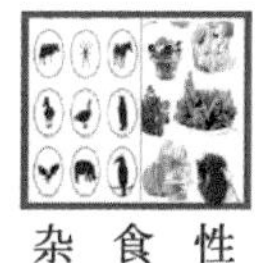

成　龟

成龟腹部

稚　龟

得州伪龟 *Pseudemys texana* Baur, 1893

因模式标本来自美国得克萨斯州，故名。其头部黄色条纹零散，鼓膜处有7字形黄色条纹；背甲盾片中央的褐色斑块被黄色条纹包围；腹甲有褐色斑纹。颜值较高，观赏性强。国内驯养繁殖较少。背甲长33厘米。

成龟　Franck Bonin

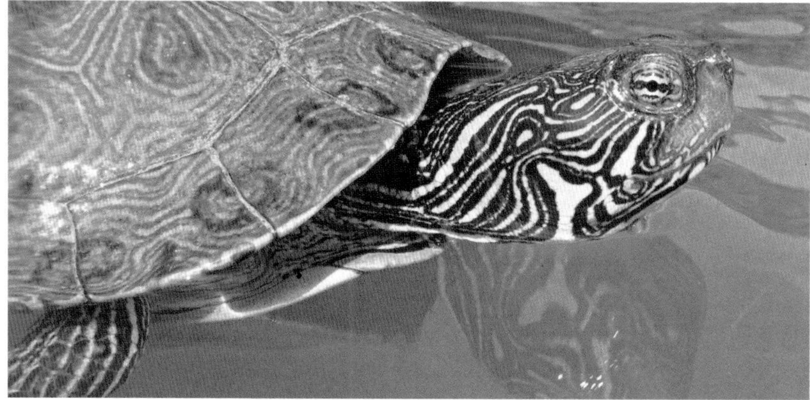

头部　Franck Bonin

彩龟属 *Trachemys* Agassiz, 1857

本属有17种。分布于北美洲至南美洲的北部和中部。本属成员以背甲斑纹黄绿镶嵌，头部呈红色、黄色、黑色条纹或斑纹著称，是观赏性极强的龟类。

古巴彩龟 *Trachemys decussata*（Bell in Grifif and Pidgeon, 1830）

本种有2个亚种。分布于古巴、开曼群岛、牙买加。其眼后有红色条纹，眼下方有黄色细条纹；背甲扁平，黑色（幼龟粉红色，有同心圆环）；腹部淡黄色（幼龟有黑色斑点）。幼龟体色鲜艳，红圈或黄圈与淡绿色搭配组成背甲，观赏性强。背甲长39厘米。

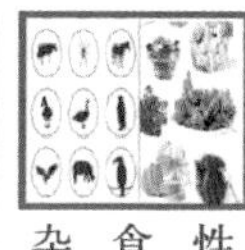

成　龟

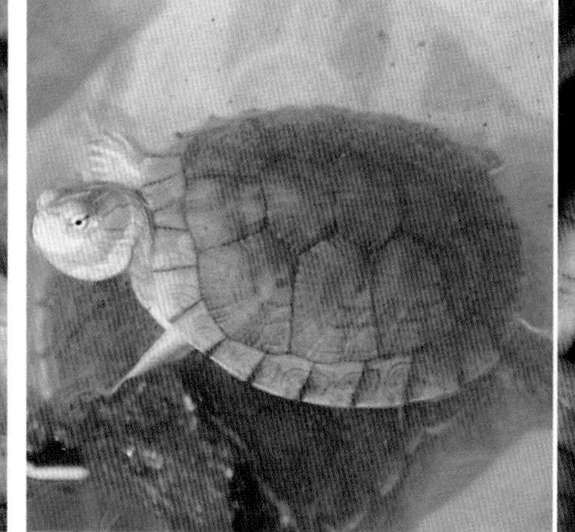

幼　龟

南美彩龟 *Trachemys dorbigni*（**Duméril and Bibron, 1835**）

因分布于南美洲的阿根廷、巴西、乌拉圭，故名。其眼后有1条黄橙色条状斑纹，上颌处有数条黄绿色细条纹；背甲以暗绿色为主色调，肋盾和缘盾有大块黑斑块，黑斑块外有黄橙色条纹，背甲中央椎盾上的黑色条纹被黄色条纹包围。性情活跃，不羞涩。幼龟体色艳丽，颜值高。国内驯养繁殖较少。背甲长25厘米。

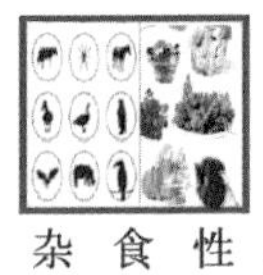

杂 食 性

稚龟　张运陶

幼龟　张运陶

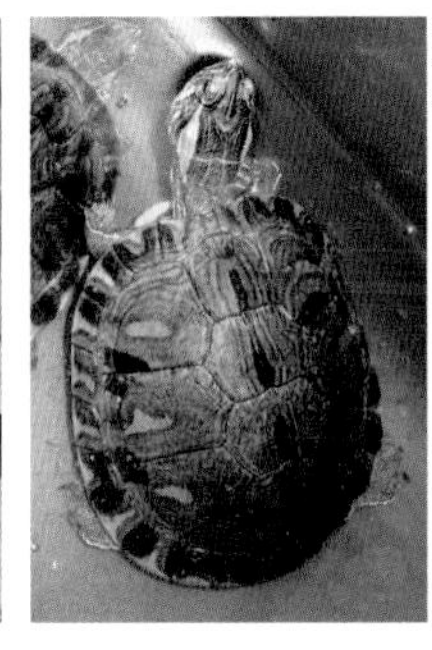

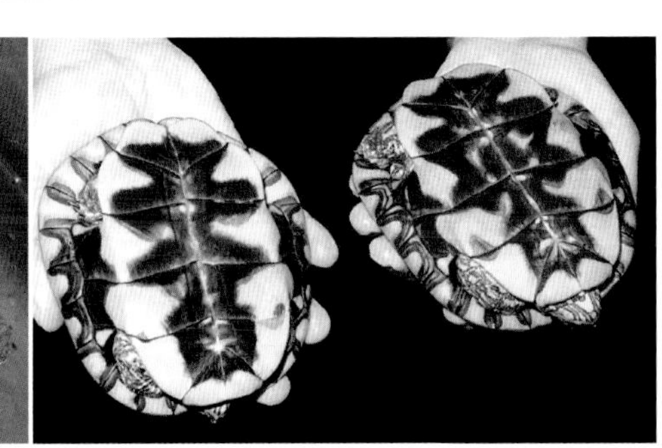

幼　龟

黄斑彩龟 *Trachemys hartwegi*（**Legler, 1990**）

因其眼眶后方有黄色大斑块，故名。仅分布于墨西哥。其头顶和头侧具数条黄色细条纹；背甲具橘红色细条纹，且散布黑色斑点，缘盾黑色斑点被橘红色圆环包围；腹甲有黑色斑纹散布在各盾片上。体色艳丽，头部斑块独特，观赏性强。国内未见驯养繁殖。背甲长29厘米。

杂 食 性

成龟　John B. Iverson

头部　John B. Iverson

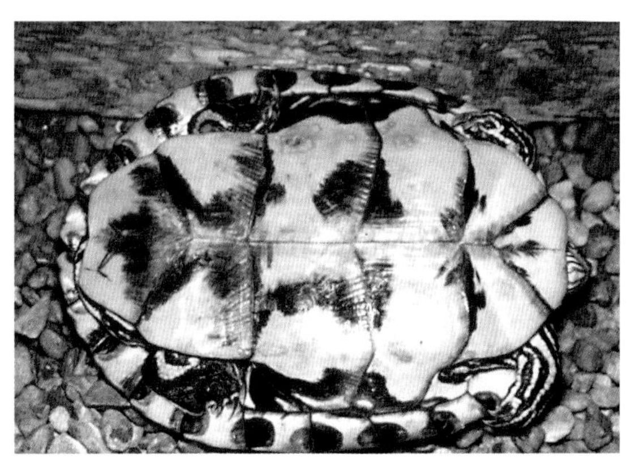

腹部　John B. Iverson

锦彩龟 *Trachemys ornata*（Gray in Griffith and Pidgeon，1830）

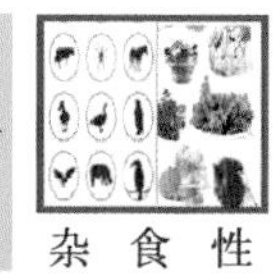
杂 食 性

背甲以绿色为背景，肋盾上有褐色块状斑纹，斑纹外围以黄色圆环包围，附近散布黄色条纹，色彩艳丽，故名。分布于墨西哥。其头部有红色细条纹，延伸至颈部。国内驯养繁殖较少。背甲长35厘米。

成龟　Jesús Alberto Loc Barragán

头部　Jesús Alberto Loc Barragán

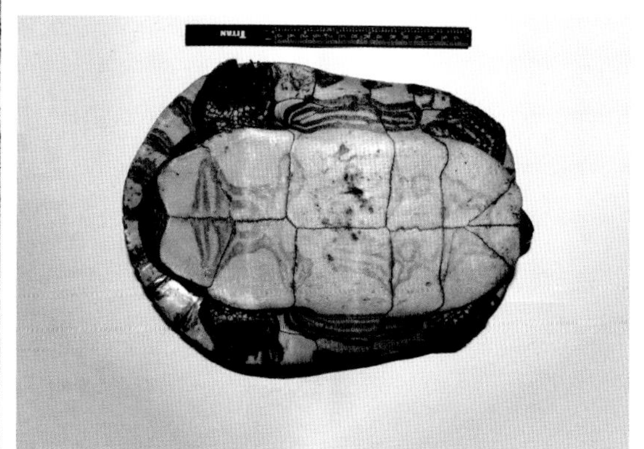
腹部　Jesús Alberto Loc Barragán

彩龟 *Trachemys scripta*（Thunberg in Schoepff, 1792）

本种有3个亚种。分布于美国和墨西哥。其背甲、腹甲和四肢布满红绿色互嵌的条纹和斑纹；头侧具1对红色（黄色）粗条纹或斑纹，故名黄耳彩龟或红耳彩龟，是彩龟的2个常见亚种。别名巴西龟、麻将龟等。其中，巴西龟之名最被人们熟知。国内多地河流湖泊中均发现过红耳彩龟的踪影。红耳彩龟已被我国列入外来入侵物种，切忌随意放生或丢弃。与乌龟、黄喉拟水龟相比，彩龟更凶猛。国内已大规模驯养繁殖，且已发现红耳彩龟和黄耳彩龟的杂交个体。背甲长32厘米。

杂 食 性

10龄以上的成龟

亚成体

幼龟、成龟、10龄成龟（自左而右）头部斑纹变化对比

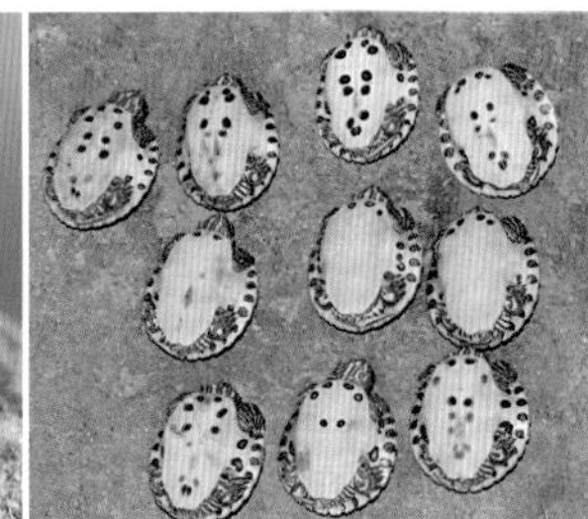

稚龟

彩龟黄耳亚种（黄耳彩龟）***Trachemys scripta scripta***

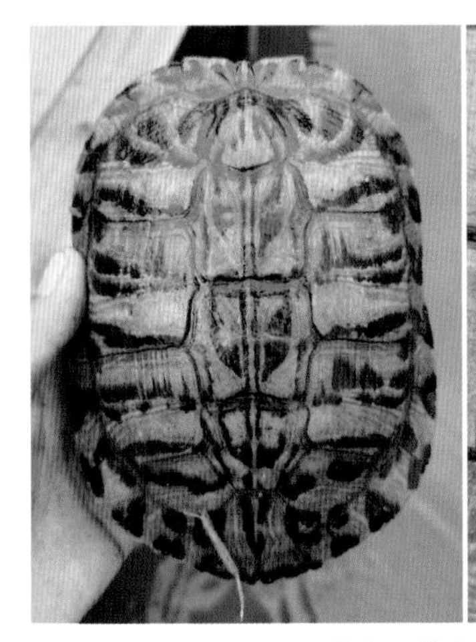

彩龟3龄龟 伊星

彩龟10龄以上的成龟腹部

彩龟成龟

幼龟

稚龟

幼龟

彩龟红耳亚种（红耳彩龟）*Trachemys scripta elegans*

彩龟黄肚亚种（黄肚彩龟）*Trachemys scripta troostii*

孔雀彩龟 *Trachemys taylori*（Legler, 1960）

因背甲缘盾和肋盾上黑色斑块被橘红色圆环包围，似孔雀尾羽毛图案，故名。种名*taylori*源自美国两栖爬行动物学家Edward Harrison Taylor（1889年4月至1978年6月）姓氏，故名。分布于墨西哥。其眼后有红色细斑纹，眼下方有黄色细条纹；

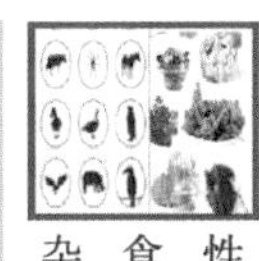

背甲有大小不一的黑色斑块，黑色斑块外围有橘红色环状或半圆形斑纹；腹甲中央有黑色斑纹，向四周扩展。国内未见驯养繁殖。背甲长21厘米。

成龟　Jesús Alberto Loc Barragán

头部　John B.Iverson

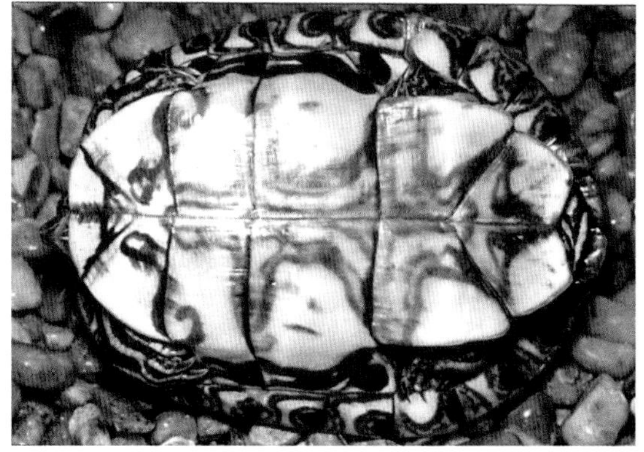

腹部　John B.Iverson

墨西哥彩龟 *Trachemys venusta*（Gray, 1856）

别名大合甜甜圈龟，源自其背甲有淡黄色环状斑纹。本种有4个亚种，以墨西哥分布居多。幼龟体色红绿黄三色互相交错镶

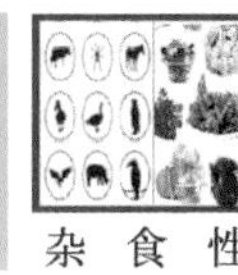

嵌，非常漂亮。随着年龄增长，体色趋于暗淡，以黑褐色为主。国内已大量驯养繁殖。背甲长24厘米。

成　龟　　成龟背部
幼　龟　　稚　龟

水龟属 *Clemmys* Ritgen, 1828

本属仅有1种，即星点水龟（*Clemmys guttata*）。分布于加拿大的安大略省和美国佛罗里达州等东南部10多个地域。

星点水龟 *Clemmys guttata*（Schneider, 1792）

别名斑点水龟。因其头顶、背甲盾片散布橘红色或黄色斑点，似夜晚天空中的星星，故名。其头部、背甲黑色，散布黄色或橘红色大小不一的圆形斑点；腹甲淡黄色，每枚盾片均有黑色。性情温和，胆怯。背甲上黄色斑点图案使其辨识度极高，颜值亮丽，观赏性极强。国内已驯养繁殖。背甲长12厘米。

附录Ⅱ

半水栖

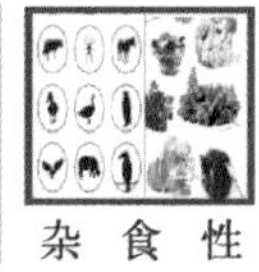
杂 食 性

稚　龟

幼　龟

成　龟

成龟腹部

拟龟属 *Emydoidea* Gray, 1870

本属仅有1种，即布氏拟龟。仅分布于北美洲的美国和加拿大。其颈部长，下颌呈黄色，背甲上布满黄色小斑点。

布氏拟龟 *Emydoidea blandingii*（Holbrook, 1838）

附录Ⅱ

水栖

杂　食　性

别名流星泽龟。因其背甲、头部、四肢均布满白色或黄色斑点，似黑夜中闪亮的星星，故名。其背甲和前肢以黑底黄斑点搭配，不仅色彩醒目，且色彩视觉动感韵律强。国内已少量驯养繁殖。背甲长28厘米。

成龟（左雄右雌） 马卓

成龟腹部（左雌右雄） 马卓

幼 龟

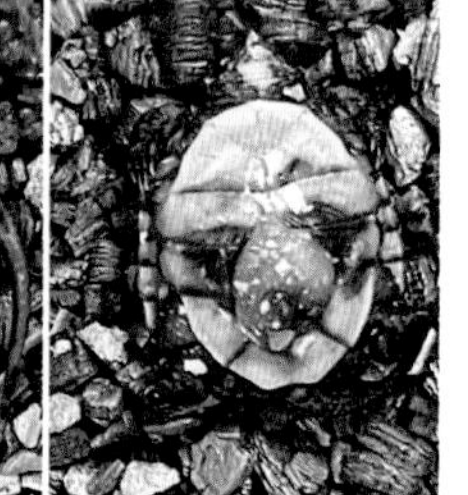

稚龟 马卓

龟属 *Emys* Duméril, 1805

龟属又名泽龟属。本属有2种，即欧洲龟（*Emys orbicularis*）、西西里泽龟（*Emys trinacris*）。其分布广泛，欧洲国家、横跨欧亚的土耳其、中亚国家土库曼斯坦均有分布。

欧洲龟 *Emys orbicularis*（Linnaeus, 1758）

别名欧洲泽龟。其通体布满黄色蠕虫状斑纹或斑点，似身披花衣，又有欧洲星点龟之名。本种有7个亚种。其背甲和腹甲间、腹甲胸盾与腹盾间具韧带，但韧带不发达。性情活跃，互动性强，耐寒。国内已驯养繁殖。背甲长18厘米。

成龟　韶关阿生

雌性成龟

亚成体

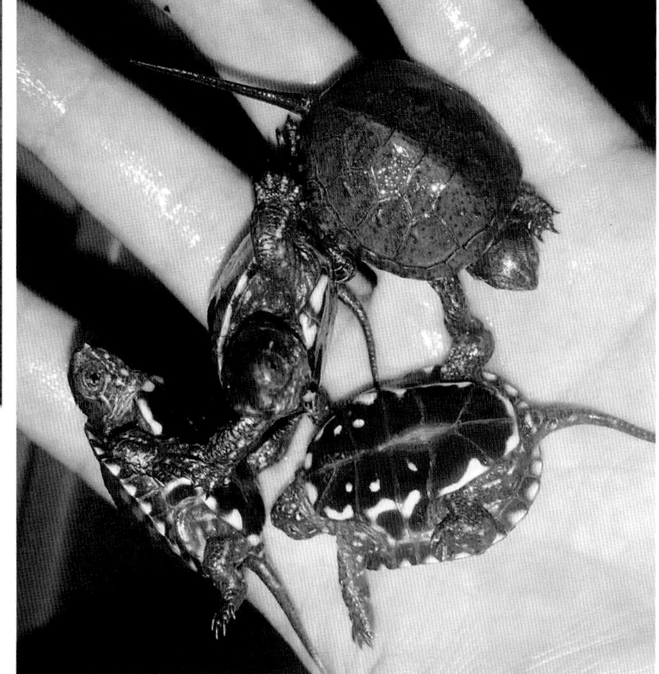

稚龟　韶关阿生

幼龟　古河祥

木雕龟属 *Glyptemys* Agassiz, 1857

本属有2种，即木雕水龟（*Glyptemys insculpta*）和牟氏水龟（*Glyptemys muhlenbergii*）。分布于加拿大和美国。因头颈无斑纹，头颈、腹甲、四肢腹部呈鲜艳的橘红色，又被称为“美国金钱龟”，与中国的金钱龟媲美。

木雕水龟 *Glyptemys insculpta*（Le Conte, 1830）

因其背甲棕褐色，有黑色放射状斑纹，同心年轮极明显，似被雕刻的朽木，故名。其背甲中央脊棱明显，背甲后缘呈锯齿状。背甲浓厚的岁月感和肌肉感，契合复古气质，辨识度高，颜值高，耐看，吸粉无数。国内已驯养繁殖。背甲长24厘米。

附录Ⅱ

半水栖

杂 食 性

幼龟　欣归　周峰婷

头 部

成龟背部（左雌右雄）

成龟腹部（左雌右雄）

牟氏水龟 *Glyptemys muhlenbergii*（Schoepff, 1801）

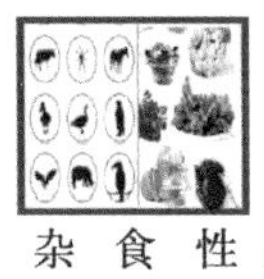

别名沼泽龟。分布于美国，是美国特有种。因其分布窄、数量少，属小众龟类。性情温和，行动敏捷。头顶后部的淡黄色或橘黄色大块斑纹与众不同。国内驯养繁殖极少。背甲长11厘米。

背部　William P. McCord

腹部　William P. McCord

幼　龟

箱龟属 *Terrapene* Merrem, 1820

本属有7种。分布于北美洲。加拿大仅卡罗莱纳指名亚种有分布，其他种类分布于墨西哥和美国。其甲壳具闭壳功能，背甲隆起较高，体色亮丽，斑纹多变；有“北美闭壳龟”“美洲特产”之称，与亚洲特产“闭壳龟”隔海呼应，是龟界热点，吸睛无数。

卡罗莱纳箱龟 *Terrapene carolina*（Linnaeus, 1758）

别名东部箱龟。分布于加拿大、墨西哥和美国。本种有3个亚种，即卡罗莱纳箱龟指名亚种（*Terrapene carolina carolina*）、卡罗莱纳箱龟佛州亚种（*Terrapene carolina bauri*）、卡罗莱纳箱龟湾岸亚种（*Terrapene carolina major*）。性情活跃，个性和互动性强。卡罗莱纳箱龟指名亚种体色艳丽，斑纹变化多样，符合年轻人的“颜值控”追求，深受年轻人喜爱。国内已驯养繁殖。背甲长20厘米。

附录Ⅱ

半水栖

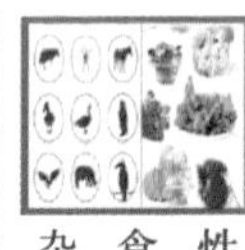
杂 食 性

成龟　　欣归

稚龟

成龟　　许玉红

成色背甲颜色和斑纹多样化

卡罗莱纳箱龟指名亚种

幼龟

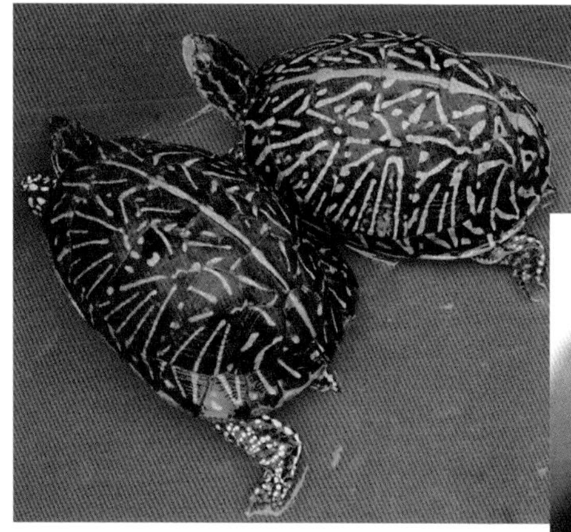
成龟背部

6月龄幼龟　　巴顿

成龟腹部　　许玉红

卡罗莱纳箱龟佛州亚种

稚龟

成龟

卡罗莱纳箱龟湾岸亚种

科阿韦拉箱龟 *Terrapene coahuila* Schmidt and Owens, 1944

半水栖

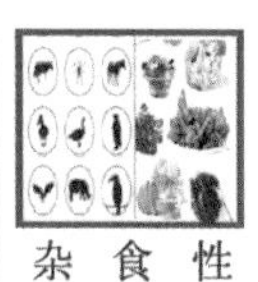
杂 食 性

别名沼泽箱龟。因其生活于沼泽、湿地区域，故名。分布于墨西哥，是墨西哥特有种。甲壳低矮，背甲中央略扁，头部有黄色小斑点。因数量极少，早在1995年已被列入CITES公约 I 级。国内驯养繁殖极少。背甲长23厘米。

成龟　Jesús Alberto Loc Barragán

成龟　古河祥　Ron de Bruin

墨西哥箱龟 *Terrapene mexicana*（Gray, 1849）

因仅分布于墨西哥，故名。原为卡罗莱纳箱龟的亚种，现提升至独立种。其眼大，上喙略钩；背甲高隆，呈长圆形，淡黄色，有黄色斑点，后缘略外卷；腹甲黄色，有黑色斑纹。雄龟头部颜色呈红色、黄色等，绚丽多变，观赏性极强。国内驯养繁殖较少。背甲长23厘米。

半水栖

杂 食 性

稚龟　马卓　　幼龟　欣归

头部黄色的雄性成龟　许玉红

头部橘红色的雄性成龟　欣归

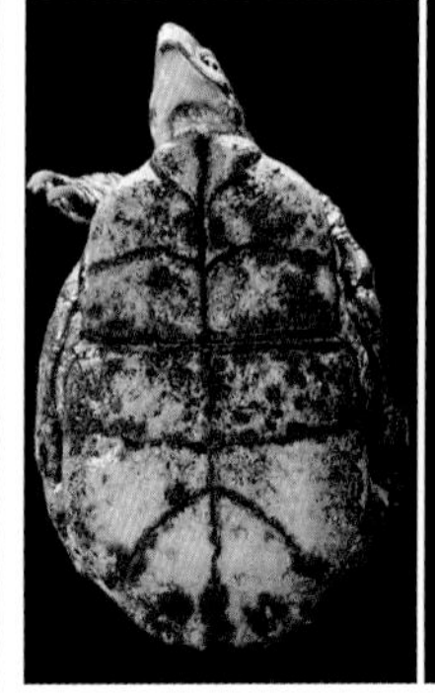

成龟腹部（左雄右雌）　马卓

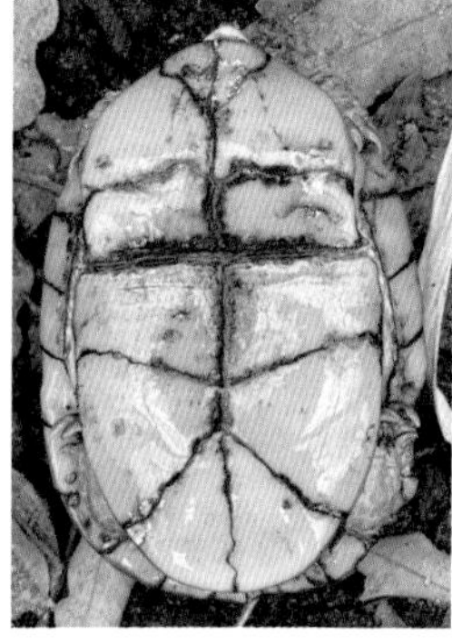

雄性成龟腹部　许玉红

纳氏箱龟 ***Terrapene nelsoni*** **Stejneger, 1925**

种名*nelsoni*源自美国鸟类学家Edward William Nelson（1855—1934年）的姓氏。别名斑点箱龟、星点箱龟，源自其头颈、背甲、四肢散布的无数黄色小斑点。仅分布于墨西哥。本种有2个亚种，即纳氏箱龟指名亚种（*Terrapene nelsoni nelsoni*）和纳氏箱龟北部亚种（*Terrapene nelsoni klauberi*）。其头部、背甲、四肢布满黄色小斑点，腹甲黑色或褐色，无斑纹。因分布狭窄，数量稀少，鲜为人知，是箱龟家族的小众种类。国内驯养繁殖较少。背甲长15厘米。

附录Ⅱ

半水栖

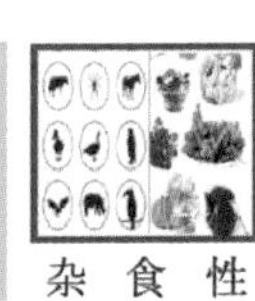

杂食性

成龟　Petr Petras　　成龟　Jesus A.Loc Barragan　　亚成体　胡子威　　幼龟　Petr Petras

丽箱龟 *Terrapene ornata*（Agassiz, 1857）

别名锦箱龟，源自其背甲和腹甲上的淡黄色放射状斑纹，似一幅抽象派油画。分布于墨西哥和美国。其背甲和腹甲上的放射状斑纹使其辨识度较高，与卡罗莱纳箱龟佛州亚种较相似，区别在于头部和腹甲。卡罗莱纳箱龟佛州亚种头部有黄色条纹，腹甲放射状斑纹位于腹甲两侧；丽箱龟头部无斑纹或有一黄色斑块，腹甲布满放射状斑纹。体型小，性情活跃，互动性强。国内已驯养繁殖。背甲长17厘米。

附录Ⅱ

半水栖

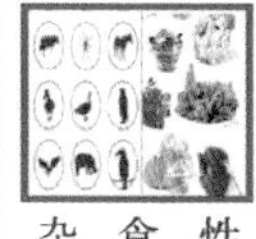

杂食性

雌性成龟

雄性成龟

幼　龟

幼龟　马卓

幼　龟

稚　龟

三爪箱龟 *Terrapene triunguis*（Agassiz, 1857）

附录Ⅱ

半水栖

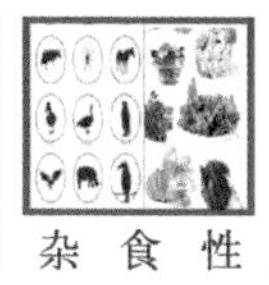
杂食性

因其后肢仅三爪，故名。原属于卡罗莱纳箱龟的亚种，现提升至种。分布于美国。其体色和斑纹变化多样，颜值较高。国内已驯养繁殖。背甲长15厘米。

成龟背部　　成龟腹部

亚成体

稚　龟

尤卡坦箱龟 *Terrapene yucatana*（**Boulenger, 1895**）

因模式标本来自墨西哥尤卡坦州，故名。分布于墨西哥。其头部黄色与白色混染，眼部虹膜淡黄色，瞳孔黑色，头顶部、上颌、下颌有黑色小斑点。通体黄色，背甲盾片交接缝黑色。体色简单古朴，眼睛明亮有神，观赏性强。国内少量驯养繁殖。背甲长16厘米。

附录Ⅱ

半水栖

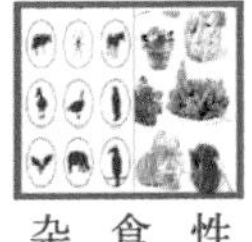
杂食性

幼龟　欣归

稚龟　许玉红

雌龟腹部　许玉红

成龟　许玉红

成龟

雌性成龟　欣归

平胸龟科 PLATYSTERNIDAE Gray, 1869

本科仅有1属。其头部覆盖大块的角质盾片，头部不能缩入壳内；背甲扁平，有下缘盾；尾长，覆盖鳞片。

平胸龟属 *Platysternon* Gray, 1831

本属有1种，即平胸龟（*Platysternon megacephalum*）。科属特征相同。

平胸龟 *Platysternon megacephalum* Gray, 1831

因背甲平坦，故名。又因头大，嘴似鹰嘴，别名大头龟、鹰嘴龟等。鹰嘴龟名称使用频率最高。本种有3个亚种，平胸龟指名亚种(*Platysternon megacphalum megacephalum*)、平胸龟缅甸亚种（*Platysternon megacephalum peguense*)、平胸龟越南亚种(*Platysternon megacephalum shiui*)。国内分布广泛，以广东、广西、福建、海南、香港等地居多；国外分布于泰国、缅甸、越南等。龟的特殊外形和颜值，使其辨识度极高。平胸龟可借助尾部与后肢形成三足鼎立，爬树，攀山岩墙壁，生性粗野、强悍威武、凶猛。平胸龟是最原始的龟类之一，也是亚洲龟类中最特殊的一种龟。背甲长21厘米。

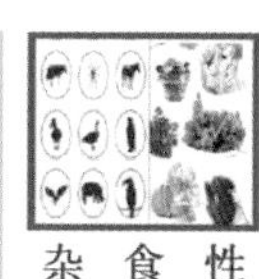

头　部

幼龟　周昊明

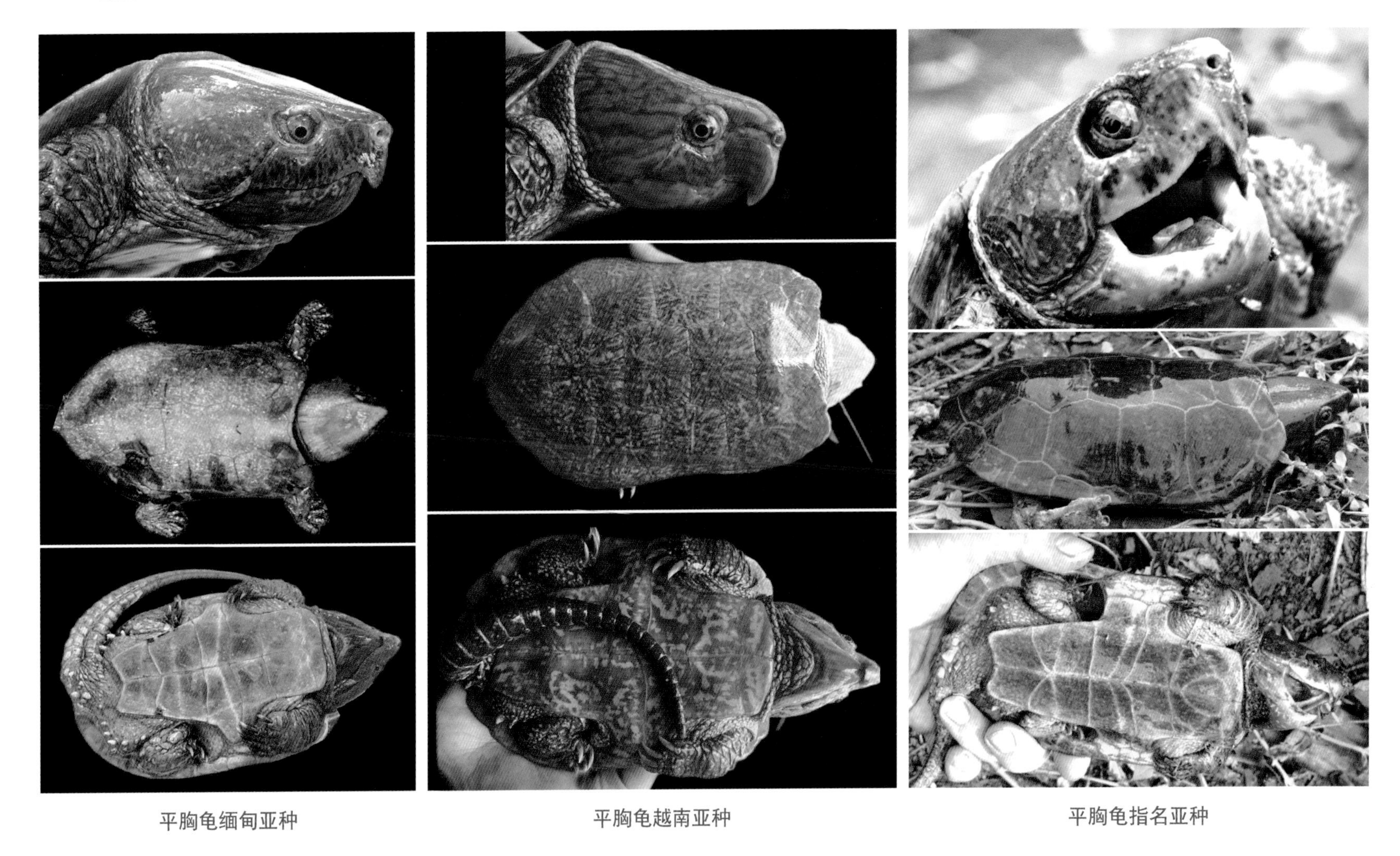

平胸龟缅甸亚种　　平胸龟越南亚种　　平胸龟指名亚种

平胸龟卵　李贵生

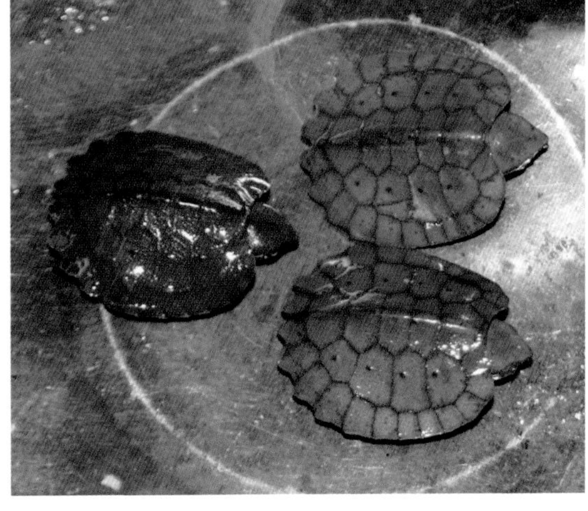

平胸龟稚龟背部　李贵生

平胸龟稚龟腹部　李贵生

地龟科 GEOEMYDIDAE Theobald, 1868

地龟科现存71种，分布于亚洲、欧洲、美洲。地龟科成员以水栖龟类、杂食性龟类居多。

黄额闭壳龟成龟　孙晓峰

大东方龟稚龟　孙晓峰

潮龟属 *Batagur* Gray, 1856

本属6种。分布于亚洲，是亚洲体型最大的淡水龟类。其头小、壳大、吻部倾斜、鼻部向上突出的特征别具一格。

潮龟 *Batagur baska*（Gray, 1830）

附录 I

水栖

植物性

别名巴达库尔龟，源自种名*Batagur*的音译。分布于孟加拉国、印度、马来西亚、泰国。其头小，吻向上倾斜突出，较尖；前肢4爪。其头部、背甲、四肢呈灰黑色，腹甲淡黄色。体色单一素雅。国内驯养繁殖极少。背甲长65厘米。

亚成体

雌性成龟

雄性成龟非繁殖季节头部灰黑色　陆宏远

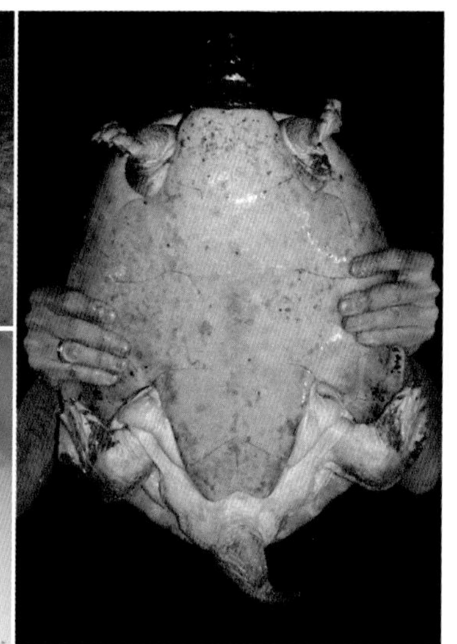

雄性成龟繁殖期头部黑色　古河祥　周婷　Torsten Blanck

咸水龟 ***Batagur borneoensis*** (**Schlegel and Müller, 1845**)

附录Ⅱ

水栖

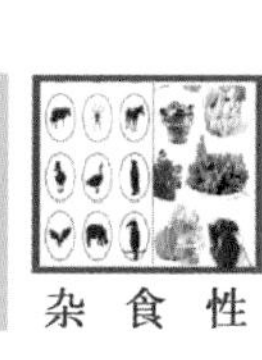

杂食性

因龟生活于河入海口的港湾附近，故名。别名西瓜龟。其背甲上3条黑色纵条纹，似西瓜的斑纹。分布于印度尼西亚、马来西亚、泰国、文莱。性情活泼，易互动。国内驯养繁殖极少。背甲长76厘米。

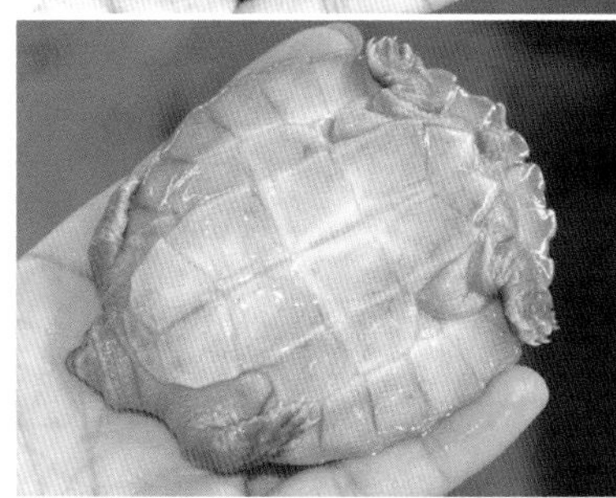

幼　龟

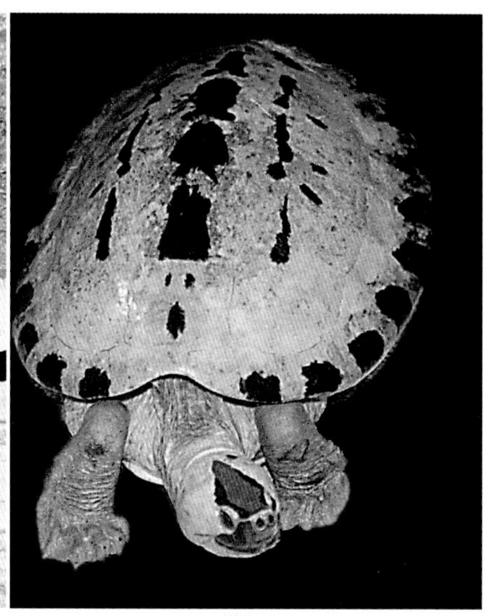

繁殖季节的雄性成龟头顶和颈为红色　　李志雄　侯勉

雌性成龟

雄性成龟（上为繁殖季节头顶红色，下为非繁殖季节头顶橘色）　古河祥　陆宏远

三棱潮龟 *Batagur dhongoka*（Gray, 1832）

附录Ⅱ

水栖

植物性

因背甲有3条黑色纵棱，故名。分布于孟加拉国、印度、尼泊尔。其头顶具淡黄色条纹，背甲黑色（幼龟棕色，有3条纵棱），腹部淡黄色，无斑纹。性情温和，活跃。国内驯养繁殖少。背甲长48厘米。

头部　Ron de Bruin

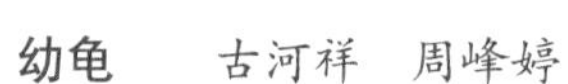
幼龟　古河祥　周峰婷

雄性成龟　Ron de Bruin

红冠潮龟 *Batagur kachuga*（Gray, 1831）

红冠潮龟因其雄龟头顶呈猩红色，似红色皇冠，故名。分布于巴基斯坦、印度、尼泊尔。雄龟颈背部红白条纹互嵌，头顶猩红色，眼后方黑色斑块，头侧、上下颌均呈黄色，红、黄、白、黑四色混搭，形成新潮流行色调，故有龟界“潮流先锋”之称。国内驯养较少。背甲长56厘米。

繁殖季节的雄性成龟头部颜色鲜艳　reptile master

非繁殖季节的雄性成龟头部颜色暗淡　reptile master

稚　龟

头部（左雌右雄）　reptile master

雌性成龟　reptile master

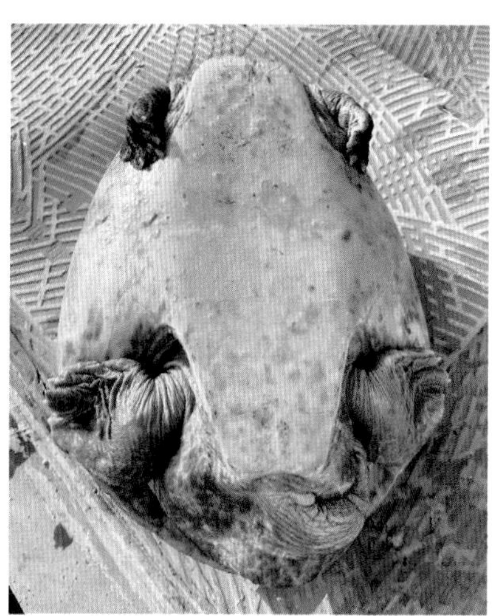

雄性成龟腹部　reptile master

缅甸潮龟 *Batagur trivittata*（Duméril and Bibron, 1835）

因模式标本发现于缅甸，故名。仅分布于缅甸，是缅甸特有种。繁殖季节，雌雄龟头顶部颜色差异大，雄龟呈金黄色，自鼻部有一黑色条纹向后延伸至颈部，鼻部有一黑色条纹和黑色斑纹，向左右两侧延伸至眼眶，形成独一无二的斑纹。国内驯养较少，未见繁殖报道。背甲长58厘米。

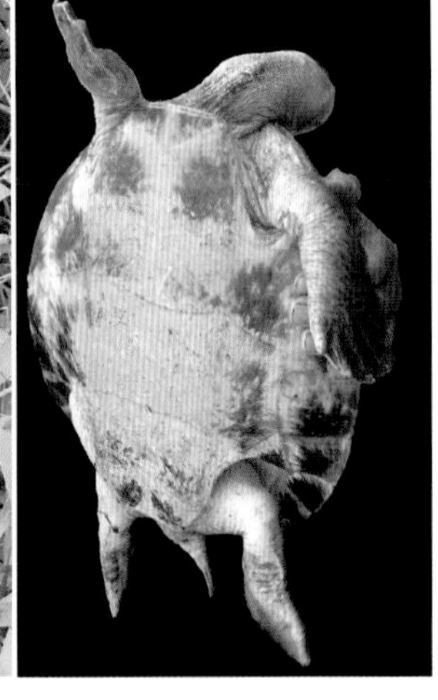

雌性成龟

幼龟　Franck Bonin

雄性成龟

闭壳龟属 *Cuora* Gray, 1856

闭壳龟是一群生活于亚洲南部、东部的水栖或半水栖龟类。其背甲和腹甲是一个整体，似前后开孔的盒子。背甲和腹甲的甲桥处以韧带相连；腹甲的胸盾和腹盾间借韧带连接，前半部称为前叶，后半部称为后叶，腹甲上的韧带结构似门窗上的铰链。龟生活时，腹甲前叶和后叶可同时与背甲闭合或张开，有时候仅前叶与背甲闭合或张开。龟死亡后，甲壳的韧带处断裂，背甲与腹甲、腹甲前叶和后叶脱落。闭壳龟属有13种，均分布于亚洲，是亚洲特有类群。其中，中国分布10种，中国特有种6种。

闭壳龟闭合状态

闭壳龟张开状态

安布闭壳龟 *Cuora amboinensis*（Riche in Daudin, 1801）

别名马来闭壳龟、安布盒龟、越南闭壳龟。本种有4个亚种，分布于孟加拉国、缅甸、泰国、柬埔寨、越南、马来西亚。中国是否有分布，一直存有争议。国内已驯养繁育，安布闭壳龟以线纹亚种（简称线安）驯养繁育量居多。安布闭壳龟在13种闭壳龟中，是唯一一种头顶部呈黑色的闭壳龟，非常特别。性情胆怯（雄性活跃）。背甲长22厘米。

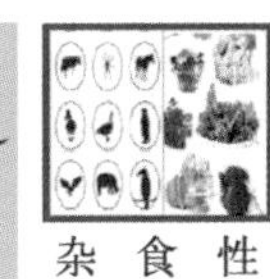

安布闭壳龟指名亚种（*Cuora amboinensis amboinensis*），简称扁安。分布于印度尼西亚、菲律宾等地。其背甲顶部扁平，甲壳呈椭圆形。

幼　龟

安布闭壳龟指名亚种成龟

安布闭壳龟灰背亚种（*Cuora amboinensis couro*），简称灰安。分布于印度尼西亚、东帝汶。其头部条纹偏黄色；背甲灰黑色，呈椭圆形，隆起较高；腹甲黑斑模糊，斑点较小。

安布闭壳龟灰背亚种成龟

安布闭壳龟灰背亚种2月龄幼龟

安布闭壳龟黑背亚种（*Cuora amboinensis kamaroma*），简称黑安。分布于越南、老挝、柬埔寨、泰国、印度、新加坡等地。其头部黄色条纹鲜艳，背甲圆形，隆起较高，腹甲黑斑清晰。

安布闭壳龟黑背亚种成龟

安布闭壳龟黑背亚种稚龟

安布闭壳龟黑背亚种亚成体

安布闭壳龟线纹亚种（*Cuora amboinensis lineata*），简称线安。分布于缅甸。其头部线条和斑纹鲜艳，颈窝有黑色斑纹；背甲有1条淡黄色条纹；腹甲黑色斑纹散落。

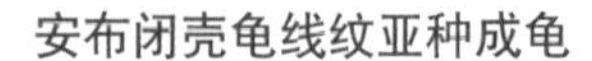

安布闭壳龟线纹亚种成龟

安布闭壳龟线纹亚种雄性成龟腹甲中央凹陷　赵蕙

安布闭壳龟线纹亚种稚龟　吴哲峰

金头闭壳龟 ***Cuora aurocapitata* Luo and Zong, 1988**

因其头顶呈金黄色，故名。别名金龟、金头龟。仅分布于安徽，是中国特有种。2017年被分为2个亚种，即金头闭壳龟指名亚种（*Cuora aurocapitata aurocapitata*）和金头闭壳龟大别山亚种（*Cuora aurocapitata dabieshani*）。民间按龟底板的斑纹差异，分为王字底金头闭壳龟（即金头闭壳龟大别山亚种）和竹叶底金头闭壳龟（即金头闭壳龟指名亚种）。性情活泼好动，雄龟活跃性强。眼睛大，炯炯有神，颜值极高；头常高昂，伸长颈部，左顾右盼，四处张望；头顶金黄色似皇冠，具贵族气质；腹甲上雄鹰展翅状的黑色图纹，使其有凌空飞舞的气势。国内外均已驯养繁殖。背甲长16厘米。

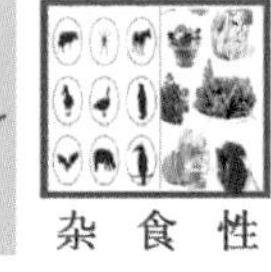

头　部

雄性成龟尾部长且粗　王佳

雌性成龟尾短且细　罗平钊

稚龟　Ron de Bruin

幼龟　龟宝宝

幼龟腹部斑纹多样　罗平钊

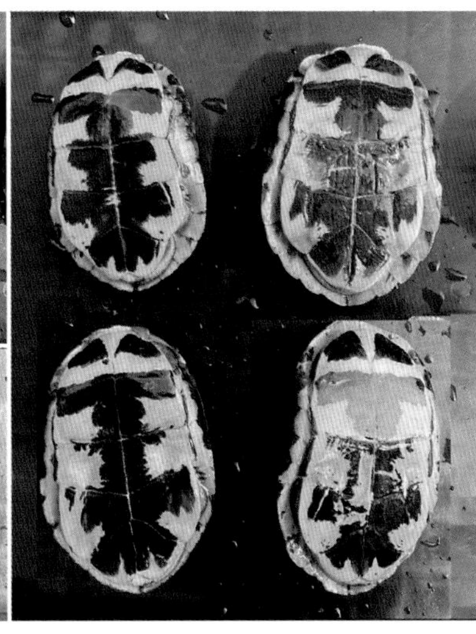

金头闭壳龟大别山亚种　王佳

金头闭壳龟指名亚种　王佳

老龄龟个体　孙晓峰

布氏闭壳龟 *Cuora bourreti* Obst and Reimann, 1994

由黄额闭壳龟的亚种提升为种。种名*bourreti*源自法国巴黎国家自然历史博物馆爬行动物学者Roger Bour（1947年7月至2020年3月）的姓氏。分布于越南和老挝。性情胆怯，敏感，雄龟活跃。饲养难度高，体色绚丽，斑纹精致多样，几乎没有相同斑纹的个体，不得不感叹大自然浑然天成的鬼斧神工。国内外驯养繁殖较少。背甲长18厘米左右。

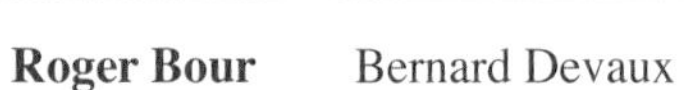
Roger Bour　Bernard Devaux

成龟　康译夫

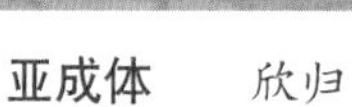
亚成体　欣归

幼龟　Torsten Blanck

越南三线闭壳龟 *Cuora cyclornata* Blanck, McCord and Le, 2006

越南三线闭壳龟　James Liu

因其头部呈灰色，故名灰头金钱龟。又名米底金钱龟、红肚龟等。国内分布于广西西部；国外分布于越南、老挝。本种有3个亚种，即越南三线闭壳龟指名亚种（*Cuora cyclornata cyclornata*）、越南三线闭壳龟迈氏亚种（*Cuora cyclornata meieri* ）和越南三线闭壳龟安南亚种（*Cuora cyclornata annamitica*）。

越南三线闭壳龟亚种检索

1a 腹甲前半部黑色 …… 2
1b 腹甲前半部“米”字上半部 …… 越南三线闭壳龟指名亚种 *C. c. cyclornata*
2a 下颌白色 …… 越南三线闭壳龟迈氏亚种 *C. c.meieri*
2b 下颌橙色 …… 越南三线闭壳龟安南亚种 *C. c. annamitica*

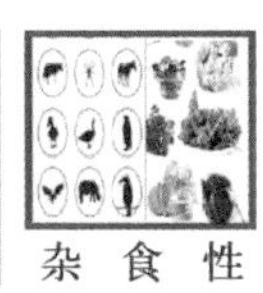
杂 食 性

越南三线闭壳龟迈氏亚种成龟

越南三线闭壳龟迈氏亚种幼龟

越南三线闭壳龟指名亚种成龟

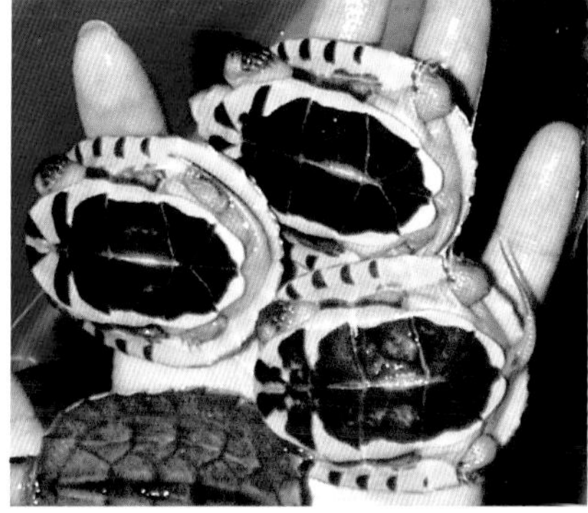

越南三线闭壳龟指名亚种幼龟

越南三线闭壳龟安南亚种

黄缘闭壳龟 ***Cuora flavomarginata*** (**Gray, 1863**)

别名断板龟、呷蛇龟、夹板龟、夹蛇龟、食蛇龟等。其中，呷蛇龟名称自古已有，出现于多本古籍中。国内分布于安徽、浙江、河南、江苏、湖北、湖南、重庆、福建、江西、台湾；国外分布于日本，是分布最广的一种闭壳龟。本种有2个亚种，即黄缘闭壳龟指名亚种（*Cuora flavomarginata flavomarginata*）和分布于日本琉球群岛的黄缘闭壳龟琉球亚种（*Cuora flavomarginata evelynae*）。民间将分布于中国台湾和中国大陆的黄缘闭壳龟分为台湾黄缘闭壳龟（简称台缘）和安徽黄缘闭壳龟（简称安缘）。

安徽黄缘闭壳龟背甲、面颊、颈部颜色偏橙色或粉红色，喙较尖，背甲隆起较高；台湾黄缘闭壳龟背甲颜色较淡，面颊偏淡黄色，颈部淡褐色，喙钝，背甲较扁。性格活泼，易互动，适应性强，深受闭壳龟爱好者的钟爱，是闭壳龟爱好者入门种之一。中国已大量驯养繁育。背甲长17厘米。

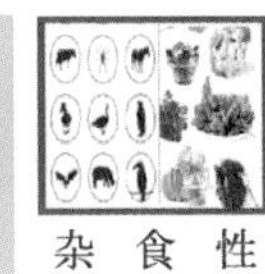

雌性黄缘闭壳龟指名亚种成龟

黄缘闭壳龟指名亚种稚龟

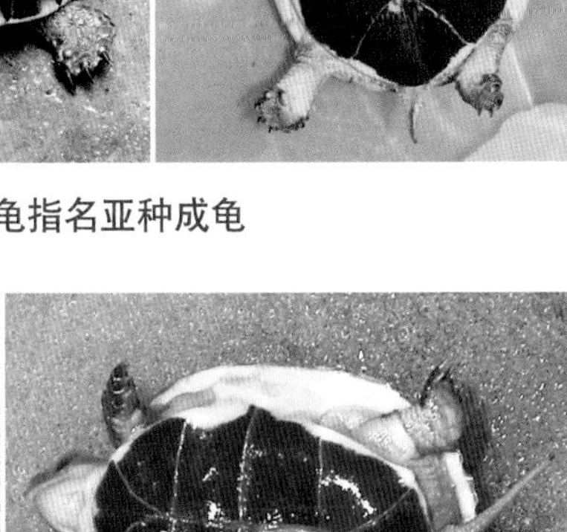

黄缘闭壳龟指名亚种幼龟

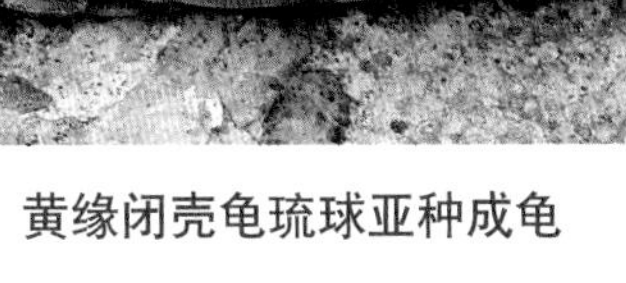

黄缘闭壳龟琉球亚种成龟　Torsten Blanck

黄缘闭壳龟琉球亚种幼龟　刘冰

安徽的雌性黄缘闭壳龟　　龟宝宝

台湾的黄缘闭壳龟成龟

黄额闭壳龟 *Cuora galbinifrons* Bourret, 1940

又名黄额盒龟、海南闭壳龟、黑腹黄额闭壳龟、花金钱龟。其中，黑腹黄额闭壳龟使用频率高，源自其腹甲为黑色，无斑点。国内分布于广西和海南；国外分布于老挝和越南。生性胆怯，害羞。背甲上斑纹和体色独具特色，属龟界当之无愧的高颜值龟。国内外驯养繁育较少。背甲长18厘米左右。

稚龟　罗平钊　　幼龟　罗平钊　　成龟背甲斑纹多样　罗平钊

成　龟

百色闭壳龟 *Cuora mccordi* Ernst, 1988

别名麦氏闭壳龟、黄竹龟。分布于中国广西，是中国特有种。种名*mccordi*源自美国龟类学者William P. McCord（1950年12月—）的姓氏。其性情温和，互动性强，头颈部、四肢等部位呈橘红色或粉红色，颜值极高，备受大众追捧和宠爱。国内已驯养繁殖。背甲长18厘米左右。

国家二级

附录Ⅱ

半水栖

杂 食 性

William P. McCord

成龟 Ron de Bruin

1龄幼龟 王佳

不同年龄的龟

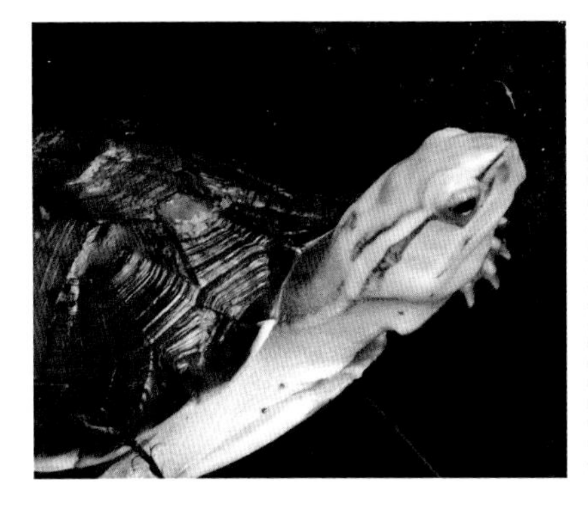

头部　孙晓峰

稚龟　孙晓峰

锯缘闭壳龟 *Cuora mouhotii*（Gray, 1862）

别名较多，如八角龟、方龟、锯缘龟等。分布于中国南部、越南、老挝、缅甸、泰国等东南亚国家，分布广泛程度仅次于黄缘闭壳龟。种名*mouhotii*源自Alexandre H. Mouhot（1826—1861年）的姓氏。本种有2个亚种，即锯缘闭壳龟指名亚种（*Cuora mouhotii mouhotii*）和锯缘闭壳龟越南亚种（*Cuora mouhotii obsti*）。我国分布的是锯缘闭壳龟指名亚种。其生性害羞，雄龟活跃。背甲高隆呈方形，且3条突起脊棱，后缘呈锯齿状，使其在10多种闭壳龟中鹤立鸡群。国内驯养繁育较少。背甲长16厘米。

国家二级

附录Ⅱ

半水栖

杂 食 性

Alexandre H. Mouhot

稚　龟

锯缘闭壳龟指名亚种

锯缘闭壳龟越南亚种

Torsten Blanck

潘氏闭壳龟 *Cuora pani* Song, 1984

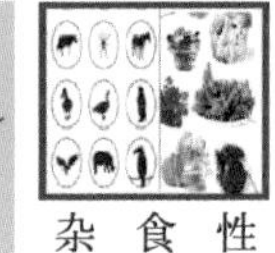

种名*pani*源自陕西动物研究所前所长潘忠国（1921年7月至2009年8月）姓氏的汉语拼音Pan。在我国分布于陕西、云南、四川，是中国特有种。其性情温驯，反应灵敏。外形与金头闭壳龟略相似，可依据头顶部颜色、腹部黑色斑纹识别。国内已驯养繁殖。背甲长16厘米。

潘忠国 吴晓民 提供

稚龟 罗平钊

1龄幼龟 王佳

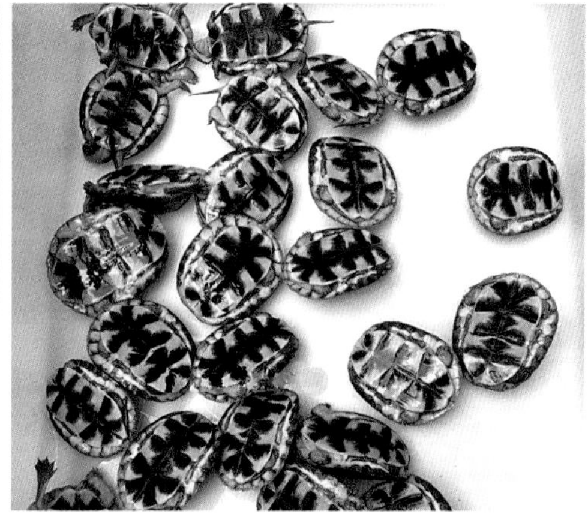
2～4龄幼龟腹部 王佳

头部 赵蕙

雌性成龟 赵蕙

图画闭壳龟 *Cuora picturata* Lehr, Fritz and Obst, 1998

因其背甲斑纹似画，故名。仅分布于越南。其性情胆怯，互动性弱。体色和斑纹多样，头部有淡黄色蠕虫状纹，腹部有大块黑斑是其主要特征。国内极少量驯养繁殖。背甲长18厘米。

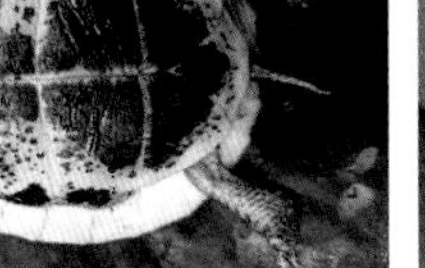

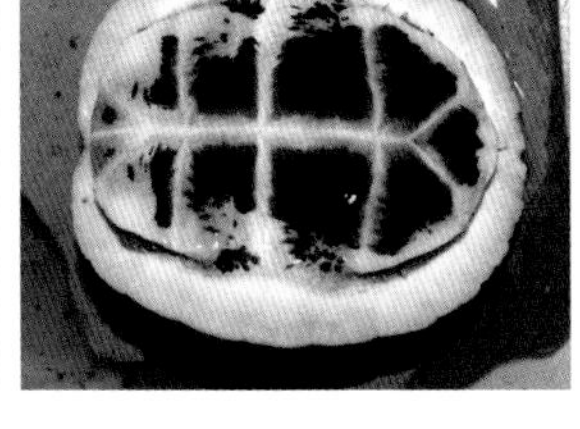

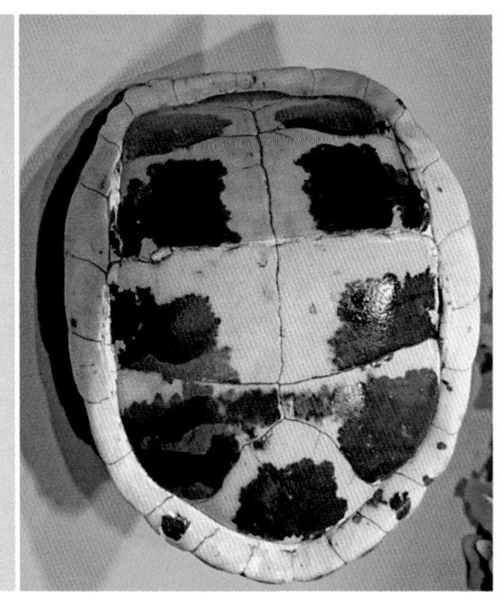

5月龄幼龟　康译夫　**幼龟**　Torsten Blanck　**成龟**　康译夫

中国三线闭壳龟 *Cuora trifasciata*（Bell, 1825）

因其背甲上有3条纵纹和分布于中国，故名。别名黄头金钱龟、红边龟、红肚龟、断板龟、金钱龟。2017年被学者划分为2个亚种，即中国三线闭壳龟指名亚种（*Cuora trifasciata trifasciata*）和中国三线闭壳龟海南亚种（*Cuora trifasciata luteocephala*）。中国三线闭壳龟指名亚种分布于中国广东、广西、福建、香港；中国三线闭壳龟海南亚种又称海南西线大黄头，其背甲上3条黑色纵纹向下延伸，形成放射状纹，仅分布于中国海南省，国外无。稚龟背甲上无3条黑色纵纹，2龄时陆续出现黑条纹。其性情温和，反应灵敏，无攻击行为。国内已驯养繁育。背甲长30厘米。

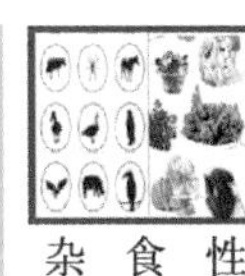

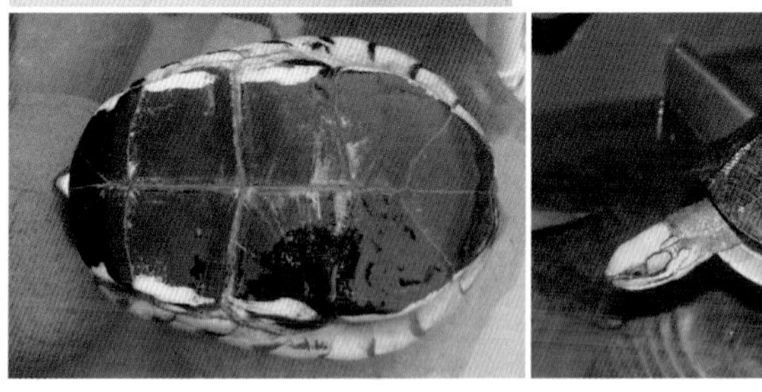

中国三线闭壳龟海南亚种

中国三线闭壳龟海南亚种成龟

中国三线闭壳龟指名亚种

稚　龟

云南闭壳龟 *Cuora yunnanensis*（**Boulenger, 1906**）

别名云南龟。仅分布于云南，是中国特有种。除1906年命名描述的6个标本后，直至2004年才再次被发现活体。2004年之前，云南闭壳龟披着神秘面纱隐身于云南。随着年龄增长，龟头部和背部体色斑纹变化小，但腹甲斑纹变化大。国内极少量驯养繁殖。背甲长20厘米。

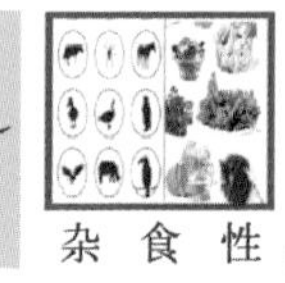

稚龟　孙晓峰

3月龄幼龟　孙晓峰

4龄龟　周峰婷

幼龟　周峰婷

雄性成龟　孙晓峰

成龟腹部（左雌右雄）

周氏闭壳龟 *Cuora zhoui* Zhao in Zhao, Zhou and Ye, 1990

别名黑闭壳龟等。分布于广西。种名*zhoui* 取自原南京龟鳖博物馆创办人周久发（1938年6月—）先生姓氏的汉语拼音Zhou。其头顶呈橄榄绿色，上喙呈钩状；背甲黑色，无斑纹；腹甲褐黑色，中央有三角形土黄色斑纹。与黄喉拟水龟非常相似。国内驯养繁殖极少。背甲长19厘米。

国家二级

附录 I

水栖

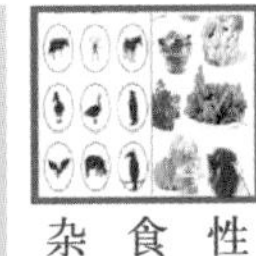
杂食性

周久发　Franck Bonin

稚龟　Ron de Bruin

6月龄幼龟　周峰婷

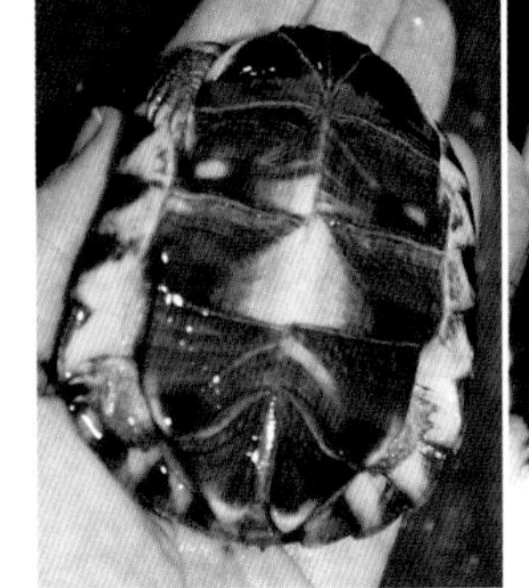
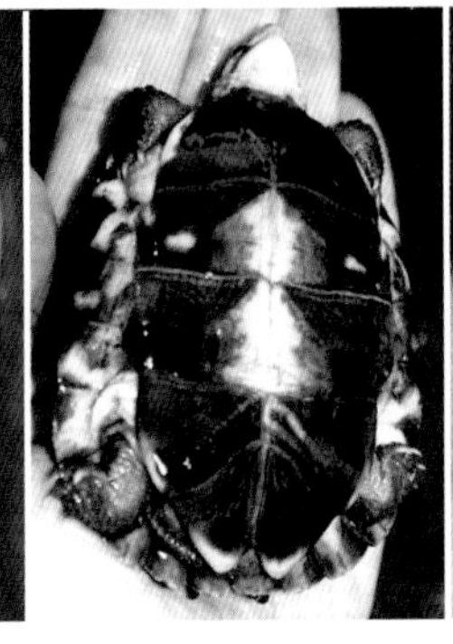
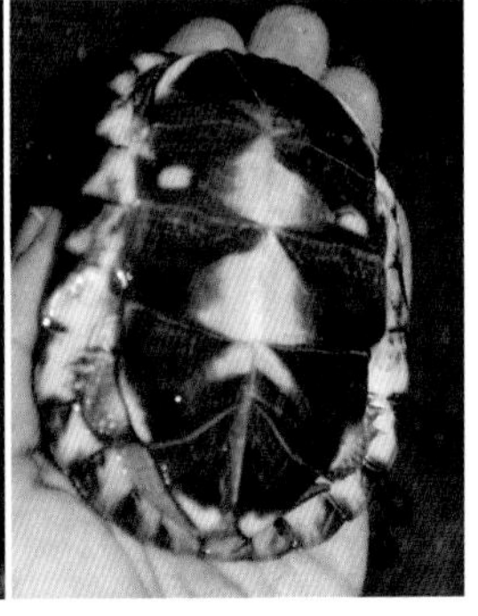
2月龄幼龟腹部

雌性成龟　Franck Bonin

头　部

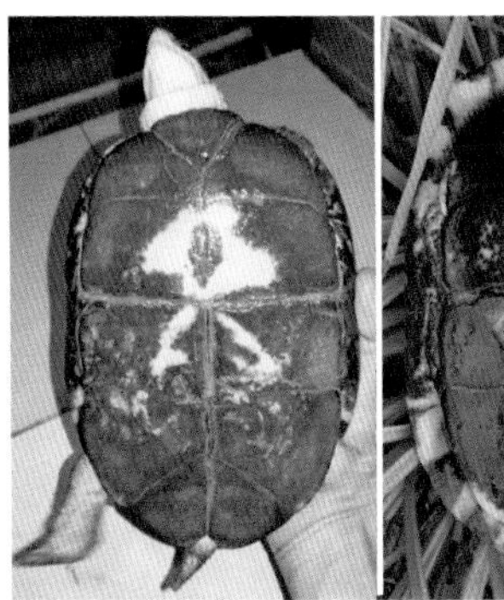

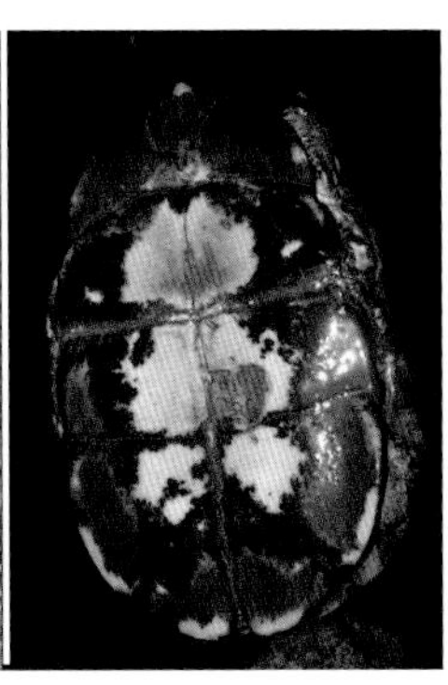

10龄以上的龟腹部

亚成体

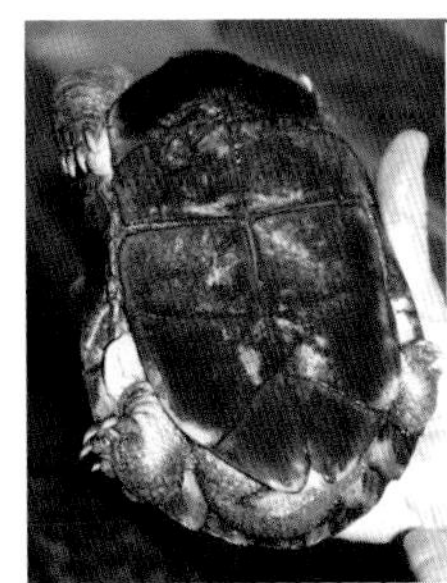

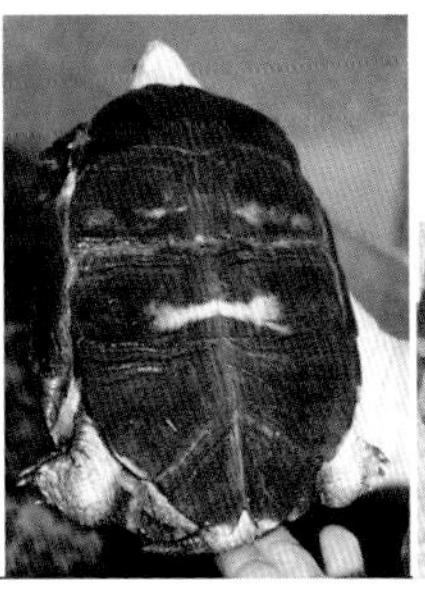

成龟腹部斑纹多样　周峰婷

齿缘龟属 *Cyclemys* Bell, 1834

齿缘龟属又称摄龟属。本属有7种。其头顶平滑，无鳞；背甲卵圆形，扁平，具3条脊棱，后缘呈锯齿状；背甲与腹甲间、腹甲的胸盾与腹盾间以韧带连接，腹甲前叶可动，但腹甲与背甲不能完全闭合。

黑桥齿缘龟 *Cyclemys atripons* Iverson and McCord, 1997

因腹甲黄色，接近白色，又名白腹摄龟。分布于泰国、越南、柬埔寨。其头侧具2条黄色条纹，延伸至颈部，下颌有数条黄色条纹；背甲有放射状斑纹；腹甲黄色，有稀疏的放射状细条纹，甲桥处有黑色放射状斑纹。国内有少量驯养。背甲长23厘米。

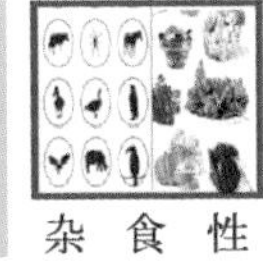

成　龟

亚成体

齿缘龟 *Cyclemys dentata*（Gray, 1831）

别名齿缘摄龟、锯背圆龟等。国内分布于云南、广西；国外分布于文莱、苏门答腊、菲律宾等南亚国家。腹甲黄色，有放射状斑纹，且放射线条密集，性情温和，胆怯。国内有少量驯养繁殖。背甲长26厘米。

成龟　Petr Petras

幼龟　Petr Petras

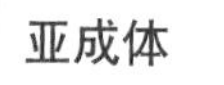

亚成体　Petr Petras

印度齿缘龟 *Cyclemys gemeli* Fritz, Guiching, Auer, Sommer, Wink and Hundsdorfer, 2008

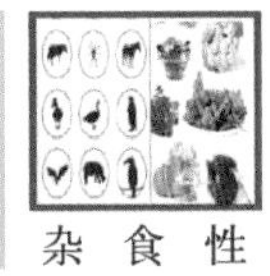

分布于巴基斯坦、印度、缅甸、尼泊尔、不丹。其头部黑褐色，吻钝；背甲扁平，棕褐色，具放射状斑纹；腹甲和缘盾腹部有放射状斑纹，甲桥无黑斑。体色古朴，性情温和。背甲长23厘米。

幼龟　Petr Petras

幼龟　Petr Petras

滇南齿缘龟 *Cyclemys oldhamii* Gray, 1863

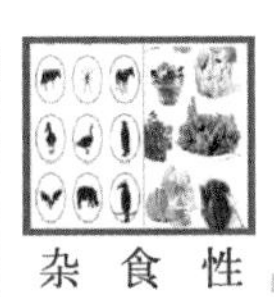

别名欧氏摄龟。国内分布于云南；国外分布于柬埔寨、老挝、缅甸等。其腹甲呈棕黄色，有放射状斑纹，随年龄的增长，斑纹模糊，逐渐呈黑色。性情平和，胆怯，互动性弱，体色单一。国内少量驯养繁殖。背甲长24厘米。

1龄龟

幼　龟

亚成体

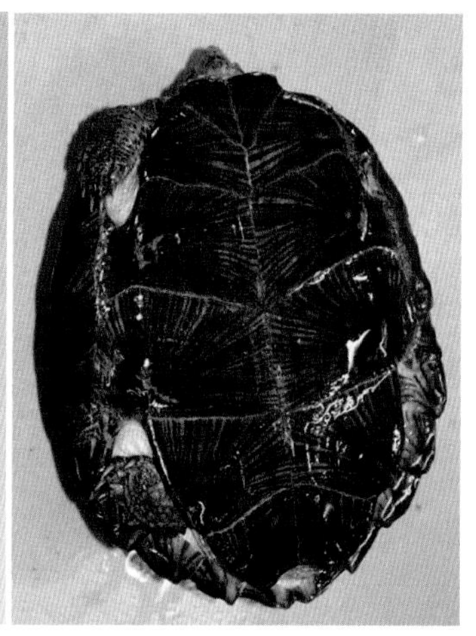

雌性成龟

越南齿缘龟 *Cyclemys pulchristriata* Fritz, Gaulke and Lehr, 1997

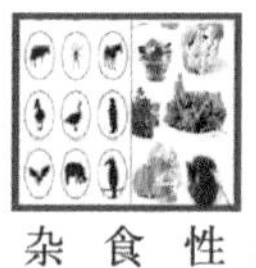

又名美丽摄龟。分布于柬埔寨和越南。其背甲肋盾上黑色放射状斑纹明显；甲桥黑色，腹甲淡黄色，具黑色放射状斑纹，且放射状线条短，随着年龄增长，放射状斑纹几乎消失。国内极少量驯养繁殖。背甲长19厘米。

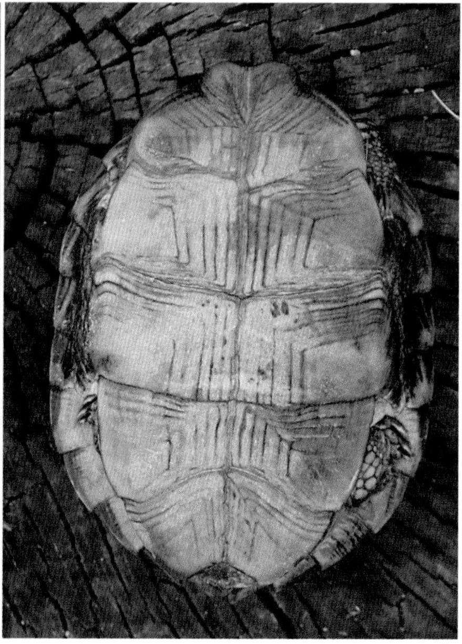

成龟 Petr Petras

幼龟 周峰婷

斑点池龟属 *Geoclemys* Gray, 1856

本属仅有1种，即斑点池龟（*Geoclemys hamiltonii*）。通体黑色，散布白色或黄色块或斑点，腹部无韧带。

斑点池龟 *Geoclemys hamiltonii*（Gray, 1830）

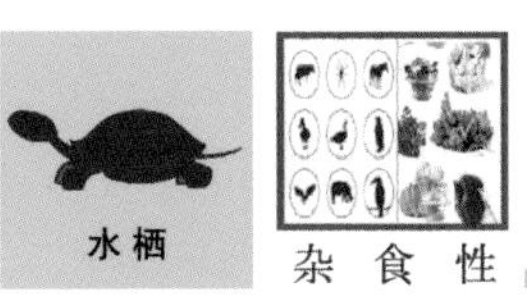

杂食性

简称斑点池，别名黑池龟。分布于巴基斯坦、印度、孟加拉国、尼泊尔。其性情温和活跃，适应新环境能力较强，易驯服。斑点池龟曾是龟界“网红”，观赏性强。国内已大量驯养繁育。背甲长40厘米。

稚　龟

2月龄幼龟　孙晓峰

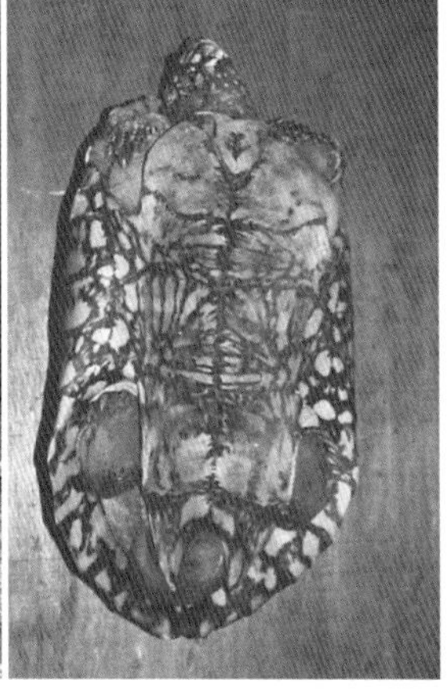

成　龟

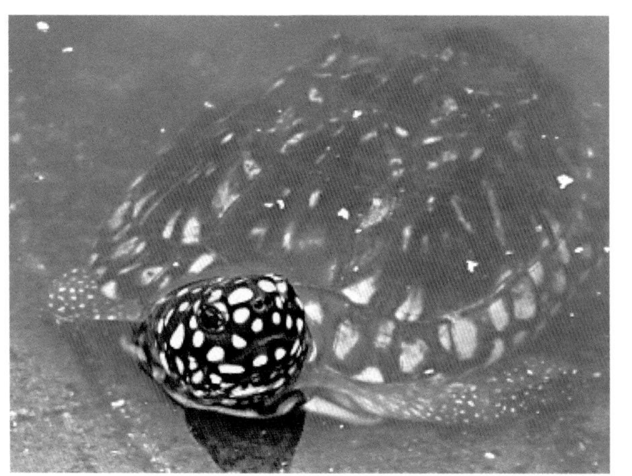

头　部

地龟属 *Geoemyda* Gray, 1834

本属有2种，即日本地龟（*Geoemyda japonica*）和地龟（*Geoemyda spengleri*）。该属龟体型小，半水栖龟类，上喙钩形，背甲具3条明显脊棱，后缘呈强烈锯齿状，腹甲无韧带。

日本地龟 *Geoemyda japonica* Fan, 1931

因其模式标本产地是日本，故名。分布于日本，是日本特有种。1931年由中国范曾浩教授命名，即地龟中华亚种（*Geoemyda spengleri japonica*）；后经日本学者提升为种，即日本地龟。日本地龟有腋盾，体型比地龟大。体色比地龟更鲜艳，颜值极高。国内有少量驯养繁殖。背甲长17厘米。

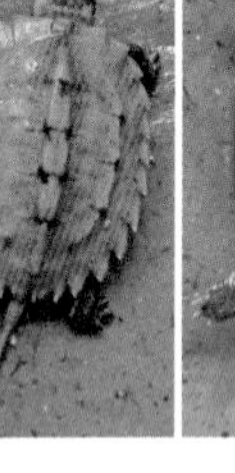

1月龄幼龟　胡子威

头　部

雄性成龟

地龟 *Geoemyda spengleri*（Gmelin, 1789）

因其背甲颜色和形状近似枫叶，别名枫叶龟。国内分布于广东、广西和海南；国外分布于老挝和越南。有些个体头顶部有细小黑斑纹。其性情平和，互动性强，怕炎热，适应性弱。国内驯养繁殖较少，驯养繁殖难度系数高。背甲长11厘米。

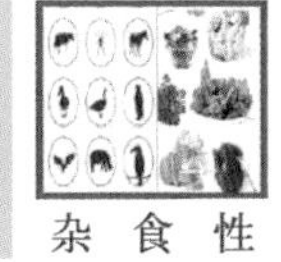

产于海南的稚龟　戴翚

卵　戴翚

产于海南的雌龟成龟　戴翚

成龟（左雄右雌）

草龟属 *Hardella* Gray, 1870

本属仅有1种，即草龟（*Hardella thurjii*）。其背甲中央脊棱明显，有3条黑色纵条纹。

草龟 *Hardella thurjii*（Gray, 1831）

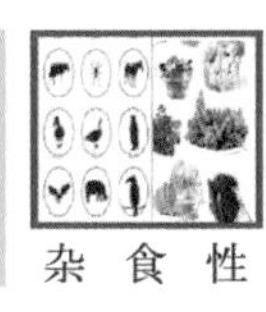

别名花冠龟、冠背龟，源自龟头顶部的花斑。分布于尼泊尔、孟加拉国、印度、巴基斯坦。雌龟体型比雄龟大2倍左右。国内较少驯养繁殖。背甲长65厘米。

成 龟

亚成体 孙晓峰

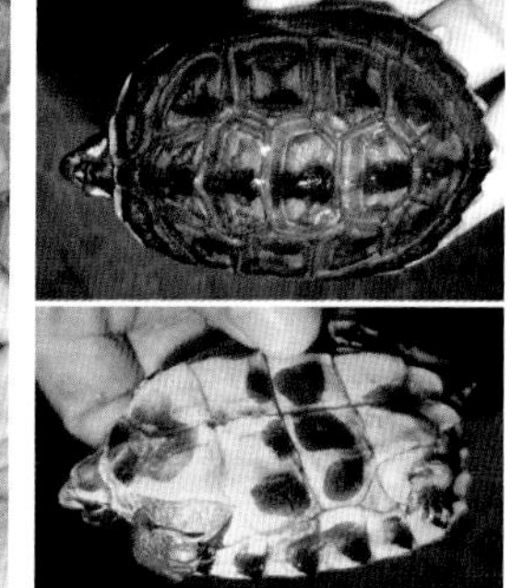

幼龟 梁世荣

东方龟属 *Heosemys* Stejneger, 1902

本属有4种，均分布于亚洲。该属龟体型大，背甲有中央脊棱，背甲后缘呈锯齿状。

庙龟 *Heosemys annandaleii*（Boulenger, 1903）

附录Ⅱ

水栖

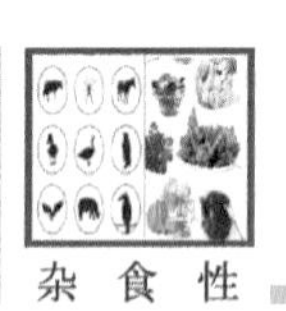

杂 食 性

在东南亚一些国家，庙龟常被放生于寺庙中，故名。别名黄头龟、寺庙龟、安南庙龟。庙龟分布于越南、柬埔寨、马来西亚、泰国、老挝。其性情温驯，非常胆怯。幼龟头部、腹甲颜色较成龟鲜艳，具观赏价值。国内少量驯养繁殖。背甲长51厘米。

稚龟 邢振东

成龟头部

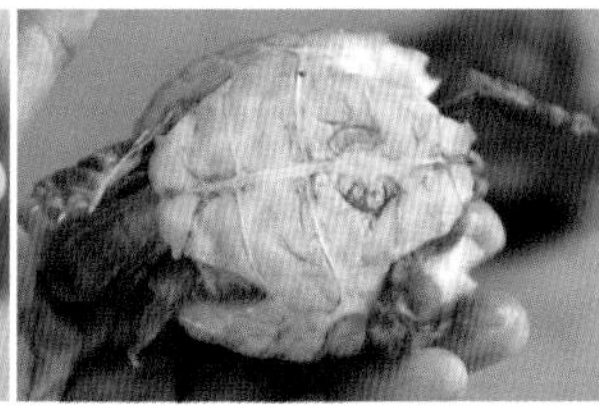

1月龄幼龟

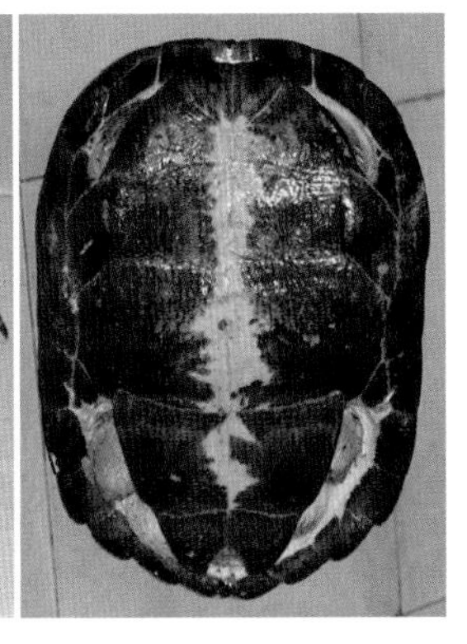

雌性成龟腹部平坦

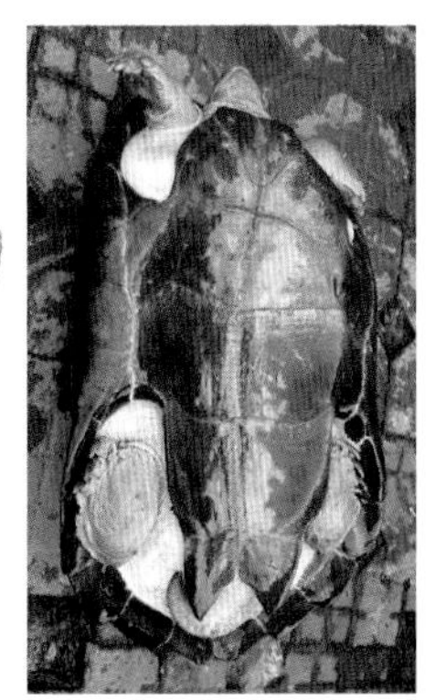

雄性成龟腹部凹陷

锯齿东方龟*Heosemys depressa*（**Anderson, 1875**）

附录Ⅱ

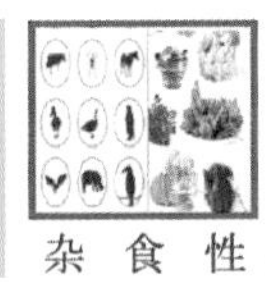

半水栖

杂食性

又名扁东方龟。分布于孟加拉国、缅甸。其背甲扁平，有极少量黑色放射状斑纹；腹甲有大块黑斑块，随着生长，腹部斑纹变化大，腹甲有不规则的黑色斑纹。国内驯养繁殖较少。其性情温和，偏植物性食物。背甲长27厘米。

幼　龟

稚　龟

头　部

亚成体腹部

成龟　周峰婷

成龟腹部（左雌右雄）

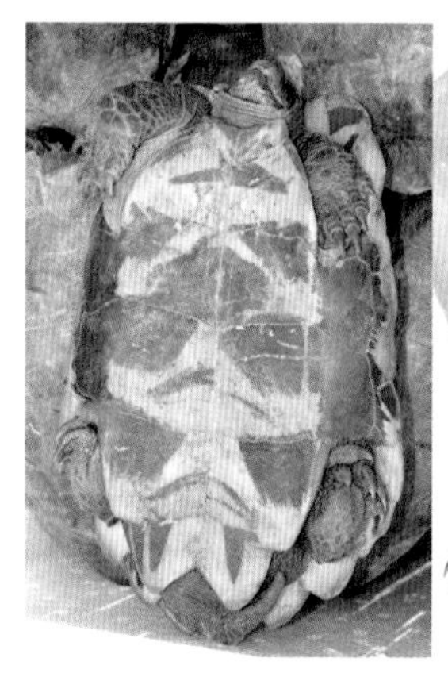

成龟腹部斑纹差异

大东方龟*Heosemys grandis*（Gray, 1860）

附录Ⅱ
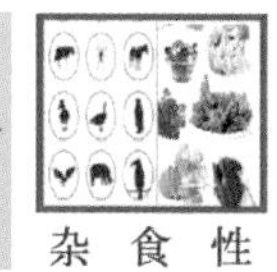
水栖
杂　食　性

别名亚洲巨龟，是众多别名中使用频率最高的名称，简称亚巨。大东方龟分布于柬埔寨、泰国、越南、缅甸、马来西亚、老挝。其性情活泼，互动性强，生长速度快，易驯化。国内已大量驯养繁殖。背甲长44厘米。

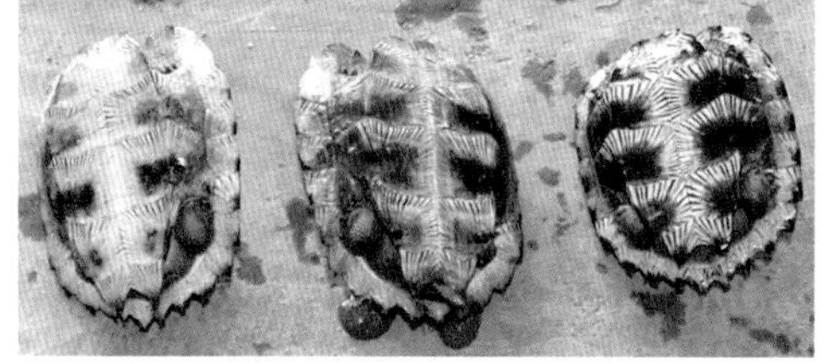
1龄幼龟

雌性成龟腹甲平坦

稚　龟

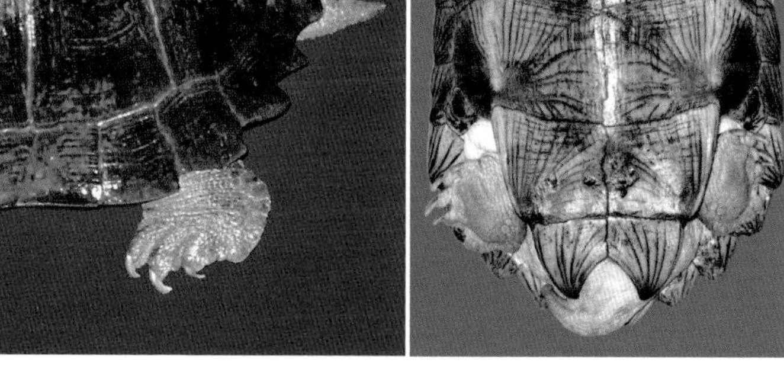
雄性成龟腹甲凹陷

锯缘东方龟 *Heosemys spinosa*（Bell in Gray, 1830）

附录Ⅱ

半水栖
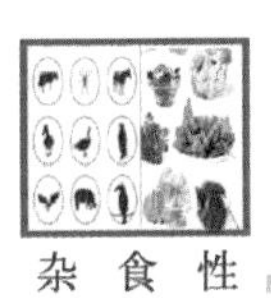
杂 食 性

别名太阳龟、刺东方龟。因幼龟背甲缘盾边缘具强烈锯齿，似刺状，也似太阳散射的光芒，故名。随着龟年龄增长，锯齿逐渐变弱。体色鲜艳，头部呈红色斑纹，腹部具放射状斑纹。国内驯养繁殖较少。背甲长23厘米。

亚成体

成龟腹部（上雄下雌）

幼 龟

白头龟属 *Leucocephalon* McCord, Iverson, Spinks and Shaffer, 2000

本属仅有1种，即白头龟（*Leucocephalon yuwonoi*）。命名源自雄性龟头部呈白色的特征。白头龟上喙钩形，背甲扁平，具3条脊棱，后缘呈锯齿状；腹甲前缘增厚。

白头龟 *Leucocephalon yuwonoi*（McCord, Iverson and Boeadi, 1995）

附录Ⅱ

水栖

植 物 性

别名苏拉威西地龟，源自其模式标本产地苏拉威西（Sulawesi），仅分布于印度尼西亚。白头龟性情温和，无攻击性。国内驯养繁殖极少。背甲长26厘米。

雄性成龟　William P. McCord　古河祥

雌性成龟　William P. McCord

幼　龟

稚龟　C. Hagen

雄性成龟　**Michael Nesbit**

成龟腹部（左雄右雌）　C. Hagen

马来龟属 *Malayemys* Lindholm, 1931

本属有3种。因喜食蜗牛、螺，统称食蜗龟、食螺龟。通体颜色黑白搭配（有些是黑黄搭配），尤其头部黑白线条互相点缀呼应，似京剧中的包公脸谱，视觉冲击力强。

呵叻马来龟 *Malayemys khoratensis* Ihlow, Vamberger, Flecks, Hartmann, Cota, Makchai, Meewattana, Dawson, Kheng, Rödder and Fritz, 2016

附录Ⅱ

水栖

动物性

其模式标本产地是泰国东北部的呵叻地域（Khorat），故名。分布于泰国和老挝。呵叻马来龟头侧有2条白色横条纹，吻部有2条白色条纹。国内几乎无驯养繁殖。背甲长15厘米。

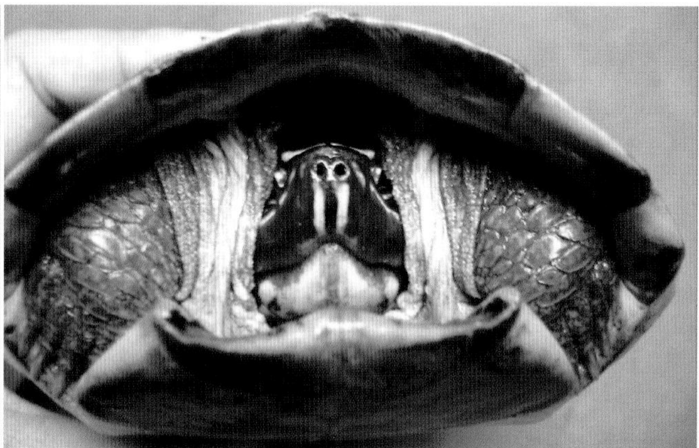

成 龟

成 龟

大头马来龟*Malayemys macrocephala*（Gray, 1859）

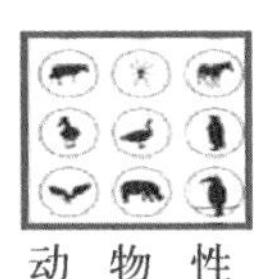

因头部较大，故名。分布于马来西亚、泰国。头大，头侧白色条纹和斑纹超过3条，吻部白色竖条纹2条。性情胆怯，羞涩，互动性弱。国内驯养繁殖少。背甲长21厘米。

幼　龟

头　部

亚成体

马来龟*Malayemys subtrijuga*（Schlegel and Müller, 1845）

分布于老挝、越南、柬埔寨。马来龟吻部白色竖条纹4条以上，头侧白色横条纹3条。性情胆怯，捉拿后，立即张大嘴。国内驯养繁殖较少。背甲长21厘米。

幼 龟

头 部

成 龟

拟水龟属 *Mauremys* Gray, 1869

本属有9种。其中，中国有4种。除里海拟水龟、地中海拟水龟、希腊拟水龟在欧洲、亚洲和非洲有分布外，其他6种仅分布于亚洲。其中，安南龟是越南特有种，日本拟水龟是日本特有种。

安南龟 *Mauremys annamensis*（Siebenrock, 1903）

“安南”源自种名*annamensis*的音译。安南是越南旧称，安南龟又名越南龟和越南草龟。仅分布于越南，是越南特有种。其头部前端尖，头顶和头侧具淡黄色条纹；背甲黑色，中央具脊棱；腹甲前缘平，后缘缺刻；腹甲淡黄色，每块盾片有黑色斑块。性情活跃，互动性强。国内已大量驯养繁殖。背甲长29厘米。

附录Ⅰ

水栖

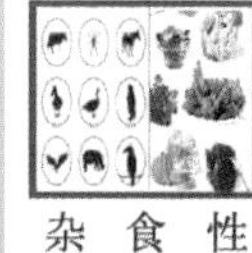
杂 食 性

稚龟　周峰婷

2龄幼龟　周峰婷

成 龟

里海拟水龟*Mauremys caspica*（Gmelin, 1774）

“里海”源自种名*caspica*的中文翻译。别名里海泽龟。分布于亚美尼亚、伊朗等国家。其头部黑色，上喙Λ形，头侧具数条细条纹，延伸至颈部；背甲黑色，有黄色条纹和不规则斑纹，前后缘不呈锯齿状；腹甲淡黄色，有黑色大斑块，随着年龄增长，布满整个腹甲。国内少量驯养繁殖。背甲长25厘米。

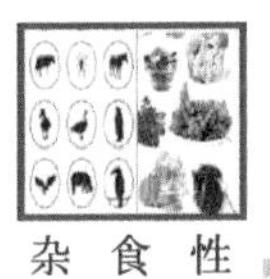

杂 食 性

成　龟

成龟腹部

幼龟　古河祥

日本拟水龟 *Mauremys japonica*（Temminck & Schlegel, 1838）

杂 食 性

因与黄喉拟水龟相似，仅分布于日本，又名日本石龟，是日本特有种。性情活跃，互动性强。国内已驯养繁殖。背甲长19厘米。

3月龄幼龟

雌性成龟

成　龟

地中海拟水龟*Mauremys leprosa*（Schoepff in Schweigger, 1812）

本种有2个亚种，即地中海拟水龟指名亚种（*Mauremys leprosa leprosa*）和地中海拟水龟撒哈拉亚种（*Mauremys leprosa saharica*）。分布于法国、西班牙、利比亚和摩洛哥。其头顶部呈橄榄绿色，头侧和上颌有淡黄色斑点，眼后有一橙色斑点；背甲

杂食性

有淡黄色、橙色和黑色斑块，散布橙色条纹；腹甲有大块黑斑，随着年龄增长，斑纹模糊或消失。国内少量驯养繁殖。背甲长24厘米。

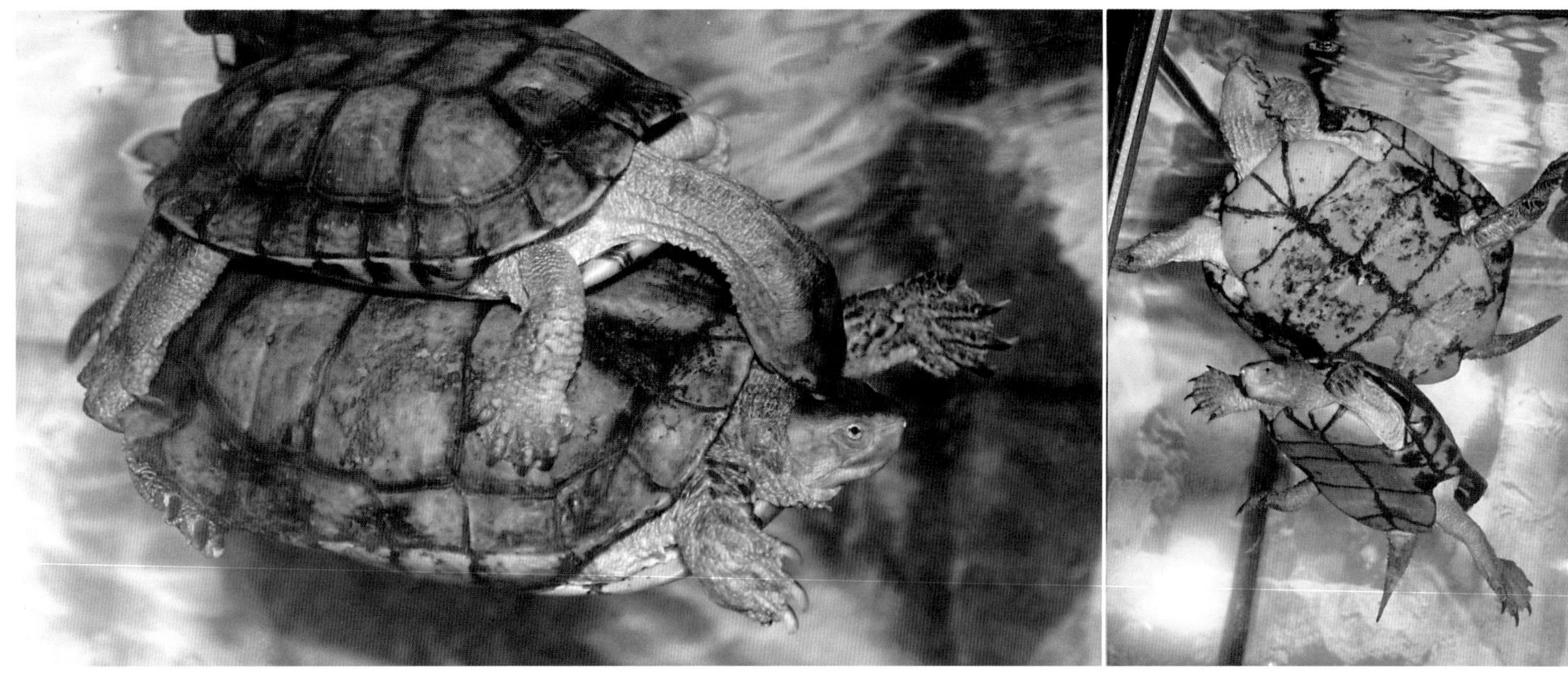

成 龟

亚成体

幼龟 Franck Bonin

黄喉拟水龟 *Mauremys mutica*（Cantor, 1842）

因地域不同，黄喉拟水龟有许多别名。头顶部深橄榄色或棕橄榄色的龟，广东和广西称之为南石龟、石金钱龟；台湾称之为柴棺龟；头顶部青绿色的龟，江苏、浙江和湖北等地称之为大青龟、小青龟和黄板龟等。国内分布于安徽、福建、江苏、广西、广东、云南、海南、香港、台湾等；国外分布于日本、越南。黄喉拟水龟是我国龟类中（除乌龟外）分布广、数量多的又一常见种。其性情活跃，互动性强。现已规模化人工驯养繁殖。背甲长22厘米。

稚龟（石金钱龟）

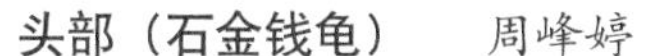

头部（石金钱龟）　周峰婷

亚成体（小青龟）　周峰婷

成龟（石金钱龟） 周峰婷

黑颈乌龟*Mauremys nigricans*（Gray, 1834）

因其头颈部呈黑色，故名。广东和广西两地又称之为广东乌龟、广东草龟。国内分布于广东、广西；国外分布于越南。其性情温和，爬行缓慢，行动笨拙；有些个体头部较大，更显呆萌、憨态，深受人们青睐。黑颈乌龟单只曾价值上百万元，成为龟界天花板。国内已大量驯养繁殖。背甲长28厘米。

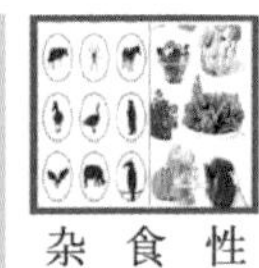

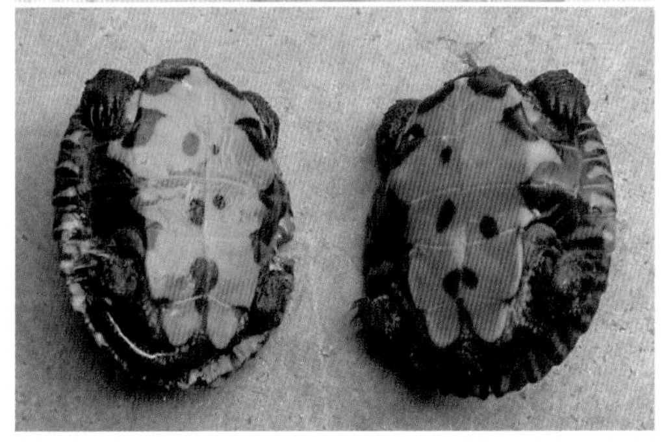

1月龄幼龟

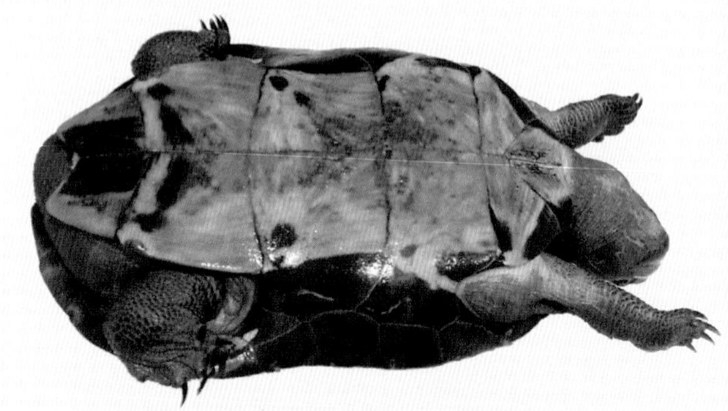

成龟（上雌下雄）

乌龟 *Mauremys reevesii*（Gray, 1831）

乌龟的别名甚多，中华草龟、草龟、长寿龟使用频率高。成熟雄龟通体黑色，似墨，又名墨龟。国内除青海、西藏、宁夏、吉林、山西、辽宁、新疆、黑龙江、内蒙古未发现外，其余各地均有分布；国外分布于日本、朝鲜。乌龟是我国分布最广、数量最多的一种龟，已大规模人工驯养繁育。其性情温和，外形朴素，体态呆萌，圈粉无数。背甲长23厘米。

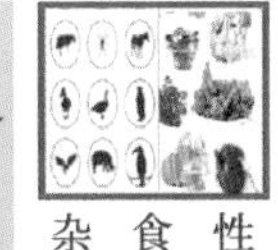

稚龟　孙晓峰

雌性成龟

雄性成龟　孙晓峰

雌性成龟腹部

希腊拟水龟*Mauremys rivulata*（Valenciennes in Bory de Saint-Vincent, 1833）

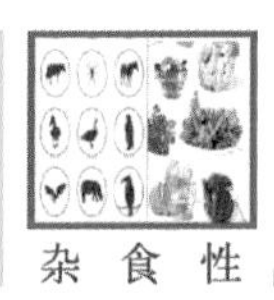
杂 食 性

又名巴尔干拟水龟。分布于希腊、土耳其等欧洲和亚洲国家。其背甲呈棕褐色或橄榄绿色，腹甲接近全黑，颈部有细条纹。国内驯养繁殖较少。背甲长25厘米。

成 龟

成龟 Torsten Blanck

头部 Torsten Blanck

中华花龟*Mauremys sinensis*（Gray, 1834）

因其头颈部黄绿色条纹得名；又因其背甲缘盾腹部有黑色圆点，似一粒粒珍珠，故名珍珠龟。因早期从我国台湾输入，又名台湾草龟，与乌龟的别名中华草龟相对应。国内分布于福建、广东、广西、海南、浙江、江苏、台湾、香港等地；国外分布于越南、老挝。中华花龟性情温和、胆怯，观赏性强。国内已规模化人工驯养繁殖。背甲长30厘米。

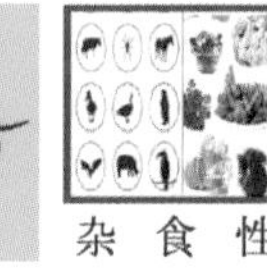
杂 食 性

稚 龟

1龄幼龟

头 部

成龟（左雄右雌）

黑龟属 *Melanochelys* Gray, 1869

本属有2种。因头、颈、背甲和腹甲均以黑色为主，独具特色。

三棱黑龟 *Melanochelys tricarinata* (Blyth, 1856)

附录Ⅰ

半水栖
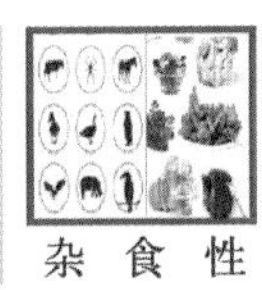
杂食性

别名三棱骨龟、印度金钱龟，源自其背甲有3条淡黄色纵棱。分布于尼泊尔、孟加拉国、印度、不丹。性情温和，胆怯。国内驯养繁殖较少。背甲长17厘米。

稚 龟

1龄幼龟

6月龄幼龟

成龟背部

成龟腹部（左雄右雌）

印度黑龟*Melanochelys trijuga*（Schweigger, 1812）

别名黑山龟、金边黑山龟、斯里兰卡黑龟等。本种有6个亚种。分布于尼泊尔、印度、缅甸、斯里兰卡、孟加拉国。印度黑龟性情温和、胆小、羞怯，饲养一段时间后，可与饲养者亲近且有互动感应。其通体黑色，眼睛大，具朴素、神秘的韵味。国内已驯养繁育。背甲长28厘米。

附录Ⅱ

水栖

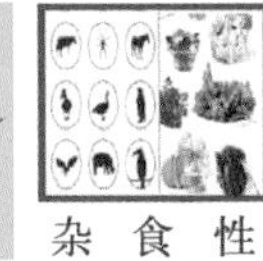
杂食性

成龟　古河祥

成龟

印度黑龟白斑亚种（*Melanochelys trijuga indopeninsularis*）

成龟

幼龟

雄性成龟腹甲中央凹陷

印度黑龟缅甸亚种（*Melanochelys trijuga edeniana*）

稚龟 伊星

成龟和幼龟

印度黑龟斯里兰卡亚种（*Melanochelys trijuga thermalis*）

沼龟属 *Morenia* Gray, 1870

本属有2种，即缅甸沼龟（*Morenia ocellata*）和印度沼龟（*Morenia petersi*）。分布于亚洲。背甲盾片上有大块马蹄状黑斑，黑斑周围有淡黄色圆环；腹甲黄色，无斑点。

缅甸沼龟 *Morenia ocellata*（Duméril and Bibron, 1835）

别名缅甸孔雀龟、眼斑沼龟。源自其背甲上有似孔雀尾羽毛的斑纹。分布于缅甸，是缅甸特有种。性情胆怯，敏感。国内驯养繁殖较少。背甲长22厘米。

6月龄幼龟　　幼　龟　　头　部

成龟　吴哲峰

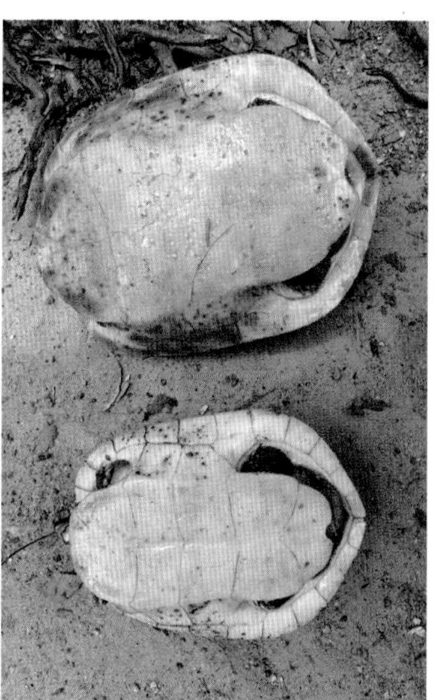

成　龟

印度沼龟*Morenia petersi* Anderson, 1879

附录Ⅱ 水栖 植物性

别名印度孔雀龟，源自其背甲上似孔雀羽毛的斑纹。分布于孟加拉国、尼泊尔、印度。性情温和，胆怯。国内几乎无驯养繁殖。背甲长20厘米。

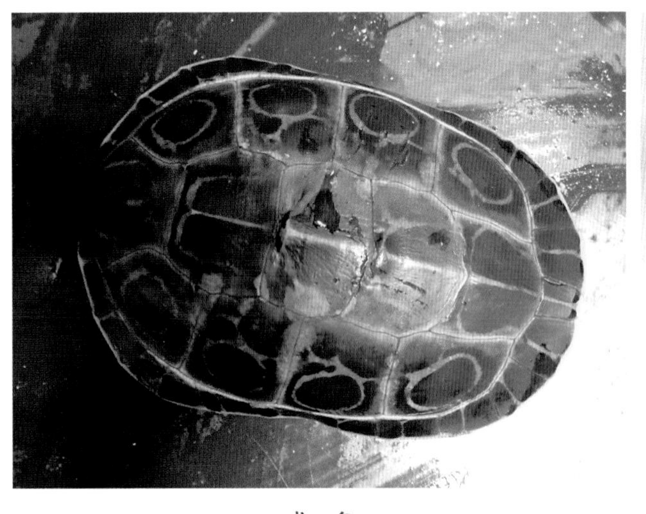
成 龟

亚成体

腹部 张文弢

果龟属*Notochelys* Gray, 1863

本属有1种，即果龟（*Notochelys platynota*）。其背甲中央平坦，椎盾6～7枚。地龟科其他成员的椎盾为5枚。

果龟*Notochelys platynota*（Gray, 1834）

别名六板龟，源自背甲椎盾6枚；因背甲中央平坦，又名平背龟。分布于新加坡、马来西亚、泰国、印度尼西亚、文莱。背甲椎盾6～7枚的特征，极易区别于其他龟。性情温和，害羞胆小。国内几乎无驯养繁殖。背甲长32厘米。

附录Ⅱ 水栖 植物性

稚龟　李志雄

重250克的幼龟　陆宏远

幼　龟

 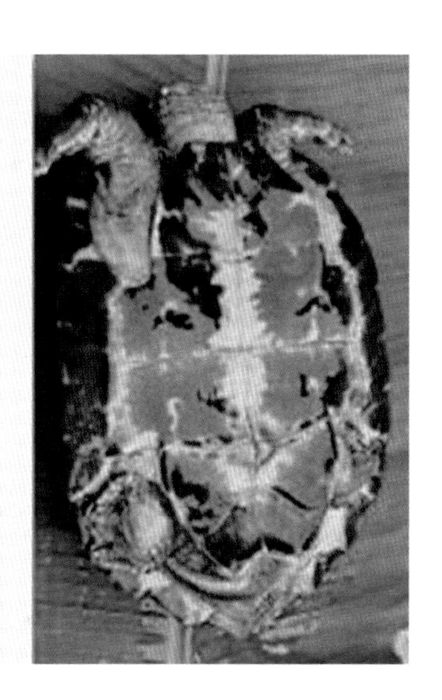

成　龟

巨龟属 *Orlitia* Gray, 1873

本属有1种，即马来巨龟（*Orlitia borneensis*）。其头、背甲、四肢的背部均呈黑色，头、背甲、四肢的腹部均呈淡黄色。

马来巨龟 *Orlitia borneensis* Gray, 1873

附录Ⅱ

水栖

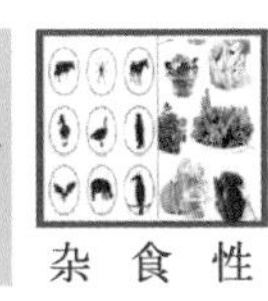
杂 食 性

又名泽巨龟。因其生活于大河、湖泊，故名。分布于印度尼西亚、马来西亚。头部上喙呈“人”字形，下颌钩形；背甲隆起，平滑，无脊；腹甲前缘平，后缘缺刻，无韧带。国内驯养繁殖较少。背甲长80厘米。

1月龄幼龟　李志雄

头　部

成　龟

棱背龟属 *Pangshura* Gray, 1856

棱背龟属又称泛棱背龟属，现存4种，均分布于亚洲。其背甲中央隆起较高，中央脊棱明显，第二、第三枚椎盾后缘突起明显；腹部没有韧带。

史密斯棱背龟 *Pangshura smithii*（Gray, 1863）

别名锯背龟。分布于孟加拉国、巴基斯坦、尼泊尔、印度。头部呈淡灰褐色，头侧具淡红色斑纹，上喙流线型；背甲中央具1条黑色脊棱，后缘锯齿状，椎盾后缘无突起；腹甲有黑色斑块。其性情温和，互动性强。头部呈淡灰褐色，淡红色斑纹与蓝色虹膜搭配，似一副秋季的风景油画，观赏性强。国内驯养繁殖较少。背甲长24厘米。

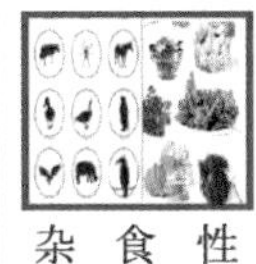

成龟　古河祥

雄龟亚成体　Franck Bonin　Bernard Devaux

亚成体　Franck Bonin　Bernard Devaux

阿萨姆棱背龟 *Pangshura sylhetensis* Jerdon, 1870

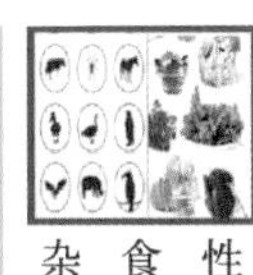

又名红纹棱背龟。分布于孟加拉国、印度等。其头部眼后方粉红色的细条纹如大雁展翅，独具一格，观赏性强。国内驯养繁殖少。背甲长20厘米。

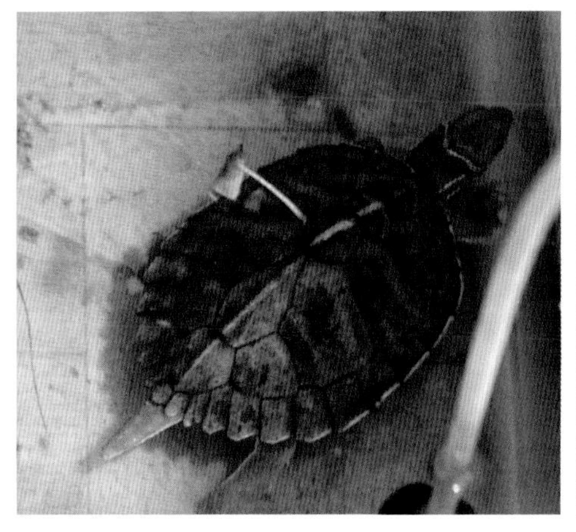

雄性亚成体　古河祥

头部　Peter Praschag

幼龟　Peter Praschag

印度棱背龟 *Pangshura tecta*（Gray, 1830）

别名棱背龟、印度锯背龟。分布于孟加拉国、印度、尼泊尔、巴基斯坦。头顶眼后呈渐变式红色斑纹，顶部呈黑色菱形斑块；背甲椎盾后缘突起，似山峰；腹甲淡黄色，布满黑色蠕虫状粗斑块。性情温驯和善，胆怯，不主动攻击人。因头部颜色鲜艳，斑纹华美，红与黑的经典搭配，使其辨识度极高。国内已少量驯养繁殖。背甲长23厘米。

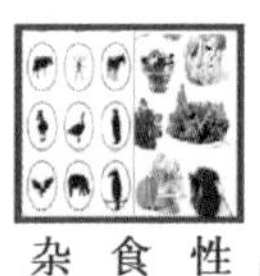

1月龄幼龟　林业俊

幼龟　张文弢

亚成体　周峰婷

头　部

成　龟

红圈棱背龟 *Pangshura tentoria*（Gray, 1834）

又名红圈锯背龟。因其背甲肋盾和缘盾连接处呈红色条纹状，在背甲上形成一个红圈，故名。本种有3个亚种。分布于印度、尼泊尔、孟加拉国。除背甲上的红圈外，其头侧后部有一红色或淡红色斑点，也是其识别特征。背甲长27厘米。

附录Ⅱ

水栖

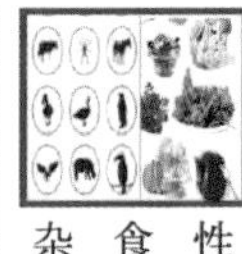
杂 食 性

幼龟　世家喉

亚成体

腹部　Peter Praschag

头部　Peter Praschag

眼斑龟属 *Sacalia* Gray, 1870

本属有2种，均在中国有分布。其中，眼斑龟仅分布于中国，是中国特有种；四眼斑龟分布于中国、老挝和越南。头顶有1～2对眼斑，背甲有一脊棱。

眼斑龟 *Sacalia bealei*（Gray, 1831）

又名眼斑水龟。因其头顶有1～2对马蹄状眼斑，故名。仅分布于中国的福建、广东、湖南、江西、香港。头顶除有眼斑外，每一对眼斑中央具黑色斑点，头顶密布黑色蠕虫状黑点。国内已驯养繁殖。其性情温和，胆怯，颜值别具一格，圈粉无数。背甲长18厘米。

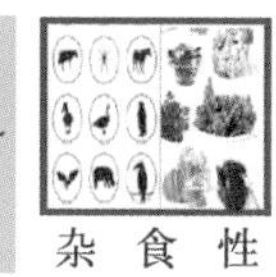

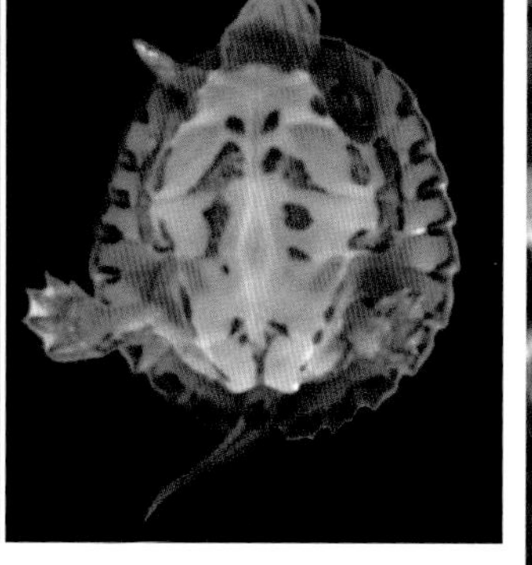
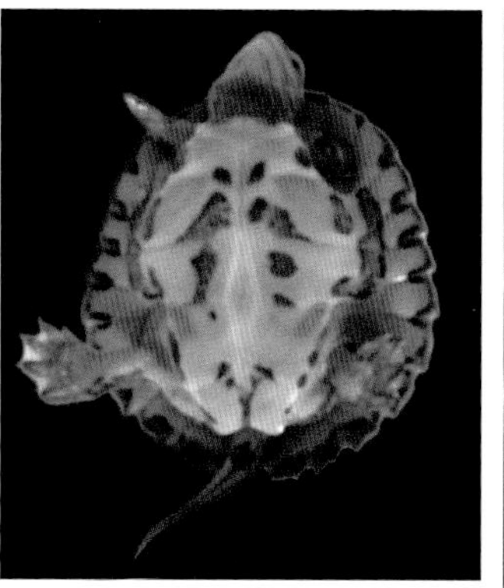

稚　龟

雌性成龟

成龟（左雄右雌）

雄性成龟　　Ron de Bruin

四眼斑龟 *Sacalia quadriocellata* (Siebenrock, 1903)

因其头顶有2对眼斑，故名。又名四眼斑水龟、六眼龟、四目龟。国内分布于广东、广西、海南；国外分布于老挝和越南。国内已驯养繁殖。其性情温和，胆怯，遇惊扰立即蹿入水底黑暗处。繁殖季节身体散发狐臭异味。背甲长15厘米。

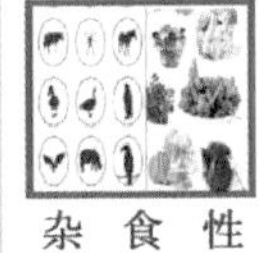

稚 龟

成龟背部

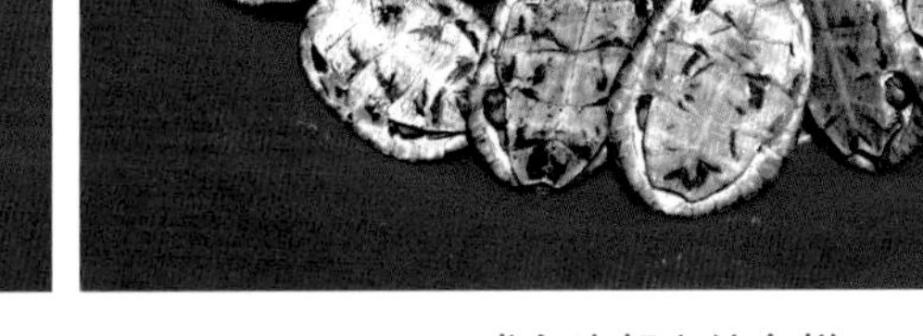

成龟腹部斑纹多样

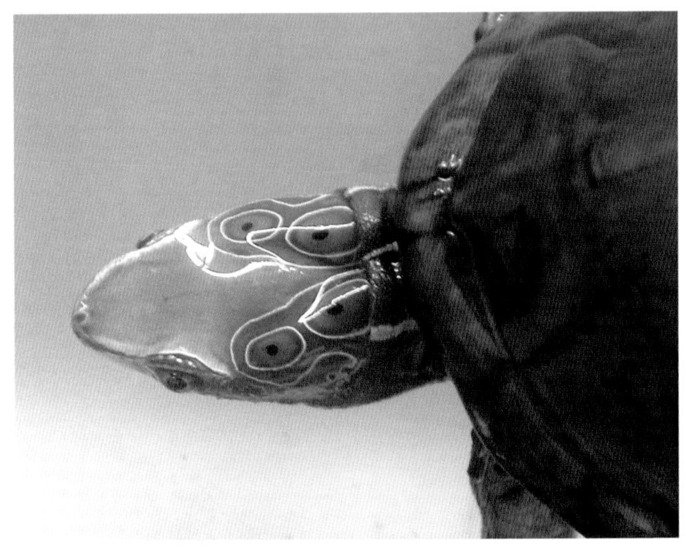

成龟头部（左雄右雌）

粗颈龟属 *Siebenrockiella* Lindholm, 1929

本属有2种。均分布于亚洲。背甲中央脊棱明显，背甲后缘呈锯齿状。

粗颈龟 *Siebenrockiella crassicollis*（Gray, 1830）

别名白颊龟，源自其头侧呈白色。分布于柬埔寨、印度尼西亚、老挝、马来西亚、缅甸、新加坡、越南。其性情平和，胆小害羞，易受惊吓。国内驯养繁殖较少。背甲长20厘米。

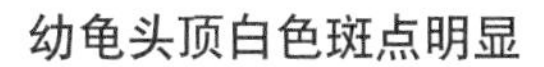

幼龟头顶白色斑点明显

雌性成龟头顶具白色眼斑

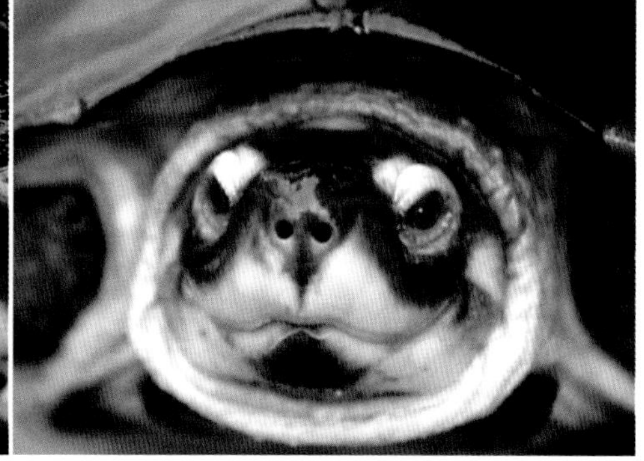

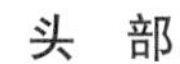

头 部

雄性成龟头顶无白色眼斑

雷岛粗颈龟*Siebenrockiella leytensis*（**Taylor, 1920**）

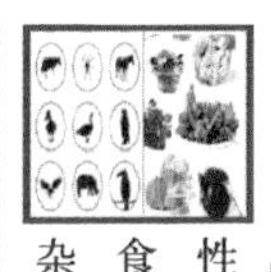

别名菲律宾池龟。仅分布于菲律宾，是菲律宾特有种。性情温和，胆怯。头顶后部具白色、混合橙色细条纹，似蝴蝶结；头顶部有橙色斑纹。其特征独特，辨识度高，圈粉无数。国内驯养繁殖较少。背甲长21厘米。

稚龟　Sabine Schoppe

雄性亚成体

幼龟　周婷　Ron de Bruin

成龟（左雄右雌）　Sabine Schoppe

蔗林龟属 *Vijayachelys* Praschag, Schmidt, Fritzsch, Müller, Gemel and Fritz, 2006

本属是2006年由Praschag等人建立。属名*Vijayachelys*中的Vijaya取自印度女性爬虫学家Jaganathan Vijaya（1959—1987）的姓氏，以纪念她研究和保护蔗林龟所做出的贡献。本属仅有1种，即蔗林龟（*Vijayachelys silvatica*）。

蔗林龟 *Vijayachelys silvatica*（Hendrson, 1912）

又名森林东方龟。该种原隶属于大东方龟属，故名。分布于印度，是印度特有种。自1912年被发现后，隐身70年后再次被发现。其头部略小，上喙钩状；背甲具3条脊棱，后缘呈锯齿状；腹甲黄色，无斑纹。国内未见驯养繁殖。背甲长14厘米。

附录 II

半水栖

杂 食 性

头部和背部　Peter Praschag

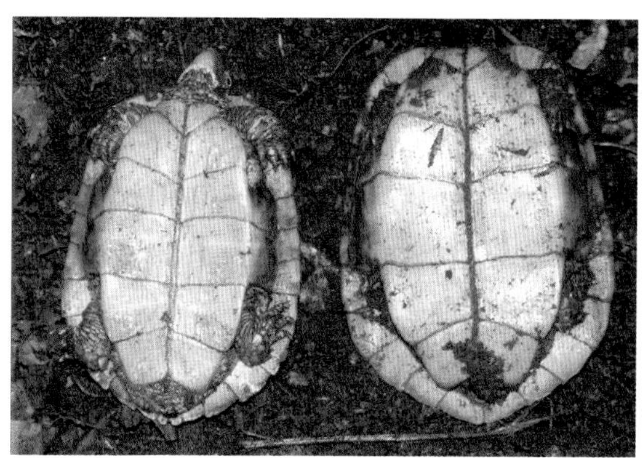

腹部　Peter Praschag

鼻龟属 *Rhinoclemmys* Fitzcnger, 1835

鼻龟属又称木纹龟属。现存9种，是地龟科成员中唯一生活于美洲大陆的龟类。

犁沟木纹龟 *Rhinoclemmys areolata*（Dumeril, Bibron in Dumeril and Dumeril, 1851）

又名犁沟鼻龟。无亚种。分布于危地马拉、洪都拉斯、墨西哥等美洲国家。其头部的红色条纹与斑腿木纹龟极相似，但犁沟木纹龟的腹甲中间呈黑色，两侧呈淡黄色。国内驯养繁殖较少。背甲长20厘米。

附录 II

半水栖

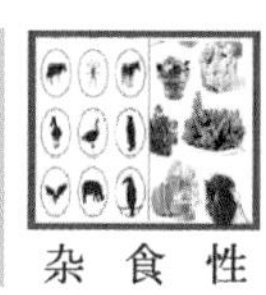
杂 食 性

50克左右的幼龟 伊星

稚龟 伊星

成龟 伊星

皇冠木纹龟 ***Rhinoclemmys diademata*** （**Mertens, 1954**）

因其眼后有黄色马蹄状斑纹，似皇冠，故名。别名皇冠鼻龟、马拉开波木纹龟。分布于哥伦比亚、委内瑞拉。头顶黄色斑纹是其主要特征，易辨识于其他木纹龟类。其性情温和，互动性强。国内已驯养繁殖。背甲长25厘米。

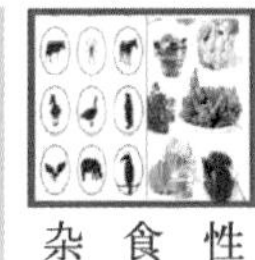

幼龟 邱天梁

头 部

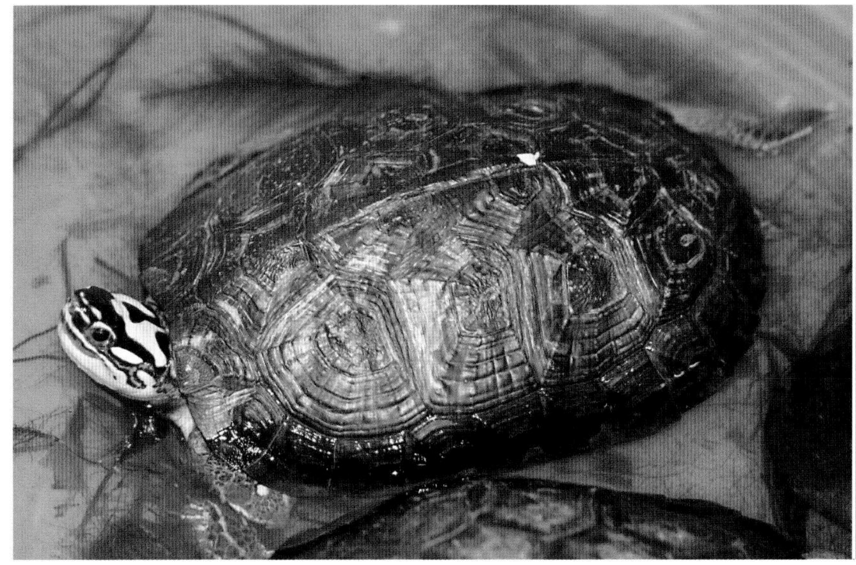

成 龟

黑木纹龟 *Rhinoclemmys funerea*（Cope, 1876）

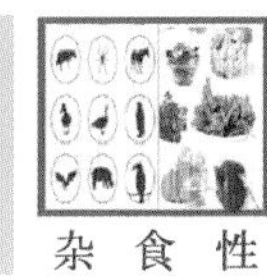

分布于哥斯达黎加、洪都拉斯、尼加拉瓜、巴拿马运河。其头顶黑色，侧面及下方有些条纹。甲壳黑色，四肢皮肤黄色，布满黑斑。国内驯养较少。背甲长33厘米。

黑木纹龟

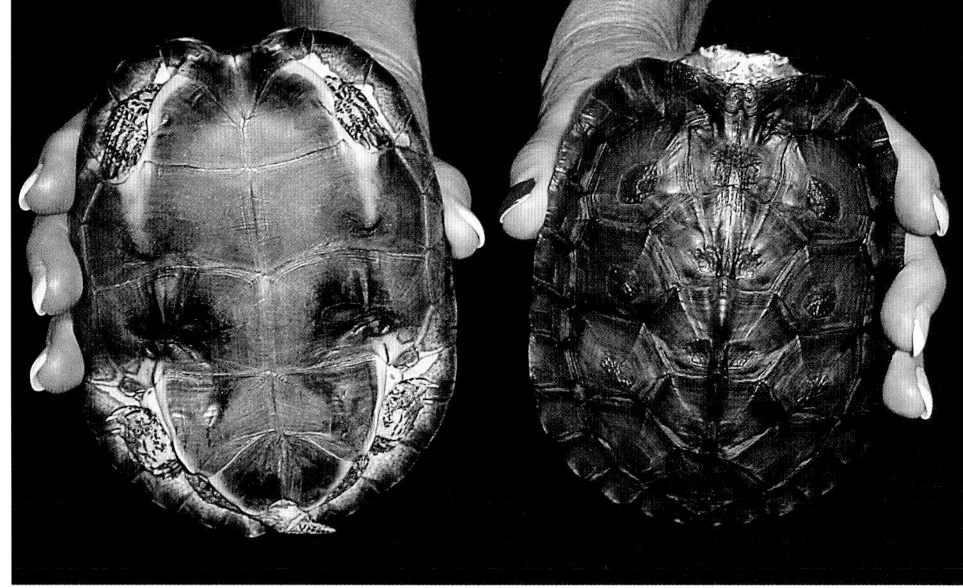

1龄幼龟 Ron de Bruin

黑腹木纹龟 *Rhinoclemmys melanosterna*（Gray, 1861）

附录Ⅱ

半水栖

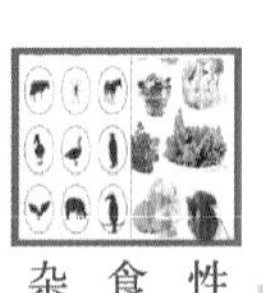

杂 食 性

因其腹甲黑色，故名。又名哥伦比亚鼻龟。分布于哥伦比亚、巴拿马、厄瓜多尔。其头部红、黄、黑三色互相交错，颜值颇高。性情温驯，略胆怯。国内驯养繁殖较少。背甲长29厘米。

头 部

成 龟

中美木纹龟 *Rhinoclemmys pulcherrima*（Gray, 1856）

别名木纹龟、美鼻龟。本种有4个亚种。分布于哥斯达黎加、危地马拉、墨西哥等美洲国家。美鼻龟指名亚种（*Rhinoclemmys pulcherrima pulcherrima*），别名红头鼻龟、红头木纹龟；美鼻龟洪都拉斯亚种（*Rhinoclemmys pulcherrima incisa*），别名洪都拉斯木纹龟，体色较淡，背甲肋盾上无红、黑半环状斑纹；美鼻龟中美亚种（*Rhinoclemmys punctularia manni*），别名油彩木纹龟、美鼻龟，是4个亚种中体色最艳丽、斑纹最清晰的一种；美鼻龟墨西哥亚种（*Phinoclmmys pulcherrima rogerbarbouri*），别名墨西哥木纹龟，甲壳上的斑纹和颜色较淡，仅分布于墨西哥。国内已驯养繁殖。其性情胆小畏人，易受惊吓。头部、背甲和腹甲上独特的红、黄、绿、黑色镶嵌图纹，使其成为高颜值龟之一，深受养龟者殊宠。背甲长21厘米。

附录Ⅱ

半水栖

杂 食 性

成龟　Ron de Bruin

背部　Jesús Alberto Loc Barragán

腹部　Jesús Alberto Loc Barragán

美鼻龟墨西哥亚种

幼龟　伊星

成龟

稚龟　胡子威

成龟

幼龟

亚成体

美鼻龟中美亚种

斑腿木纹龟 ***Rhinoclemmys punctularia*** (**Daudin, 1801**)

因四肢有黑斑纹，又名斑腿鼻龟。本种有2个亚种。分布于委内瑞拉、巴西等。头顶和头侧红色细条纹镶嵌黑边，使其颜值魅力十足。国内已驯养繁殖，以斑腿木纹龟指名亚种（*Rhinoclemmys punctularia punctularia*）为主。背甲长26厘米。

附录Ⅱ

半水栖

杂 食 性

幼龟

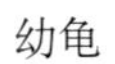

龟正在食芥蓝

成龟（左雌右雄）

头部

斑腿木纹龟指名亚种

墨西哥木纹龟 *Rhinoclemmys rubida*（Cope, 1870）

又名卢比达山龟、斑点木纹龟、红头木纹龟。本种有2个亚种。仅分布于墨西哥。墨西哥木纹龟指名亚种（*Rhinoclemmys rubida rubida*），头顶和侧部具淡黄色或橘红色粗条纹，并向后延伸；墨西哥木纹龟科利马亚种（*Rhinoclemmys rubida perixantha*），头顶斑纹少，以黄色为主。体色和斑纹颜色鲜明，使其观赏性极强。背甲长23厘米。

附录Ⅱ

半水栖

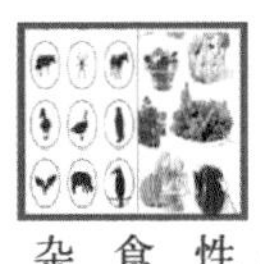
杂食性

亚成体　欣归

成龟　Ron de Bruin

二、侧颈龟亚目PLEURODIRA Cope, 1864

侧颈龟亚目是指龟颈部不能缩入壳内，在水平面弯曲，隐匿于甲壳颈窝处的水栖龟类。侧颈龟亚目分蛇颈龟科（CHELIDAE）、侧颈龟科（PELOMEDUSIDAE）、南美侧颈龟科（PODOCNEMIDINAE）。现存96种，分布于南半球，东南亚也有少数侧颈龟类。侧颈龟类体型较大，通常在15厘米以上，均为水栖龟类。大多数龟属于杂食性，喜暖惧寒。产卵较多，通常在10枚以上。孵化期70～100天。

颈部伸展

颈部隐匿

蛇颈龟科 CHELIDAE Gray, 1825

蛇颈龟科现存61种，以南美洲和亚洲居多。龟的颈部较长，有些种类的颈长可超过自身背甲的长度。腹甲有1枚间喉盾。

蛇颈龟类的颈部几乎与自身背甲等长

刺龟属 *Acanthochelys* Gray, 1873

刺龟属有4种。颈部、背部和两侧有许多大小长短不一的锥状硬棘；背甲上第一枚椎盾较宽，第二至第四枚椎盾间具凹陷的槽沟。分布于南美洲。

巨头刺龟 *Acanthochelys macrocephala*（Rhodin, Mittermeier and McMorris, 1984）

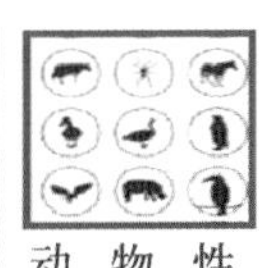

别名大头蛇颈龟。因其头较宽大，故名。分布于玻利维亚、巴拉圭、巴西，是刺龟家族中体型最大的一种。其颈部硬棘圆润，性情温和，整体的视觉效果给人一种利索干练的感觉。背甲长29厘米。

成龟　Hynek Prokop

出生50天的幼龟　Hynek Prokop

亚成体

稚龟　Hynek Prokop

阿根廷刺龟 *Acanthochelys pallidipecoris*（**Freiberg, 1945**）

别名刺股蛇颈龟。因股部有大的刺状硬棘，故名。分布于阿根廷、玻利维亚和巴拉圭。圆润的外形与流畅的颈部线条碰撞，诠释着侧颈龟的古典韵味。国内已少量驯养。背甲长18厘米。

头　部

成龟　Hynek Prokop

成龟腹部（左雄右雌）

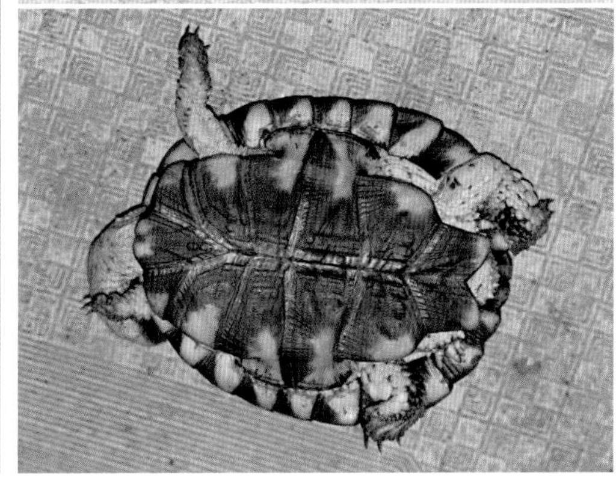

幼　龟

亚成体

巴西刺龟 *Acanthochelys radiolata*（**Mikan, 1820**）

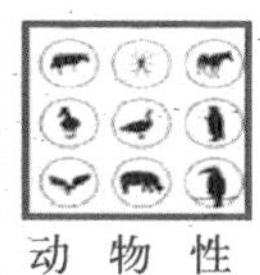

别名放射刺龟，因背甲上有黑色放射状斑纹，故名。仅分布于巴西，是巴西特有种。背部与腹部的斑纹具丰富斑驳痕迹，外形凶猛，行动敏捷，数量较少。国内仅少量驯养。背甲长20厘米。

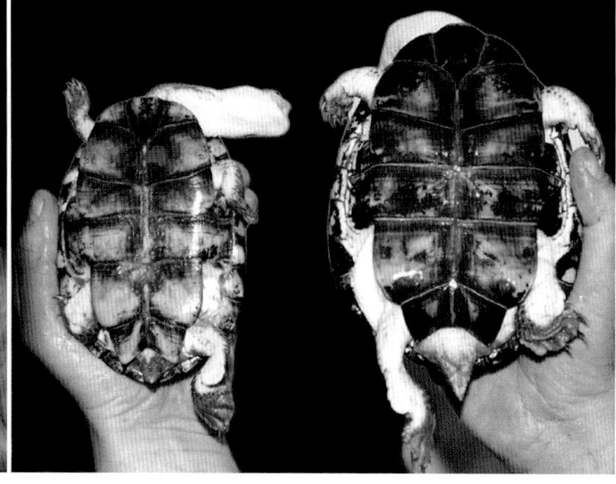

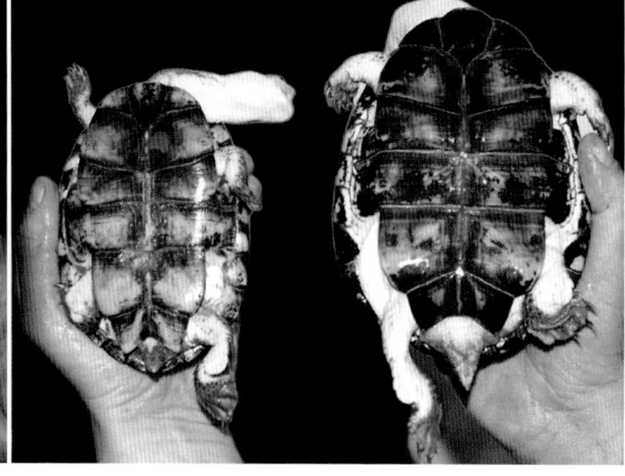

成龟（左雌右雄） Hynek Prokeop

幼龟 Hynek Prokeop

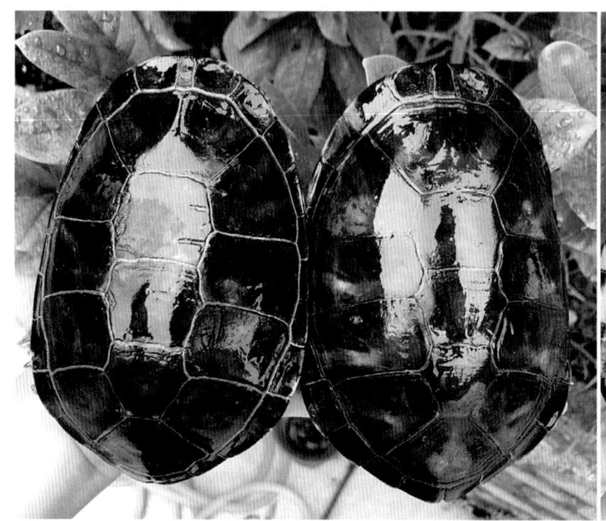

成龟（左雌右雄） 世家喉

黑腹刺龟 *Acanthochelys spixii*（Duméril and Bibron, 1835）

别名蛇颈刺龟。分布于巴西、阿根廷、乌拉圭。因成龟腹甲呈单一黑色（幼龟腹甲橘红色，中央具黑斑），无斑纹，故名。

颈部众多的刺状硬棘，与体型不协调的小眼睛，有着远古恐龙的影子。蛇颈刺龟家族中的常见种，国内已有少量繁殖驯养。背甲长18厘米。

成　龟

稚龟　世家喉

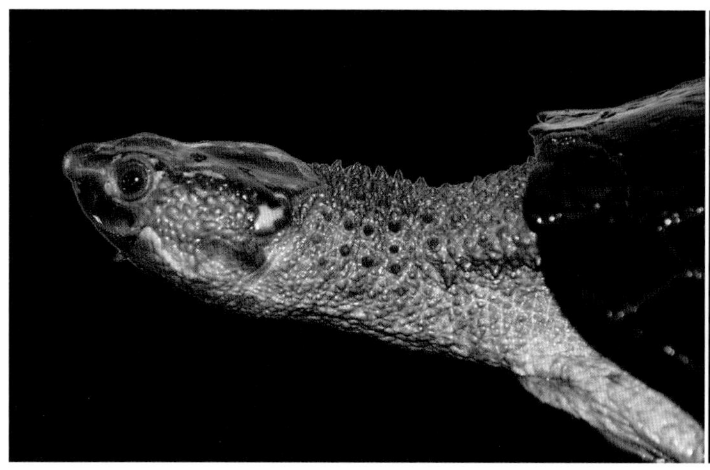
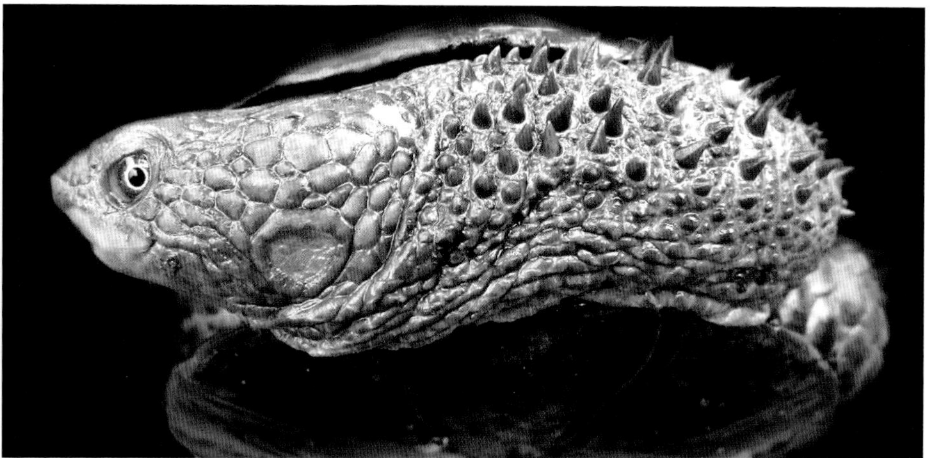

头颈部

蛇颈龟属 *Chelus* Duméril, 1805

本属有2种，即黑腹玛塔蛇颈龟（*Chelus fimbriata*）和红腹玛塔蛇颈龟（*Chelus orinocensis*）。Matamata是南美洲本土语言，意思是“I kill（我杀）”；当地人们称这种龟为Matamata，音译“玛塔”。黑腹玛塔蛇颈龟只生活于亚马孙盆地，红腹玛塔蛇颈龟主要生活在奥里诺科河盆地。分布于委内瑞拉、玻利维亚、哥伦比亚、秘鲁、圭亚那等南美洲国家。三角形扁平的头部，头部两侧和颈部有叶状肉质触角，鼻孔延长呈管状，背甲具3条脊棱，每块椎盾和肋盾有山峰状突起；这些视觉冲击力强的外形特征，使其成为龟界辨识度高、吸睛能力强的种类。

黑腹玛塔蛇颈龟 *Chelus fimbriata*（Schneider, 1783）

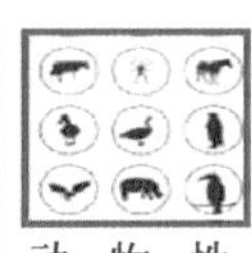

别名枯叶龟。黑腹玛塔，源自其外形和体色似一片枯树叶，以及腹部有大块黑斑纹。背甲浅棕色，矩形，腹甲棕色，有黑斑。始终微笑着的大嘴，吸引了无数龟粉，爆棚龟界。尽管它外形霸气凶猛，但性情胆怯、懒惰，常常融入周边环境，伏于水底静等食物。幼龟观赏性强。国内有少量饲养。背甲长44厘米。

幼　龟

1龄幼龟

红腹玛塔蛇颈龟 *Chelus orinocensis* Vargas-Ramirez, Caballero, Morales-Betancourt, Lasso, Amaya, Martinez, Viana, Farias, Hrbek, Campbell and Fritz, 2020

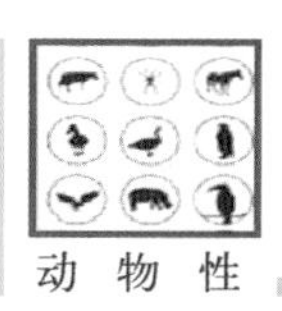

2020年，研究者依据75份DNA样本结果，命名此新种。其背甲呈棕黑色椭圆形，腹甲浅黄色。幼龟腹部猩红色，有黑色斑点或斑纹；成龟腹部黄色，无斑纹。幼龟观赏性强。国内有少量饲养。背甲长52厘米。

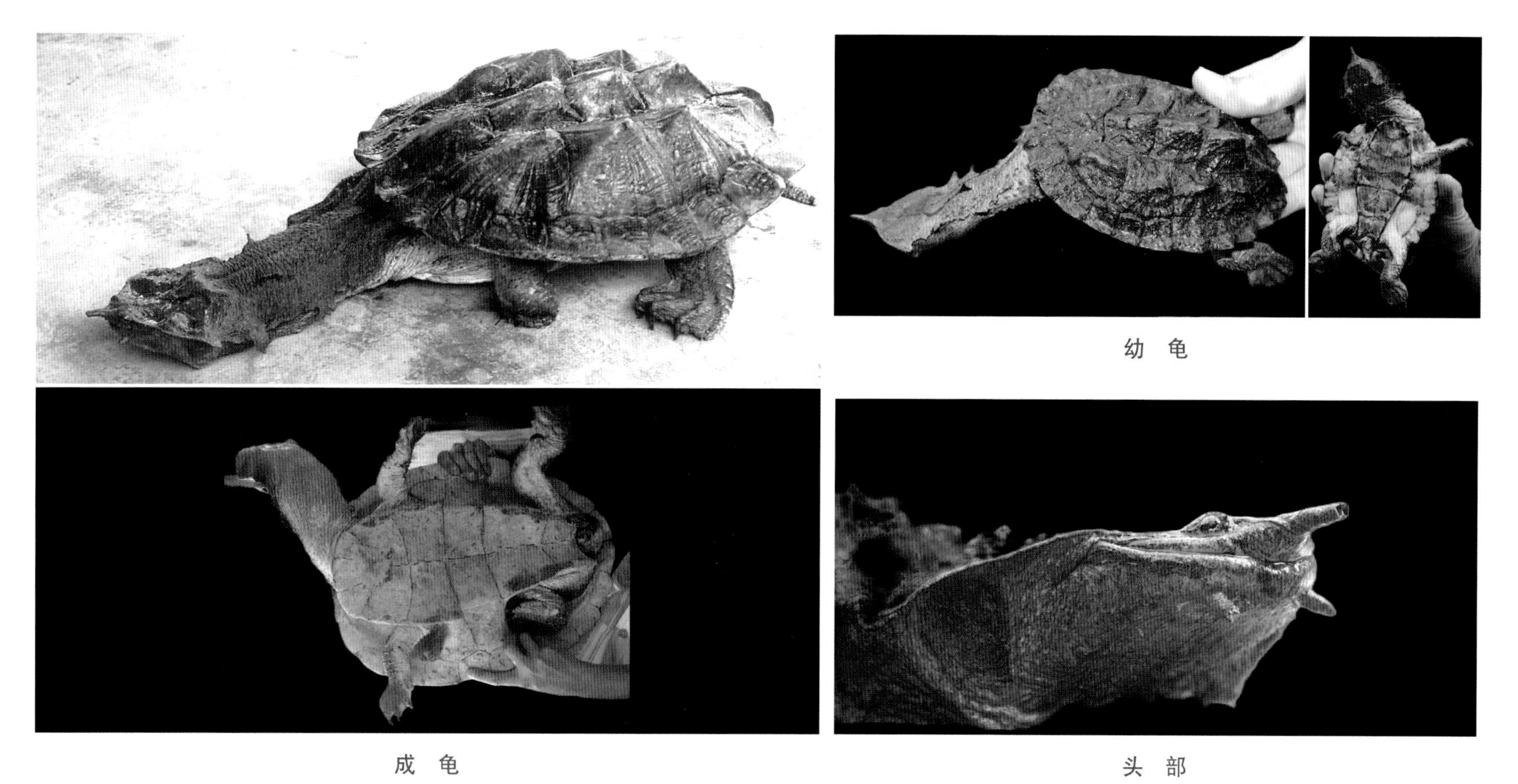

幼　龟

成　龟

头　部

蟾头龟属 *Mesoclemmys* Gray, 1873

蟾头龟属又称中龟属。本属有9种。分布于南美洲，可谓南美洲特产。头部宽大，背甲扁平，椭圆形，下颌有1对触角。从前端直视头部，似蛙头，故名蟾头龟。

高背蟾龟*Mesoclemmys gibba*（Schweigger, 1812）

别名吉巴蟾龟，源自种名*gibba*的音译；高背蟾龟源自其背甲隆起，中央脊棱明显，故名。因其前后缘盾宽大，似裙边，又名裙边龟。分布于玻利维亚、巴西、委内瑞拉等南美洲国家。其头部淡黄色鼓膜似眼睛，下颌1对触角明显。国内仅少量驯养。背甲长23厘米。

水栖

杂食性

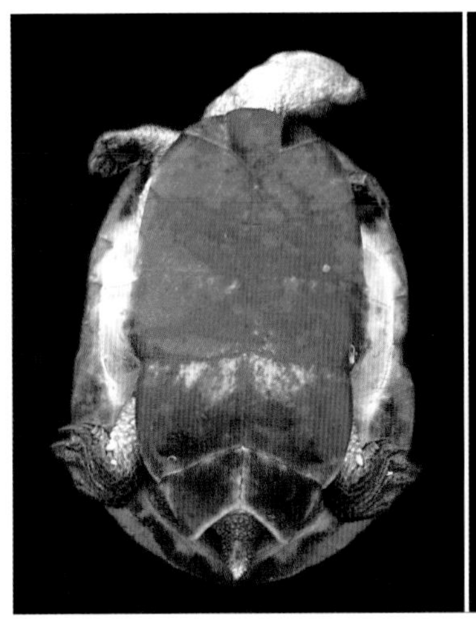

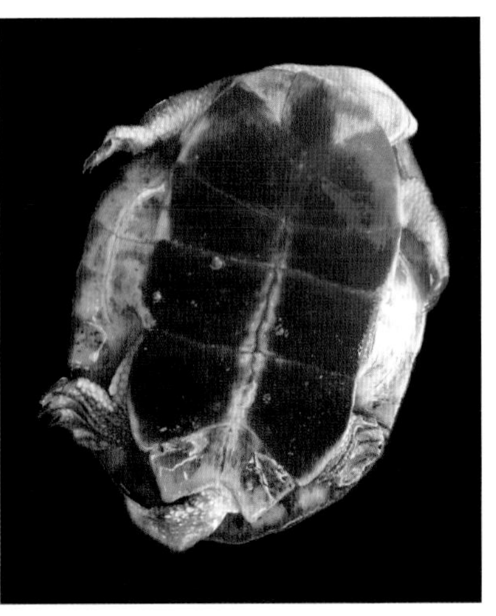

腹部（左雌右雄）

稚龟　Franck Bonin

幼龟　世家喉

成 龟

圭亚那蟾龟 *Mesoclemmys nasuta*（Schweigger, 1812）

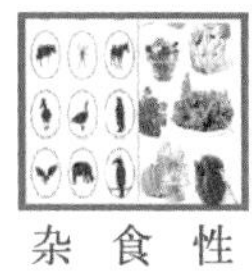

别名蟾头龟。分布于巴西、圭亚那、苏里南。其头部宽大，背甲中央无脊棱，后缘无锯齿；腹甲前宽后窄。体色单一，无斑点斑纹，幼龟体色明亮，具观赏性。背甲长31厘米。

亚成体

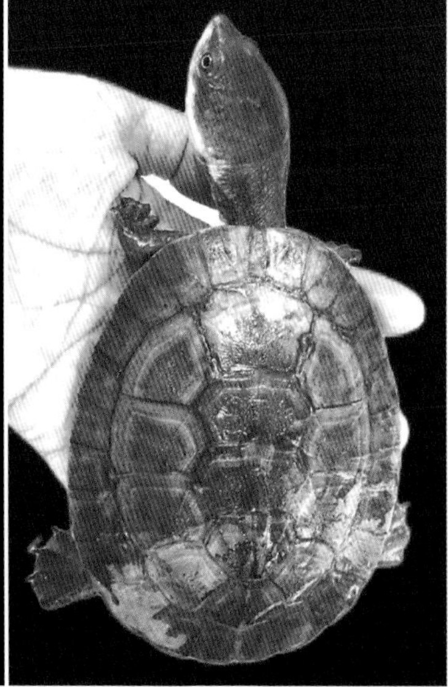

幼　龟

长背蟾龟 *Mesoclemmys perplexa* Bour and Zaher, 2005

水栖
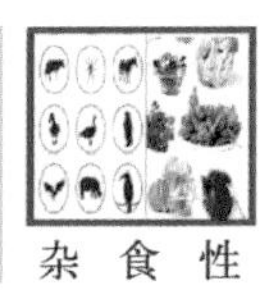
杂 食 性

因背甲长度比宽度大许多，故名。仅分布于巴西，是巴西特有种。通体黑色，无斑点、无斑纹。国内驯养繁殖极少。背甲长21厘米。

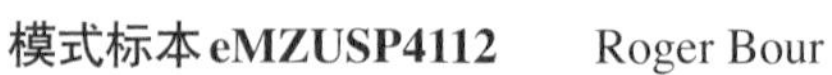
模式标本eMZUSP4112　Roger Bour

头部　Felipe S. Campos

亚马孙蟾龟 *Mesoclemmys raniceps*（Gray, 1856）

因分布于亚马孙河流域，故名。头顶具2条虚线状黑色条纹，又名黑线蟾龟。因幼龟缘盾腹部和腹甲边缘呈鲜艳黄色，又名小黄鸭龟。分布于玻利维亚、巴西等国家。属于大型龟，头宽大，背甲具黑色斑点，腹甲中央黑色，边缘黄色。背甲和头顶颜色独特，腹部呈明亮黄色，黑黄色撞色搭配，具现代感，观赏性强。国内驯养繁殖较少。背甲长34厘米。

水栖
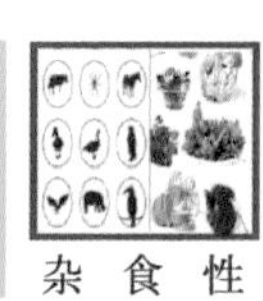
杂 食 性

稚龟　Andrea Luidon　　　幼龟　世家喉

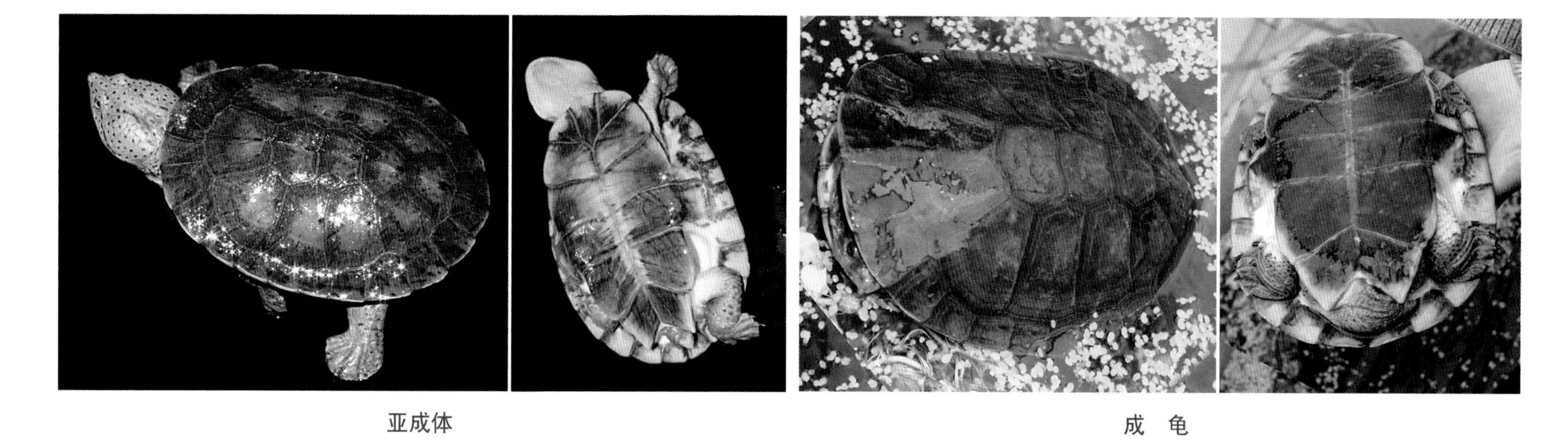

亚成体　　　成　龟

疣粒蟾龟 *Mesoclemmys tubreculata*（Luederwaldt, 1926）

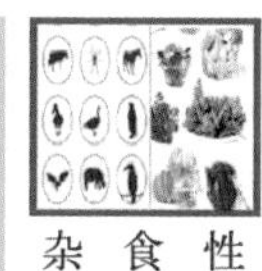

杂 食 性

别名结节蟾头龟，源自颈部有突起的锥状疣粒。分布于巴西。中大型龟，头部宽大，背甲边缘线条流畅，外形中规中矩。国内驯养繁殖极少。背甲长25厘米。

幼龟背部

幼龟腹部

成龟　Thiago S. Marques

稚龟　Paula C. Lopes

疣背蟾龟 ***Mesoclemmys vanderhaegei*（Bour, 1973）**

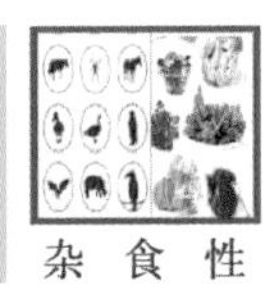

又名范氏蟾龟。源自种名*vanderhaegei*的音译。因其颈部有疣粒，故又名疣背龟。分布于巴西、巴拉圭等南美洲国家。国内驯养较少。背甲长28厘米。

成龟 Ron de Bruin

头部 Daniel Santana

稚龟 Daniel Santana

苏利亚蟾龟 *Mesoclemmys zulia*（**Prichard and Trebbau, 1984**）

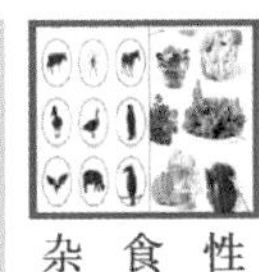
杂 食 性

种名*zulia*源自委内瑞拉苏利亚（Zulia）州，故名。分布于委内瑞拉和哥伦比亚。龟头颈部有黑色线条；背甲灰褐色，后缘无锯齿；腹甲黄色，无斑纹。国内未见驯养繁殖。背甲长28厘米。

成龟 Daniel Arenas

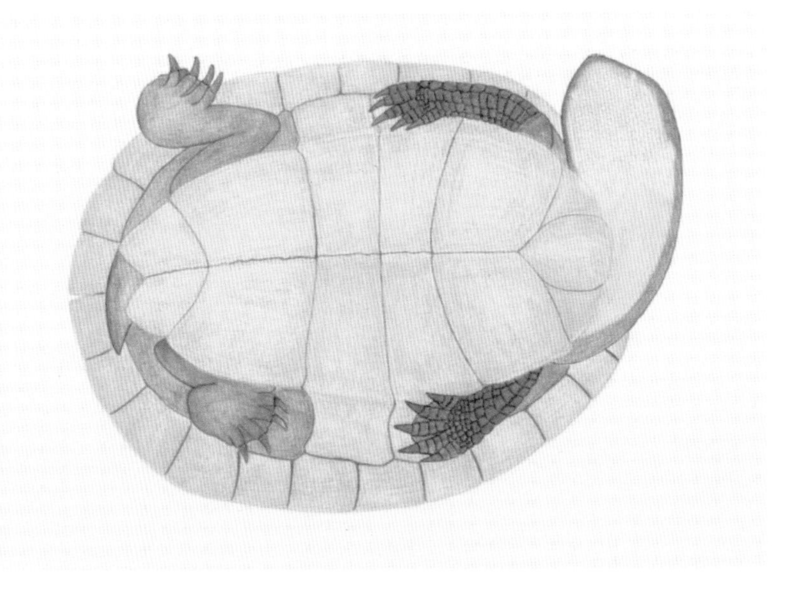

腹部 张文弢

蟾龟属 *Phrynops* Wagler, 1830

本属有4种。分布于巴西、圭亚那、阿根廷等国家。其头部两侧均有黑色纵条纹，自吻端延伸至颈部，下颌1对触角较长。

花面蟾龟 *Phrynops geoffroanus*（Schweigger, 1812）

动 物 性

别名花面龟。分布于巴西、阿根廷等南美洲国家。因其头部色斑和条纹众多，繁花似锦，故名。其头顶橄榄色，搭配黑色条纹或斑纹；下颌和颈部呈鸭蛋壳颜色，非常醒目。大大的头部凸显呆萌憨态，吸引了一部分宠龟者喜爱。国内有少量驯养繁殖。背甲长46厘米。

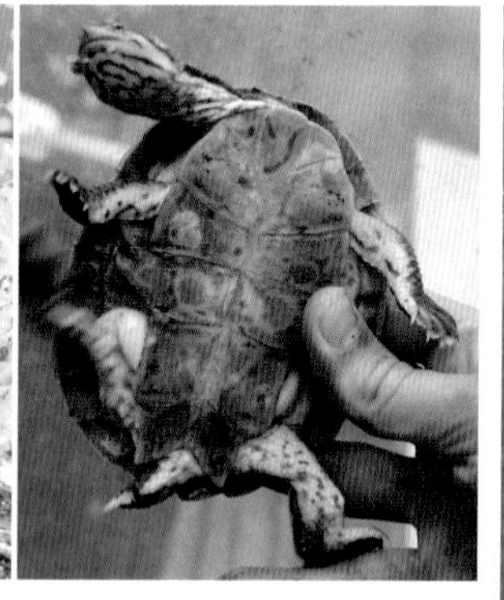

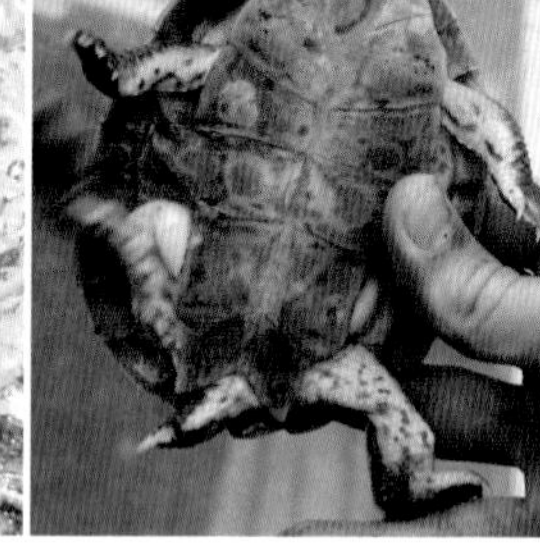

幼 龟

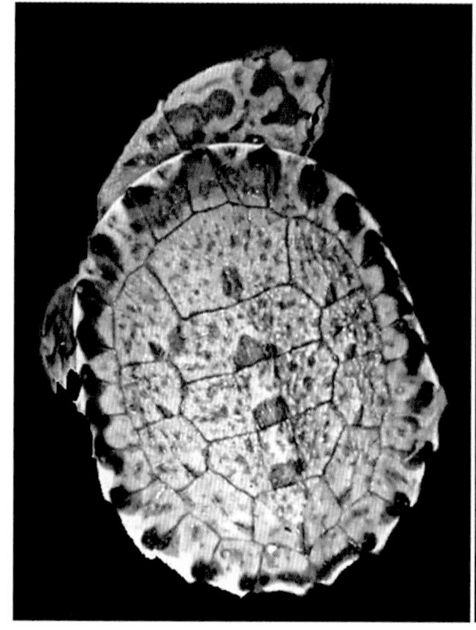

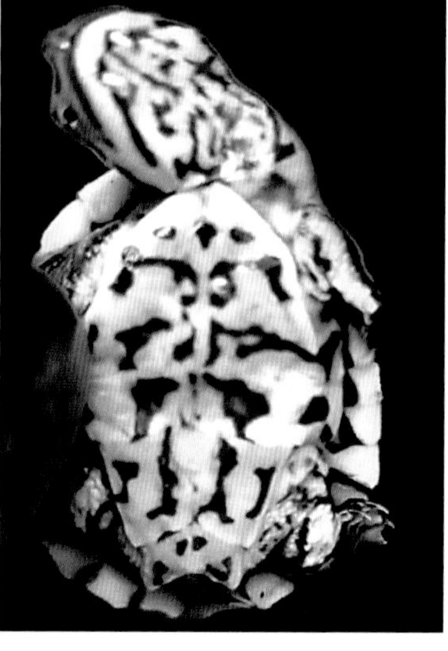

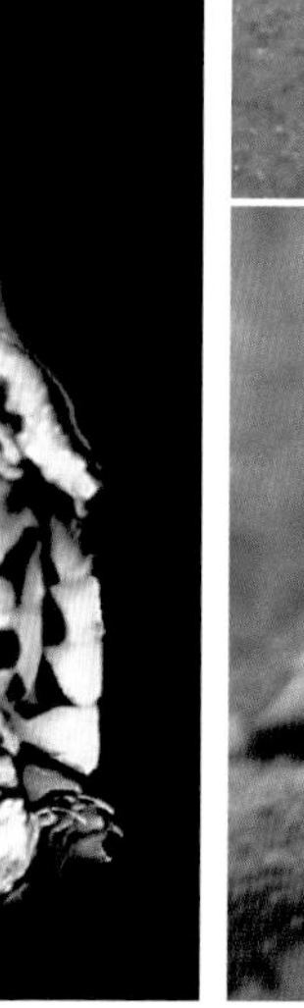

1月龄幼龟 伊星

头 部

雄性成龟

希氏蟾龟 *Phrynops hilarii*（Duméril and Bibron, 1835）

别名尖吻龟，源自其头部吻长且尖。又名希拉里蟾龟，源自种名*hilarii*的音译，是蟾龟家族中最大的一种。分布于阿根廷、巴西等南美洲国家。头部外貌是其最大亮点，也是其独有特点。1条黑色细条纹自鼻孔至眼睛、鼓膜上方，延伸至颈部，下颌1对黑白镶嵌的触角，与其他3种蟾龟和9种蟾头龟对比，一目了然。国内已有驯养繁殖。背甲长41厘米。

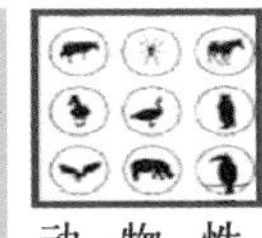

动物性

幼　龟

稚　龟

成 龟

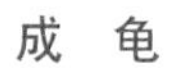

头 部

亚成体

面具蟾龟*Phrynops williamsi* Rhodin and Mittermeier, 1983

水栖

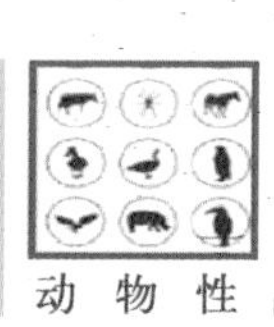

动物性

别名威廉斯侧颈龟。源自种名*williamsi*的音译。分布于阿根廷、巴拉圭等南美洲国家。龟下颌有黑色U形斑纹，腹甲呈淡黄色，无斑纹，以此特征可区别于本属其他3种龟。背甲长35厘米。

幼龟　世家喉

扁龟属 *Platemys* Wagler, 1830

本属有1种。其背甲自第二至第四枚间的椎盾向下凹陷较深，呈槽沟状，槽沟两侧具隆起的棱骨。特殊的背甲结构，使其成为特别的一种龟，独具一格。

红头扁龟 *Platemys platycephala*（Schneider, 1792）

别名红头蛇颈龟。源自其头部橘红色。本种有2个亚种。红头扁龟指名亚种（*Platemys platycephala platycephala*），又名红头蛇颈龟；红头扁龟黑背亚种（*Platemys platycephala melanonota*），又名黑背蛇颈龟。分布于玻利维亚、巴西等南美洲国家，2个亚种分布不重叠。龟头较小，头顶部呈深黄色或橘红色，有的个体呈淡黄色；背甲中央凹陷、槽沟两侧棱骨特点，是区别其他侧颈龟类和蛇颈龟类的特征。整体辨识度非常高，吸引了众多宠龟者的视线。国内驯养繁殖极少。背甲长18厘米。

红头扁龟幼龟　　世家喉

成龟（左雄右雌）

红头扁龟指名亚种

成龟　　周峰婷

红头扁龟黑背亚种

红腿蟾龟属 *Rhinemys* Wagler, 1830

本属仅有1种。头呈三角形，扁，似蟾头部；吻部突出，头、颈、四肢呈红色。分布于哥伦比亚、巴西、委内瑞拉。

红腿蟾龟 *Rhinemys rufipes*（Spix, 1824）

因四肢红色得名。自吻端有黑色粗条纹向眼眶，经眼眶延伸至颈部；背甲棕黑色，中央隆起，有脊棱。体色艳丽，头、颈、四肢呈红色，似一团火，观赏性强。国内几乎无驯养繁殖。背甲长26厘米。

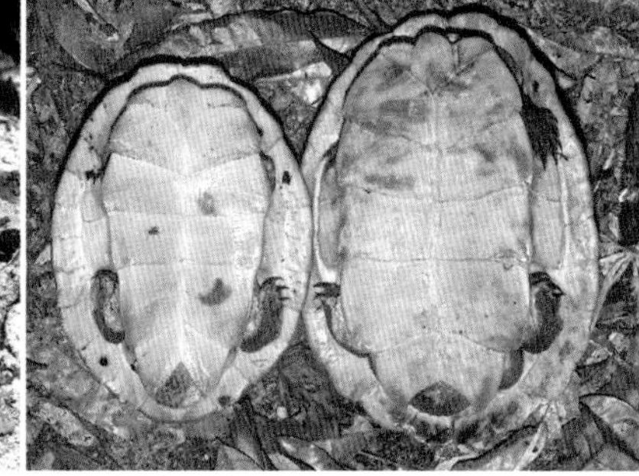

成龟（左雄右雌）　Richard C. Vogt

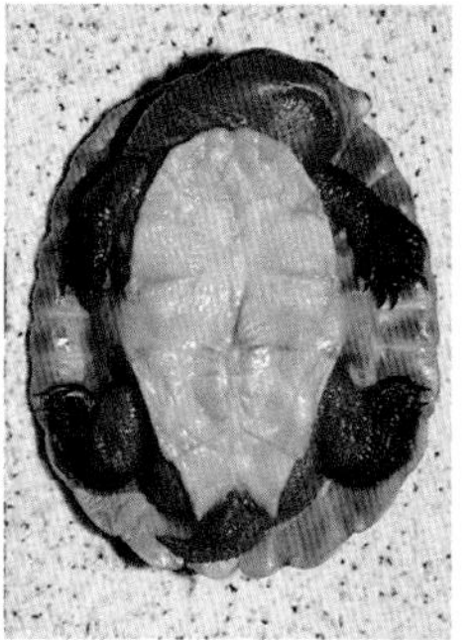

稚龟　Richard C. Vogt

渔龟属 *Hydromedusa* Wagler, 1830

本属有2种。分布于南美洲。背甲上颈盾较大，位于第一枚缘盾和第二枚缘盾后部。此特征是区别其他蛇颈龟和侧颈龟的特征。

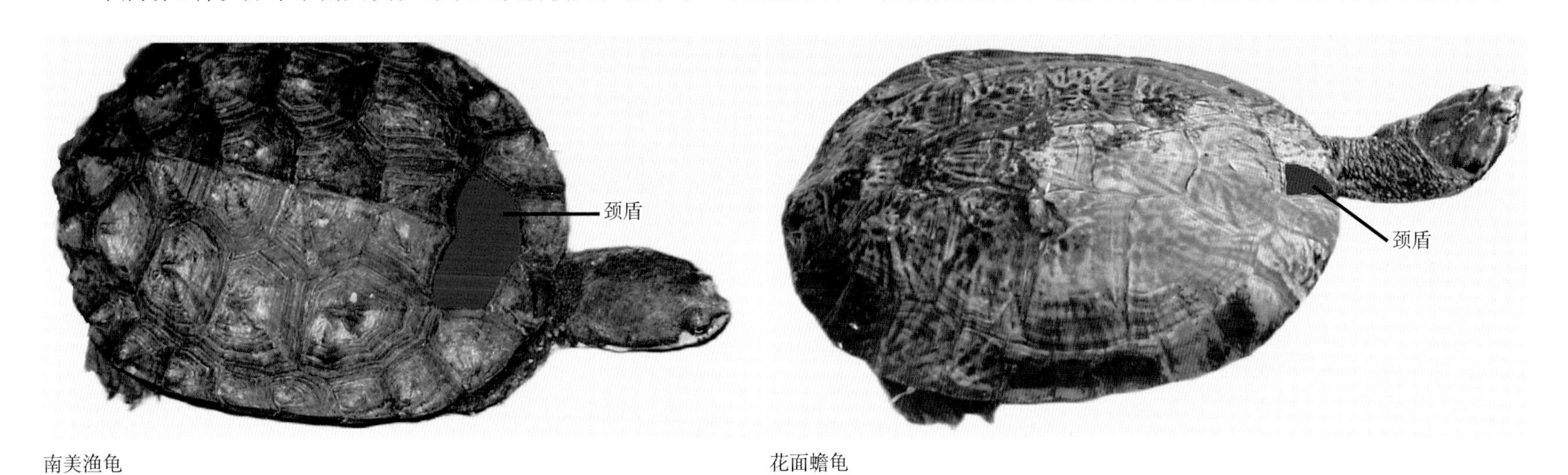

南美渔龟　　花面蟾龟

南美渔龟与花面蟾龟颈盾比较

南美渔龟 *Hydromedusa tectifera* Cope, 1870

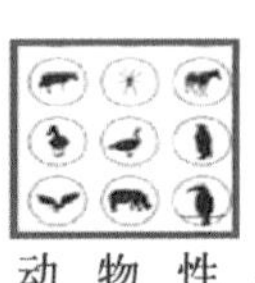

因颈部有硬棘，似钉，又名钉颈龟；又因其模式标本来自阿根廷，又名阿根廷蛇颈龟。分布于阿根廷、巴西等南美洲国家。其性情羞涩腼腆，国内有驯养。背甲长30厘米。

头部

成龟

幼龟头部

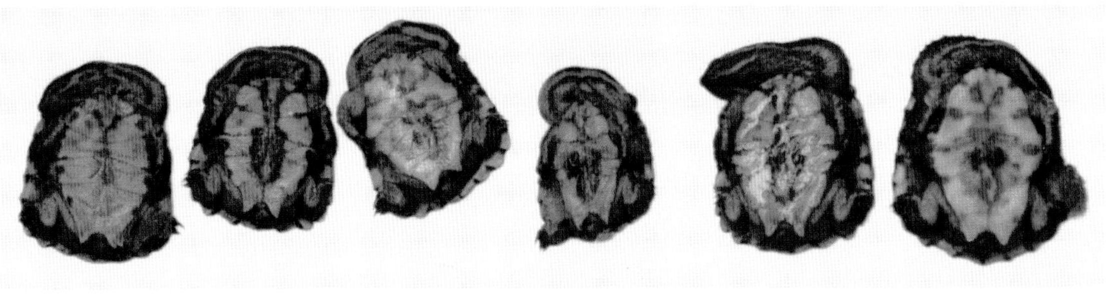

幼龟腹部

长颈龟属 *Chelodina* Fitzinger, 1826

广义的长颈龟属有17种，分为3个狭义的属，即长颈龟属（*Chelodina*）9种、小长颈龟属（*Chelydera*）7种、大长颈龟属（*Macrodiremys*）1种。分布于澳大利亚、印度尼西亚、东帝汶、巴布亚新几内亚，以澳大利亚居多。本属显著特征：颈部较长，似蛇颈；腹甲的间喉盾较大，呈六边形，位于喉盾、肱盾和胸盾间；前、后肢均4爪。

坎氏长颈龟 *Chelodina canni* McCord and Thomson, 2002

坎氏长颈龟种名*canni*源自澳大利亚爬虫学家John Robert Cann（1938年1月—）的姓氏。仅分布于澳大利亚。其背甲上椎盾凹陷，形成凹槽；腹甲淡黄色，前部宽大；头部宽大，颈部疣粒突起较大。幼龟体色鲜艳，有斑纹，观赏性强。国内驯养繁殖极少。背甲长27厘米。

水栖

动 物 性

稚龟 William P. McCord

头部 William P. McCord

成龟 William P. McCord

古氏长颈龟 *Chelodina gunaleni* McCord and Joseph-Quni, 2007

种名*gunaleni*源自印度尼西亚爬虫驯养繁殖者Danny Gunalen的姓氏，他参与发现了古氏长颈龟。本种仅分布于印度尼西亚。

头部淡淡的橘红色是其标志性特征（有些个体无）；背甲前窄后宽，第一枚椎盾较大。幼龟背甲缘盾黑白斑块错落有致，别具一格。国内有少量驯养繁殖。背甲长24厘米。

稚龟　Hynek Prokop　　成龟　Hynek Prokop

澳洲长颈龟 *Chelodina longicollis*（Shaw, 1794）

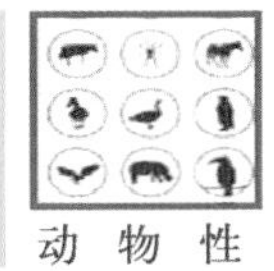

澳大利亚特有种，仅分布于澳大利亚。背甲两侧缘盾向上翻翘；腹甲各盾片之间沟缝黑色且粗。单一褐色或黑色尽显朴素与雅致；腹甲黑色勾勒出的格纹元素具复古气息。国内驯养繁殖极少。背甲长28厘米。

成龟　Hynek Prokop

成龟（左雄右雌）　Hynek Prokop

麦氏长颈龟 *Chelodina mccordi* Rhodin, 1994

别名长颈龟。种名*mccordi*源自美国龟类学者William P. McCord的姓氏。百色闭壳龟的种名也源于其姓氏。本种有2个亚种，分布于印度尼西亚和东帝汶。其背甲灰褐色，较宽，背甲后部两侧向上翻翘；腹甲淡黄色，盾片沟缝深褐色；下颌和颈腹部乳白色。背甲线条流畅，具自由灵动的生命气息。国内有少量驯养繁殖。背甲长23厘米。

动 物 性

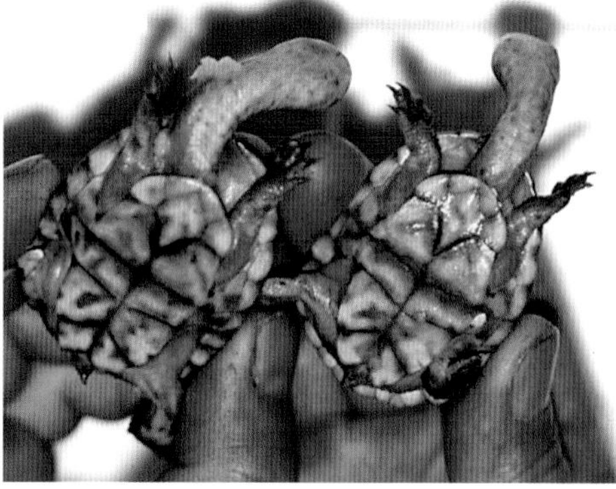

3月龄幼龟

1月龄幼龟 世家喉

成龟 Hynek Prokop

新几内亚长颈龟 *Chelodina novaeguineae* Boulenger, 1888

得名于其模式标本产地巴布亚新几内亚。分布于巴布亚新几内亚南部和印度尼西亚。其头部较宽，颈部较短，仅有背甲长的

动 物 性

55%～60%；背甲椭圆形，边缘无锯齿；腹甲前半部比后半部宽。国内未见驯养繁殖。背甲长21厘米。

成龟　William P. McCord

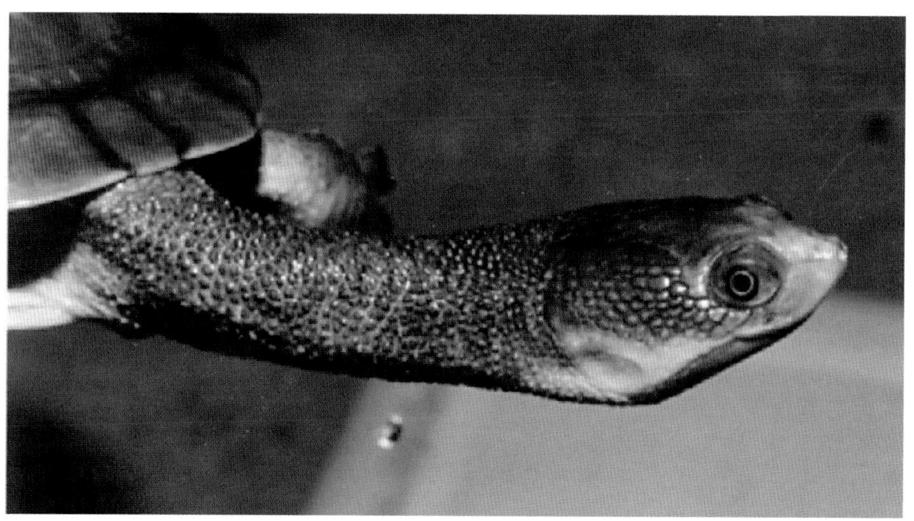

头部　William P. McCord

腹部（左稚龟，右成龟）
William P. McCord

鳞背长颈龟 *Chelodina reimanni* Philippen and Grossmann, 1990

又名雷曼蛇颈龟，源自种名*reimanni*的音译。仅分布于印度尼西亚（巴布亚省）、巴布亚新几内亚。其头较大，背甲前窄后宽，表面粗糙，似鳞；腹甲黄色，各盾缝褐色，腹甲窄小。国内驯养繁殖极少。背甲长22厘米。

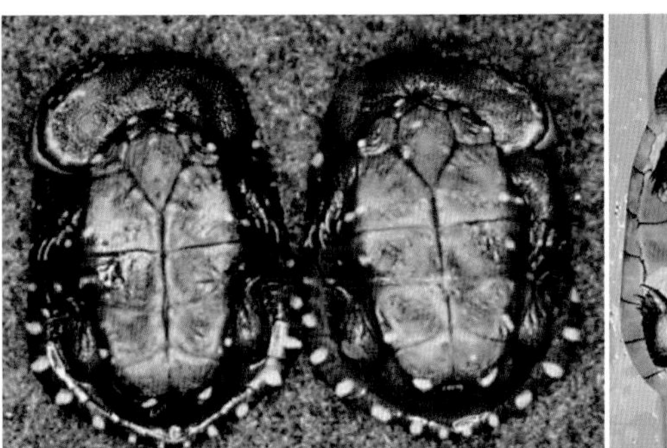

腹部（左幼龟右成龟） William P. McCord

幼龟 Hynek Prokop

成龟 William P. McCord

圆背长颈龟 *Chelodina steindachneri* Siebenrock, 1914

别名斯氏长颈龟。源自种名*steindachneri*的音译。分布于澳大利亚西部。其头部较窄小；背甲扁圆，最宽处位于中部，椎盾常有凹槽；腹甲前宽后窄。近似圆形背甲是其显著特征。颈部弯曲线条形成流畅感，视觉上具有流动性，令人赏心悦目。国内无驯养繁殖。背甲长21厘米。

头部　William P. McCord

幼龟　William P. McCord

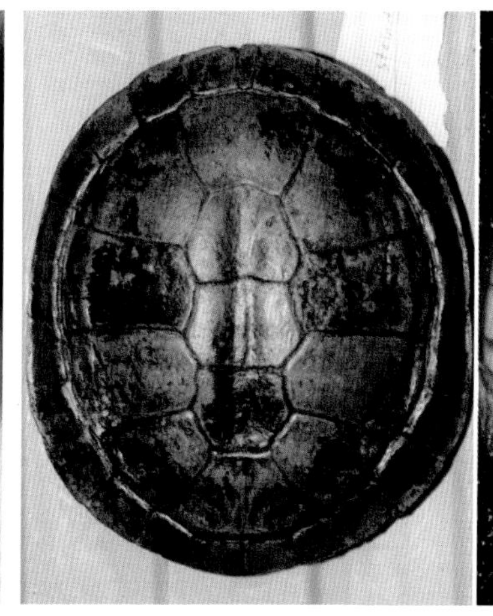

成龟　William P. McCord

澳巨长颈龟 *Chelodina expansa* Gray, 1857

别名宽甲长颈龟、巨型长颈龟。因其体型大、腹甲宽，故名。分布于澳大利亚。其头部宽大，颈部长，超过背甲长的65%；背甲椭圆形，后缘呈锯齿状，后缘向外扩展，可覆盖尾；腹甲前半部比后半部宽，甲桥窄。体型巨大，气场强劲。国内未见驯养繁殖。背甲长50厘米。

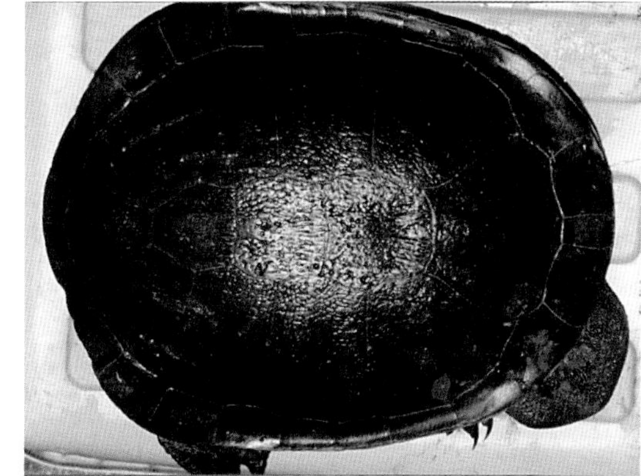

成龟　William P. McCord

蛇颈龟 *Chelodina rugosa* Ogilby, 1890

原名西氏蛇颈龟。拉丁名*Chelodina siebenrocki*与*Chelodina rugosa*是同物异名。因其头部扁，颈部似蛇，又名扁头蛇颈龟，别名皱面蛇颈龟。分布于澳大利亚、巴布亚新几内亚、印度尼西亚。其性格温驯，胆怯。体色虽单调，但深潜水中，伸长颈脖的

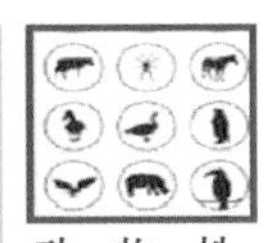

泳姿似仙女在水中轻歌曼舞，深受爱好者的青睐，是蛇颈龟类常见种。国内已大量驯养繁殖。背甲长36厘米。

成龟　周峰婷

成龟腹部（左雌右雄）　Hynek Prokop

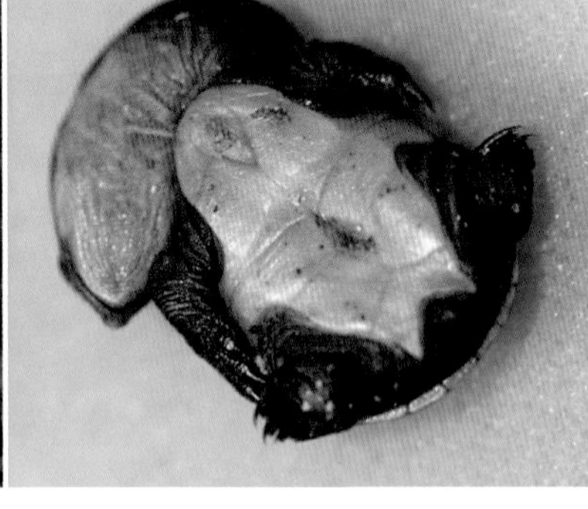

稚　龟

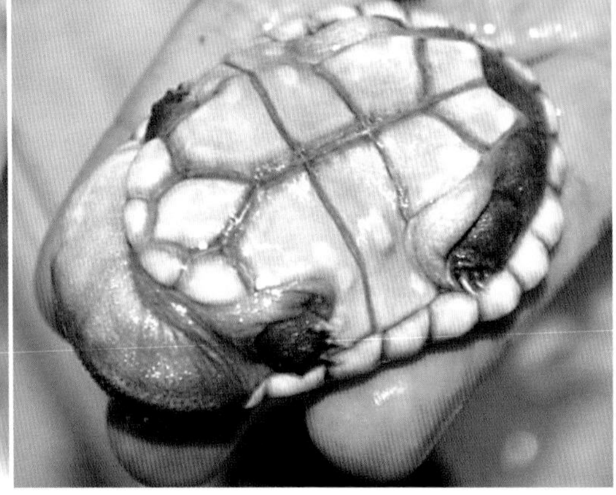

3月龄幼龟

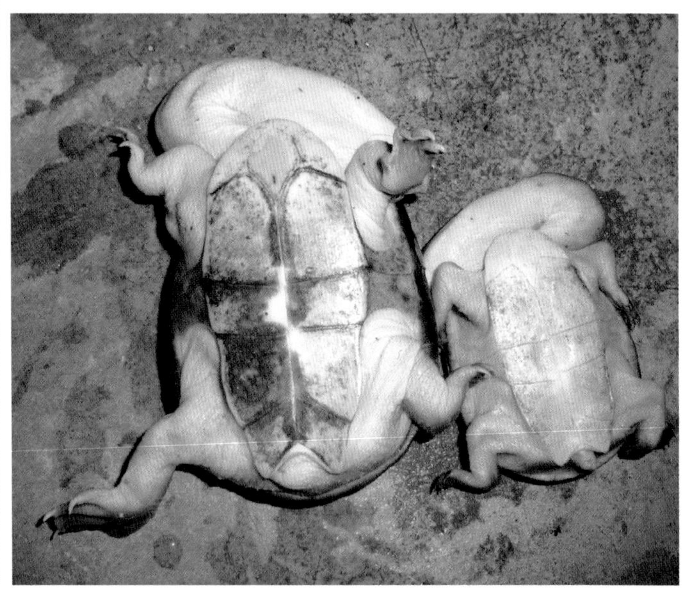

成龟腹部

纹面长颈龟 *Chelodina parkeri* Rhodin and Mittermeier, 1976

又名派氏长颈龟。源自种名*parkeri*的音译。龟头顶白色蠕虫状斑纹的特征，使其在蛇颈龟家族中辨识度极高。分布于印度尼西亚、巴布亚新几内亚。左右摇晃的长颈似水蛇游动，颜值高，深受年轻宠龟者的钟爱。国内已驯养繁殖。背甲长35厘米。

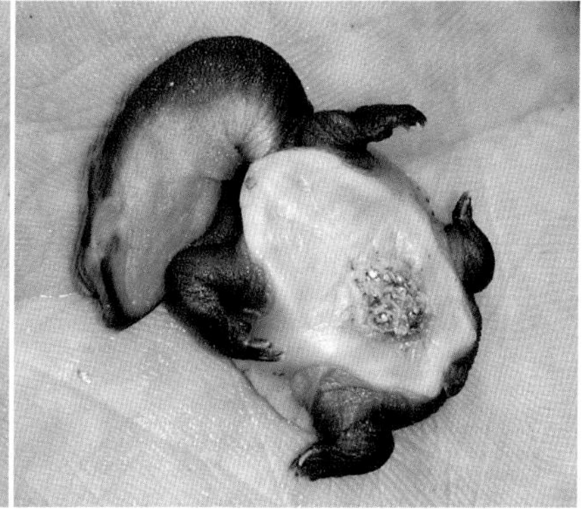

稚　龟

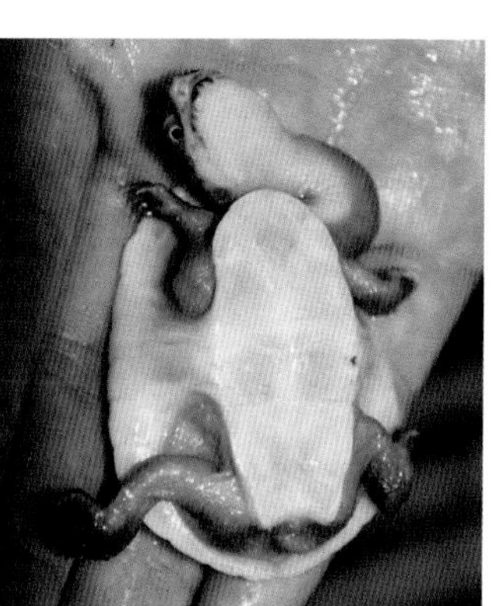

幼　龟

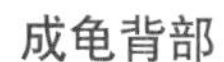

成龟背部

成龟腹部（左雄右雌）　Hynek Prokop

窄胸长颈龟 *Chelodina oblonga* Gray, 1841

因其腹部窄且长，故名。分布于澳大利亚。头小且窄，颈部长。背甲长椭圆形，甲壳修长是区别于其他蛇颈龟类的主要特征之一。自然柔和的流线型背甲，彰显独特魅力。国内未见驯养繁殖。背甲长31厘米。

成龟　Ron de Bruin

头部　Cris Hagen

腹部　Cris Hagen

癞颈龟属 *Elseya* Gray, 1867

本属有9种。分布于印度尼西亚、巴布亚新几内亚、澳大利亚。头部吻较长，头顶前部有硬角质板，眼后方有圆形硬鳞，延伸至鼓膜，颈部短，有棘状突起；腹甲间喉盾不分隔肱盾；前肢5爪，后肢4爪。

白腹癞颈龟 *Elseya branderhorstii*（Ouwens, 1914）

因其腹部呈白色，故名。又名布氏癞颈龟，源自种名*branderhorstii*的音译。分布于印度尼西亚、巴布亚新几内亚南部。其背甲接近圆形，棕褐色，后缘略呈锯齿状；腹甲淡黄色。幼龟体色呈棕红色，腹部白色。眼睛大而有神，颜值颇高，观赏性强。国内有少量驯养。背甲长48厘米。

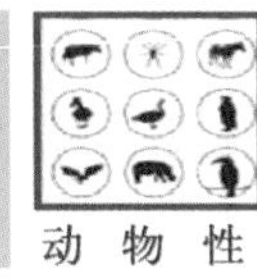

背部　Hynek Prokop

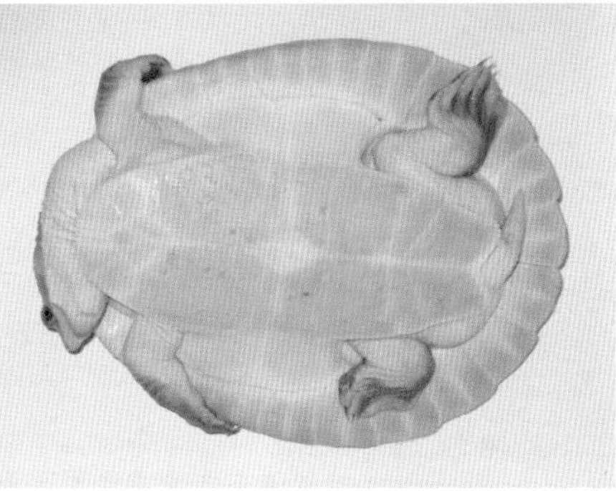

幼龟　Hynek Prokop

亚成体

齿缘癞颈龟 *Elseya dentata*（Gray, 1863）

水栖

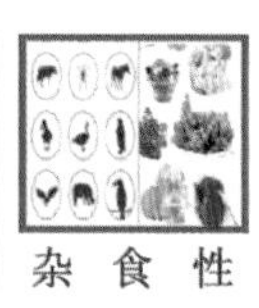

杂 食 性

背甲后缘呈锯齿状，故名。分布于澳大利亚北部和西部。头顶部、背甲为棕色，腹甲淡黄色。嗜水性强，幼龟具一定观赏性。国内有极少量饲养。背甲长33厘米。

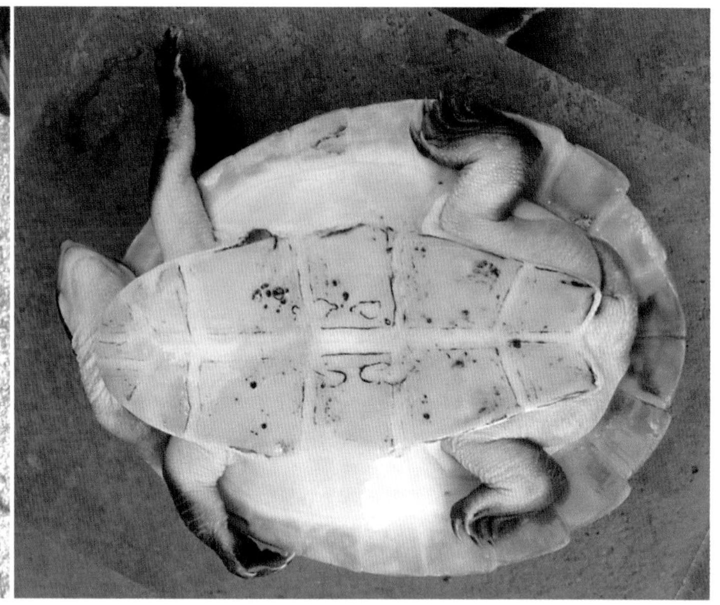

成 龟

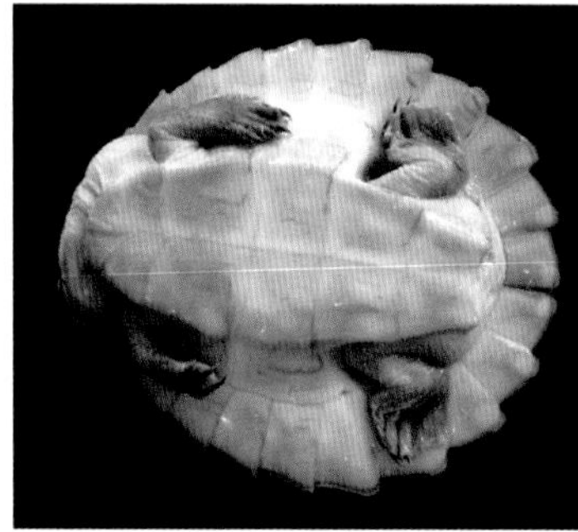

幼 龟

头部（左成龟，右幼龟）

印尼癞颈龟 *Elseya novaeguineae*（Meyer, 1874）

又名新儿内亚癞颈龟。分布窄，仅分布于印度尼西亚的巴布亚等地，是本属中体型最小的种类。背甲黑褐色或棕色，有颈盾，中央有脊棱，后缘略呈锯齿状；腹甲呈淡黄色，甲桥宽大。性情温和，幼龟背甲椎盾和肋盾具黑色斑点，似星星，适合观赏。背甲长22厘米。

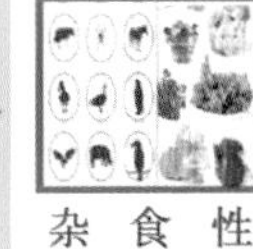

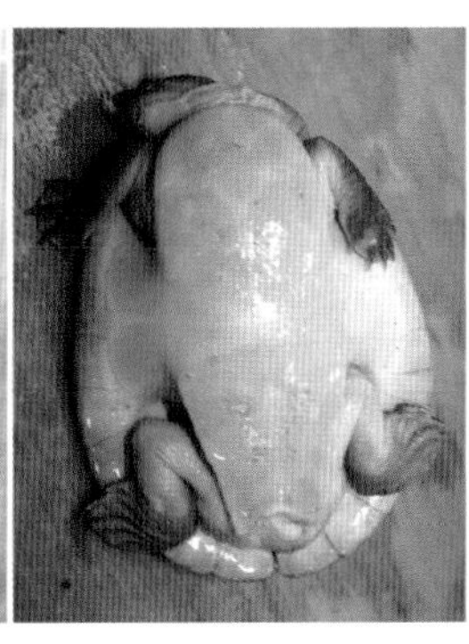

幼　龟

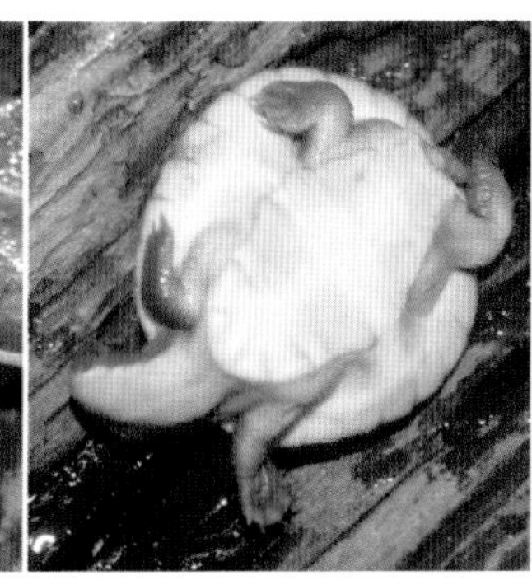

2月龄幼龟　Hynek Prokop

成龟　Hynek Prokop

桃红癞颈龟 *Elseya schultzei*（Vogt, 1911）

因其腹部淡红色，故名。又名粉红侧颈龟、舒氏癞颈龟。分布于印度尼西亚、巴布亚新几内亚。其背甲肋盾和椎盾具黑色斑点，头颈、背甲、四肢、尾的腹面和腹甲均呈粉红色。性情温和，体色特别，红红火火的腹部使其观赏性极强。国内少量驯养繁殖。背甲长23厘米。

水栖
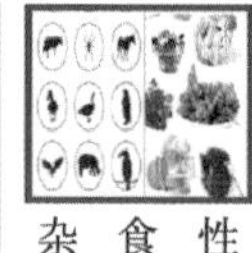
杂 食 性

亚成体　Hynek Prokop

幼 龟

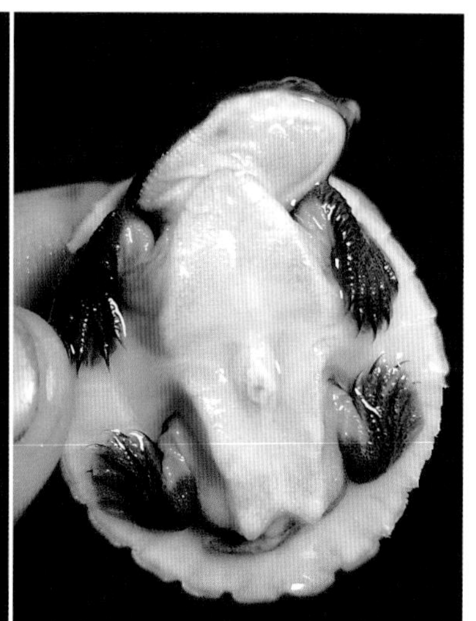

稚龟　伊星

隐龟属 *Elusor* Cann and Legler, 1994

本属仅有1种，即澳洲隐龟（*Elusor macrurus*）。其头顶具硬鳞，下颌触角长，颈部短，颈部有硬棘突起；背甲扁平，第二至第四枚椎盾略凹陷，后缘略呈锯齿状；腹甲长窄。

澳洲隐龟 *Elusor macrurus* Cann and Legler, 1994

因其喜隐藏于水底的泥沙、水藻中，又名隐龟。仅分布于澳大利亚昆士兰。背甲深褐色，无斑纹；腹甲淡黄色，有深褐色斑纹。雄龟尾粗长，几乎与头颈一样粗长。体型大，善游泳，性情略凶，幼龟适合观赏，成龟适合水族馆展示。背龟长44厘米。

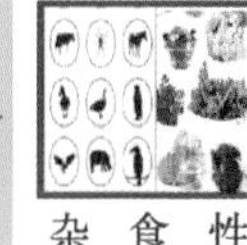

成龟（左雄右雌）　Hynek Prokop

成龟（左雌右雄）　Hynek Prokop

澳龟属 *Emydura* Bonaparte, 1836

本属有4种。特征为颈短，间喉盾隔开喉盾，但不隔开肱盾和胸盾。除圆澳龟在印度尼西亚、澳大利亚、巴布亚新几内亚有分布外，其他3种仅分布于澳大利亚和巴布亚新几内亚。

麦考里澳龟 *Emydura macquarii*（Gray, 1830）

种名*macquarii*源自澳大利亚墨累河（Murray River）的支流麦考里河（Macquarie River），故名。分布于澳大利亚，有4个亚种，分布于不同的河流。雌龟体型大于雄龟。体色简单，在灰色、褐色和淡黄色之间变化；头部两侧嘴后部有1条淡黄色条纹。善游泳，尤善潜水。国内未见驯养繁殖。背甲长36厘米。

水栖
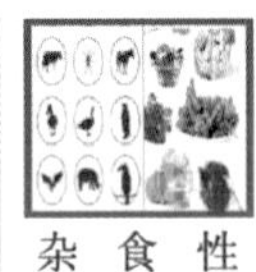
杂 食 性

成龟　Hynek Prokop

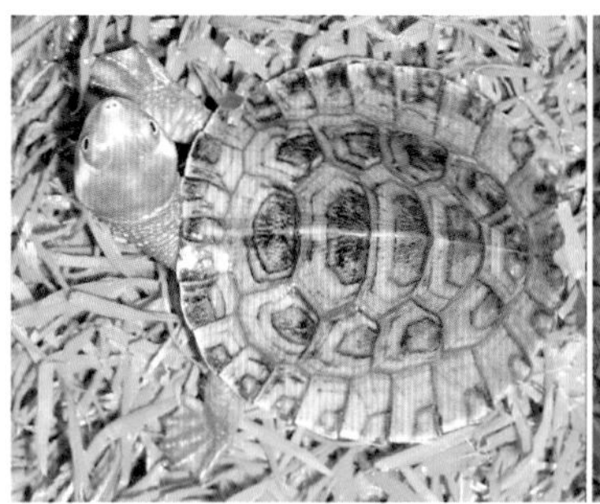

幼龟　Hynek Prokop

稚龟　Hynek Prokop

圆澳龟 *Emydura subglobosa*（Krefft, 1876）

因其四肢腹部和腹甲呈红色或淡粉红色，颈部较短，又名红肚短颈龟、红肚侧颈龟。本种有2个亚种。分布于澳大利亚、印度尼西亚（巴布亚省）、巴布亚新几内亚。性情温驯，眼大，灵动有神。体色艳丽，幼龟体色比成龟艳丽，游动时泳姿秀美，似一团火，翩翩起舞，观赏性强。国内已大量驯养繁殖。背甲长26厘米。

稚　龟

亚成体（左雄右雌）

3月龄幼龟

成　龟

东澳癞颈龟属 *Myuchelys* Thomson and Georges, 2009

本属有4种，均分布于澳大利亚东部。因颈部短，颈部有棘状突起，故名东澳癞颈龟属。本属成员头顶前部具大块硬鳞，并向后方延伸。

宽胸癞颈龟 *Myuchelys latisternum*（Gray, 1867）

因其腹甲前半部较宽，故名。因背甲后缘呈锯齿状，又名锯齿癞颈龟、锯齿盔甲龟等。分布于澳大利亚东部。龟头部较大，顶部略凹，下颌具2对触角；背甲棕黑色，宽大，后缘略呈锯齿状（幼龟更明显）；腹甲前半部比后半部宽。幼龟背甲缘盾间连接缝具黑色斑块，似放射光芒。国内极少量驯养繁殖。背甲长29厘米。

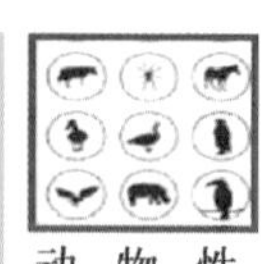

稚龟　Hynek Prokop

2月龄幼龟　Hynek Prokop

成龟（左雄右雌）　Hynek Prokop

侧颈龟科 PELOMEDUSIDAE Cope, 1868

侧颈龟科成员颈部较短，颈部移动时仅向左或向右平行移动，不能向前或向后垂直缩入甲壳内。颈部仅完全隐藏于背甲前部与腹甲前部之间；腹甲盾片13枚，有1枚间喉盾。侧颈龟科有3属29种，种类丰富。

侧颈龟属 *Pelomedusa* Wagler, 1830

侧颈龟属又名沼泽侧颈龟属。因龟生活于沼泽中，故名。本属有11种。本属成员腹甲的上胸盾和腹盾间无韧带，后肢5爪。

撒哈拉侧颈龟 *Pelomedusa olivacea*（Schweigger, 1812）

本种分布广泛，分布范围东从埃塞俄比亚和苏丹，西至尼日利亚和喀麦隆。其腹甲的胸盾在中线不相遇，位于肱盾和腹盾之间。性情温驯，无攻击性。国内少量驯养繁殖。背甲长16厘米。

稚龟　周峰婷

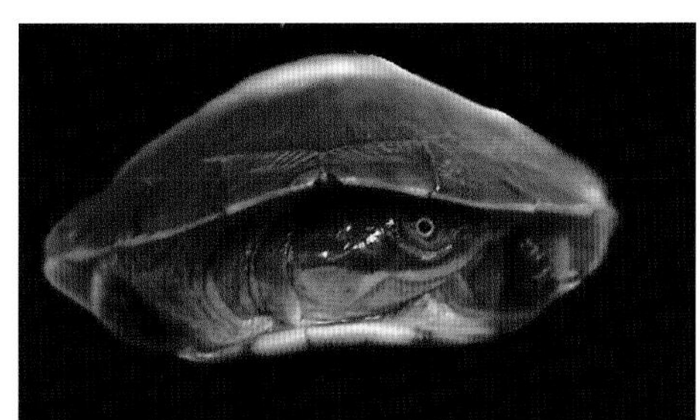

幼　龟

成龟　周峰婷

钢盔侧颈龟*Pelomedusa subrufa*（Bonnaterre, 1789）

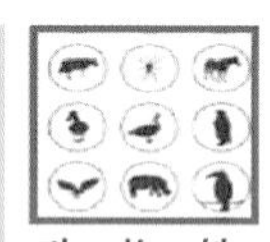

又名沼泽侧颈龟。原有3个亚种，其中，*Pelomedusa subrufa olivacea*提升为种。分布范围从苏丹到加纳，向南到西开普省，以及马达加斯加。其腹甲的胸盾在中线相遇。性情温和，体小，适合观赏。国内已驯养繁殖。背甲长19厘米。

成龟（左雌右雄）　Hynek Prokop

雄龟头部　Hynek Prokop

幼龟　周峰婷

非洲侧颈龟属 *Pelusios* Wagler, 1830

本属有17种。因喜生活于水底泥沙中，又名非洲泥龟类。分布于非洲。非洲侧颈龟属分为两大类群，一类是腹甲前叶长度为腹盾缝的2倍；另一类是腹甲前叶长度为腹盾缝的1.5倍。背甲与腹甲间、胸盾与腹盾间均以韧带相连，后肢5爪。体型大小不一，最大背甲长达46.5厘米左右，最小体型仅12厘米左右。生活于底部泥沙、植被丰富的沼泽、河流、湖泊等水域。多数种类以动物性食物为主，少数种类以杂食性和植物性食物为主。

欧卡芬侧颈龟 *Pelusios bechuanicus* FitzSimons, 1932

又名殴卡芬哥侧颈龟。源自其英文名中的“Okavango”。Okavango位于非洲博茨瓦纳西北部，亦称“奥卡万戈沼泽”，是非洲南部现存最大的野生动物保护区。分布于安哥拉、博茨瓦纳、赞比亚和津巴布韦。其头部黄色斑纹；成龟腹甲呈葫芦形，通常呈黑色，各盾缝呈淡黄色。国内已有少量驯养繁殖。背甲长33厘米。

水栖

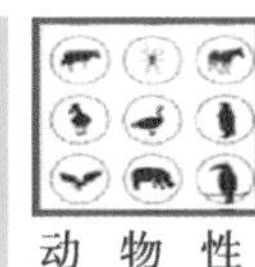

动物性

稚龟　世家喉　　幼龟　伊星

成龟　Hynek Prokop

肯尼亚侧颈龟*Pelusios broadleyi* Bour, 1986

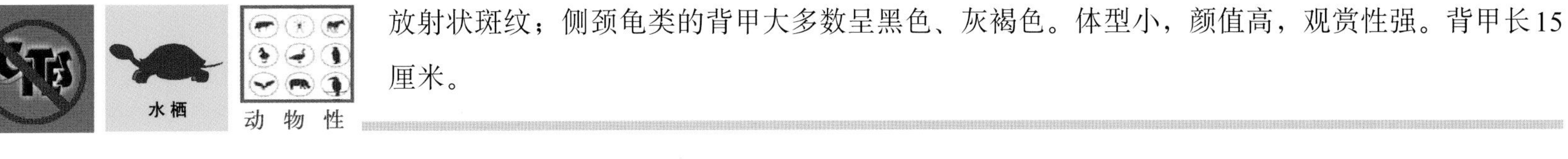

其模式标本分布于肯尼亚，故名。分布于埃塞俄比亚、肯尼亚。龟头顶棕色，布满黑色蠕虫状斑纹。背甲棕色，布满黑色放射状斑纹；侧颈龟类的背甲大多数呈黑色、灰褐色。体型小，颜值高，观赏性强。背甲长15厘米。

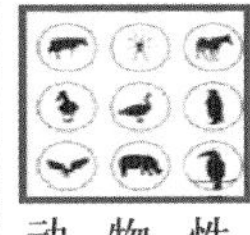

30天的幼龟　　Hynek Prokop

头部（左幼龟，右成龟）　　Hynek Prokop

幼龟　　Hynek Prokop

成龟（左雄右雌）　　Hynek Prokop

棱背侧颈龟 *Pelusios carinatus* Laurent, 1956

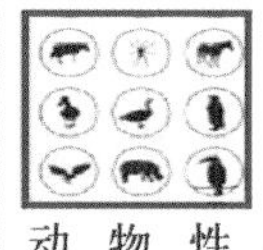
动 物 性

因其背甲中央有脊棱，故名。分布于刚果共和国、刚果民主共和国、加蓬。其体型中等，头顶部有褐色蠕虫纹；背甲中央隆起，后缘盾向外扩大，呈锯齿状；腹甲黄色，前叶宽、后叶窄。颜值高，具一定观赏性。国内极少量饲养。背甲长23厘米。

背部（左雌右雄） Hynek Prokop

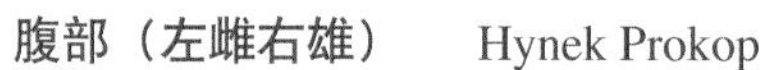

腹部（左雌右雄） Hynek Prokop

头部 Hynek Prokop

西非侧颈龟 *Pelusios castaneus*（Schweigger, 1812）

分布广泛，安哥拉、加蓬等20多个非洲国家均有分布。其头顶部有黑色蠕虫纹；背甲黑色或棕黑色；腹甲黑色或中央有黄色斑块。体型大，头部黑色碎斑点似虎纹，观赏性强。国内已驯养繁殖。背甲长28厘米。

成龟（左雄右雌）

稚 龟

头 部

亚成体

黄腹侧颈龟 *Pelusios castanoides* Hewitt, 1931

因腹甲以黄色居多，故名。本种有2个亚种，即黄腹侧颈龟指名亚种（*Pelusios castanoides castanoides*），分布于肯尼亚、马拉维、南非和坦桑尼亚等；黄腹侧颈龟塞舌尔亚种（*Pelusios castanoides intergularis*），分布于塞舌尔。头宽大，头顶有蠕虫状斑纹；颈部、四肢、腋窝、胯窝均呈淡黄色。体型中等，黄色腹甲是其特色，易区别于其他非洲侧颈龟。国内极少量饲养繁殖。背甲长23厘米。

黄腹侧颈龟指名亚种　Hynek Prokop　　黄腹侧颈龟塞舌尔亚种　Hynek Prokop

科特迪瓦侧颈龟 *Pelusios cupulatta* Bour and Maran, 2003

为2003年命名的新种。分布于科特迪瓦、贝宁、多哥等非洲国家。其头顶部有细小黑斑点；背甲中央有黑色纵条纹；腹甲黑色，中央有黄色斑块。体型大，背甲中央黑色条纹独特。国内无驯养繁殖。背甲长31厘米。

动物性

成龟　Hynek Prokop

腹部　Hynek Prokop

头部　Hynek Prokop

非洲侧颈龟 *Pelusios gabonensis*（Duméril, 1856）

因分布于西非，又名西非侧颈龟。头顶褐色或棕色，眼大；背甲中央有脊棱；腹甲韧带不呈一条直线，有黑色斑块。眼睛炯炯有神，腹部韧带倾斜是其主要的识别特征。国内未见驯养。背甲长32厘米。

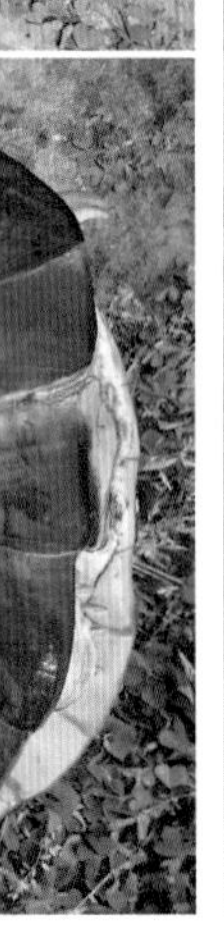
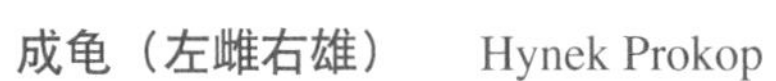

成龟（左雌右雄） Hynek Prokop

雄性成龟 Hynek Prokop

加蓬侧颈龟 *Pelusios marani* Bour, 2000

为2000年命名的新种。仅分布于刚果共和国和加蓬。龟头顶黑色或黑棕色，无蠕虫状斑纹，上下颌和鼓膜黄色，晕染褐色；

背甲黑色，略隆起；腹甲黄色，有深黄色斑纹。头部褐色与黄色晕染，古典韵味浓厚。国内未见驯养。背甲长27厘米。

雄龟头部　Hynek Prokop

腹部（左雌右雄）　Hynek Prokop

雄性成龟　Hynek Prokop

侏儒侧颈龟 *Pelusios nanus* Laurent, 1956

水栖

动物性

本种体型小，背甲长仅10多厘米，是侧颈龟家族中体型最小的龟。仅分布于刚果共和国、赞比亚和安哥拉。龟头顶部有蠕虫纹；背甲扁平，长椭圆形；腹甲黄色，边缘或盾片接缝黑色。性情活跃，小巧灵动，互动性强。背甲长12厘米。

雌性成龟　Hynek Prokop

雄性成龟　Hynek Prokop

黑侧颈龟 *Pelusios niger*（**Duméril and Bibron, 1835**）

分布于西非的贝宁、喀麦隆、加蓬、多哥、赤道、几内亚。龟头顶棕色，有黑色蠕虫状斑纹；背甲黑色，宽大；腹甲中央黄色，周边黑色，前叶宽短，几乎和腹盾缝相等或略长一些；无腋盾和胯盾。头和背甲通体黑色，四肢、腹部乳白色或淡黄色。极简的黑白搭配，经典优雅，吸睛力强。国内驯养较少。背甲长35厘米。

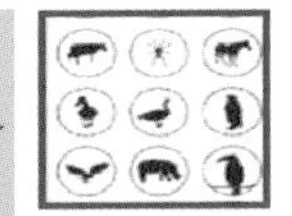

雄性成龟　Hynek Prokop

罗德侧颈龟 *Pelusios rhodesianus* **Hewitt, 1927**

种名*rhodesianus*源自津巴布韦的旧称Rhodesia，是其模式标本产地，译为罗德西亚。广泛分布于津巴布韦、安哥拉、赞比亚等10多个非洲国家。其头顶部有黑色蠕虫纹，上颌有2枚尖齿；背甲黑色或黑褐色；腹甲黑色，中央盾缝淡黄色。背甲长25厘米。

雌性成龟　Hynek Prokop

成龟（左雄右雌）　Hynek Prokop

锯齿侧颈龟 *Pelusios sinuatus*（Smith, 1838）

因背甲后缘呈锯齿状，故名。广泛分布于刚果共和国、赤道几内亚、马拉维等非洲国家，是非洲侧颈龟类中体型最大的种类。除腹甲中央淡黄色外，其他部位黑色。国内有少量驯养。背甲长36厘米。

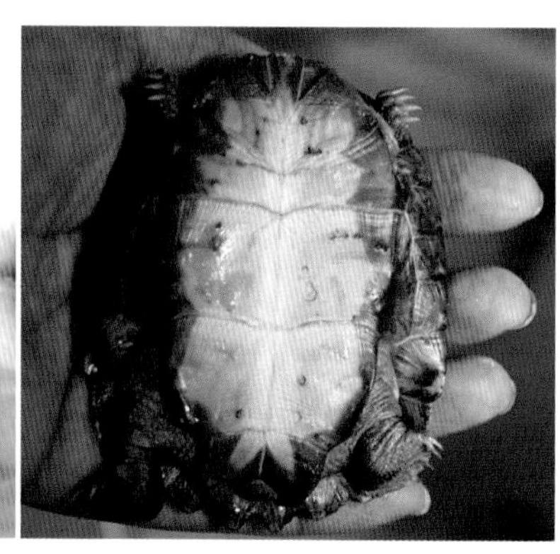

幼龟　周峰婷

成龟 Hynek Prokop

东非侧颈龟 *Pelusios subniger*（**Bonnaterre, 1789**）

分布于博茨瓦纳、刚果共和国、马达加斯加、塞舌尔、赞比亚、坦桑尼亚、津巴布韦等国家。其背甲黑色，扁圆；腹甲淡黄色，前半部比后半部宽，各盾缝上具黑色斑块。中等体型，头部黑色或褐色，与背甲、四肢融为一体，似黑珍珠。国内极少驯养。背甲长20厘米。

雄性成龟 Hynek Prokop

成龟（左雌右雄） Hynek Prokop

乌彭巴侧颈龟 *Pelusios upembae* Broadley, 1981

模式标本产地是乌彭巴国家公园（Upemba National Park）内，又译为卢彭巴国家公园。仅分布于刚果共和国。龟头顶棕色，有黑色蠕虫纹，吻部圆钝；背甲和腹甲均黑色，腹甲中央有少量黄色斑块。幼龟体色特别，背甲散布碎斑纹，与众不同。国内极少驯养。背甲长23厘米。

动 物 性

成龟（左雌右雄） Hynek Prokop

幼龟 世家猴

雌性亚成体 Hynek Prokop

威廉侧颈龟 *Pelusios williamsi* Laurent, 1965

“威廉”源自种名*Willamsi*的音译。分布于刚果共和国、肯尼亚、乌干达等非洲国家。本种有3个亚种。龟头顶部具黑色蠕虫状斑纹，上颌具2枚尖齿；背甲黑色；腹甲淡黄色。上颌尖齿增加了其凶猛威武颜值，具有一定观赏性。国内极少量驯养。背甲长22厘米。

雄性成龟 Hynek Prokop

腹部（左雄右雌） Hynek Prokop

头部（左雄右雌） Hynek Prokop

南美侧颈龟科 PODOCNEMIDIDAE Cope, 1869

南美侧颈龟科包括3个属，即壮龟属（*Erymnochelys*）、盾龟属（*Peltocephalus*）和南美侧颈龟属（*Podocnemis*）。均分布于南美洲。间喉盾隔开或未完全隔开喉盾，腹甲无韧带，后肢4爪。

壮龟属 *Erymnochelys* Baur, 1888

本属仅有1种，即马达加斯加壮龟（*Erymnochelys madagascariensi*）。龟头顶具一心形大鳞，上喙有钩，吻部上翘；背甲平，无颈盾，椎盾无脊棱；腹甲的间喉盾短，未完全隔开喉盾。

马达加斯加壮龟 *Erymnochelys madagascariensi*（Grandidier, 1867）

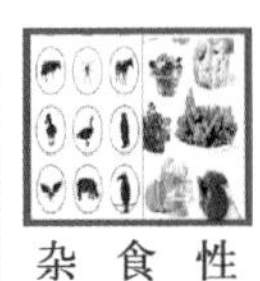

因其头部宽大，又名马达加斯加大头侧颈龟、马岛巨龟。仅分布于马达加斯加岛。幼龟背甲具放射状斑纹。国内有少量驯养。背甲长45厘米。

幼龟腹部

约80克幼龟　世家喉

成龟头部　Ron de Bruin

亚成体　Hynek Prokop　　亚成体头部　Hynek Prokop

盾龟属 *Peltocephalus* Duméril and Bibron, 1835

本属仅有1种，即大头盾龟（*Peltocephalus dumeriliana*）。上喙钩状，眼眶间无凹槽，间喉盾长，完全隔开喉盾。

大头盾龟 *Peltocephalus dumeriliana*（Schweigger, 1812）

因分布于亚马孙河流域，头部宽大，又名亚马孙大头侧颈龟。分布于委内瑞拉、巴西、哥伦比亚等亚马孙河流域。龟上喙钩状，下颌仅有1枚触角；背甲呈长椭圆形，有颈盾，中央有脊棱；腹甲大，间喉盾完全隔开喉盾。国内未见驯养。背甲长50厘米。

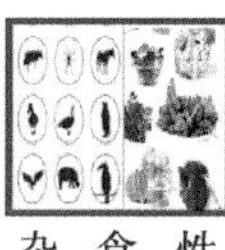

幼龟头部　程凯

稚龟　世家喉

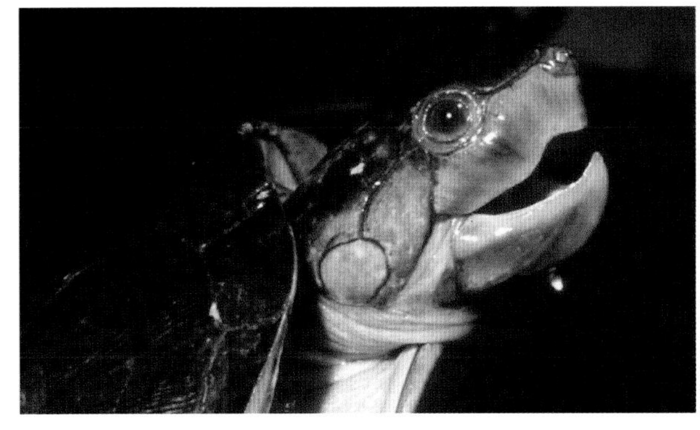

头部 Ron de Bruin

幼龟 程凯

幼龟 孙晓峰

南美侧颈龟属 *Podocnemis* Wagler, 1830

本属有6种。仅分布于南美洲北部区域，是南美洲特有种。除黄头南美侧颈龟外，其他龟头顶眼眶间均有凹槽，上喙无钩，间喉盾较长，隔开喉盾，后肢4爪。该属成员是大型水栖龟类，嗜水性强，喜晒太阳，属杂食性。

晒太阳的黄头南美侧颈龟

红头南美侧颈龟 *Podocnemis erythrocephala*（Spix, 1824）

别名亚马孙红头侧颈龟。因头部具红色斑纹，故名。分布于委内瑞拉、哥伦比亚、巴西。上喙呈“人”字形，下颌有2个触角，头顶部橘红色，头顶眼眶间有凹槽；背甲隆起。头部红斑纹点缀褐色头部，似夜空中闪亮的星星，观赏性强。背甲长32厘米。

头顶凹槽　世家喉

成　龟

幼龟　世家喉

巨型南美侧颈龟 *Podocnemis expansa*（Schweigger, 1812）

分布于玻利维亚、哥伦比亚、委内瑞拉、秘鲁等南美洲国家。属于南美侧颈龟类中体型最大的一种。其头顶眼眶之间有凹槽，上喙平直，无缺口，头顶部有黄色斑点，随着年龄的增长，斑点逐渐变黑褐色；背甲最宽位于背甲中部，胸盾缝比肛盾缝长。背甲长109厘米。

附录Ⅱ

水栖

植物性

成龟头部　古河祥

头部　李志雄

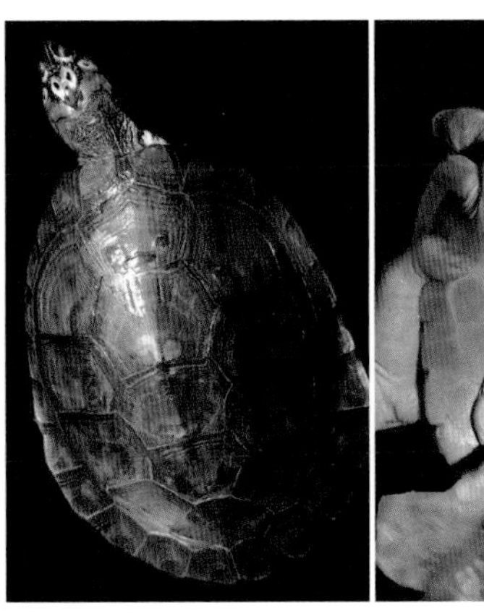

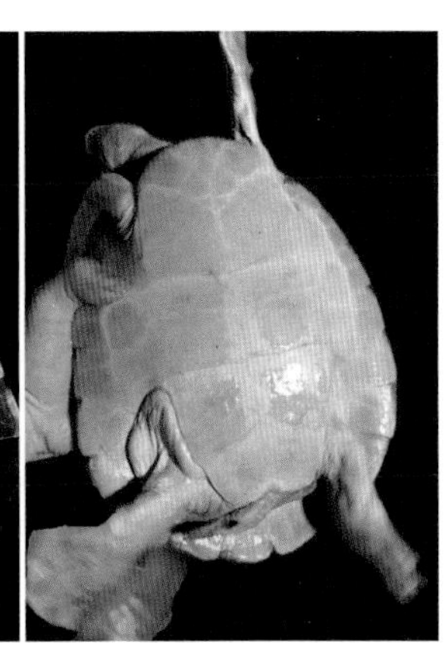

幼龟　李志雄

成龟　古河祥

六疣南美侧颈龟 *Podocnemis sextuberculata* Cornalia, 1849

因其腹甲胸盾、腹盾、股盾外侧各具1对突起（亚成体和幼龟明显），似瘤或疣，故名。南美侧颈龟类中体型最小的种类。分布于哥伦比亚、秘鲁、玻利维亚等南美洲国家。龟头顶无红色或黄色斑点；背甲略隆起，体色以黑色和灰褐色为主，色彩简单

附录Ⅱ

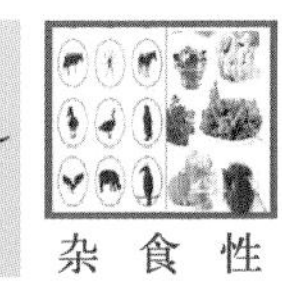
水栖

杂食性

古朴；腹部6个瘤状突起，使其辨识度很高。国内极少驯养。背甲长25厘米。

头部　程凯

幼龟　程凯

黄头南美侧颈龟 *Podocnemis unifilis* Troschel, 1848

别名黄头侧颈龟，因头顶有黄色斑纹，故名。中国台湾称之为忍者龟。分布于玻利维亚、厄瓜多尔、秘鲁、圭亚那等南美洲国家。龟头顶和头侧部黄色斑块随着年龄增长变淡。性情温和，受惊吓时伸头攻击。幼龟体色鲜艳明亮，观赏性强。国内已驯养繁殖。背甲长50厘米。

附录Ⅱ

水栖

植物性

成　龟

亚成体

1月龄幼龟　孙晓峰

幼龟头部　孙晓峰

草原南美侧颈龟 *Podocnemis vogli* Müller, 1935

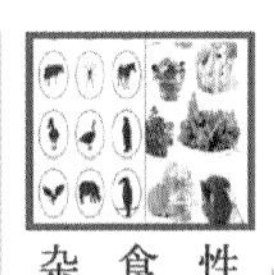

杂 食 性

其英文名中Savanna的意思为热带草原，故名。分布于哥伦比亚、委内瑞拉。其头顶有凹槽，上喙中央呈Λ形，吻短，上翘；背甲扁平，后缘不呈锯齿状；腹部细长，股盾缝比胸盾缝长。国内驯养较少。背甲长36厘米。

成　龟

腹　部

头　部

第三章 龟类变异和杂交

周云闭壳杂龟　周峰婷

一、龟类变异

动物历经世代遗传和变异，生存至今。龟类变异表现为体色、盾片、畸形等异常。体色变异类变化最多，通常以红耳彩龟（又称巴西龟）体色变异最多。有些变异类具有遗传性，已被繁殖者培育出体色更艳丽、特色更显著、观赏价值更高的精品。

各种各样的变异巴西龟　深圳龟谷

孔雀神皇巴西龟　神甲会

（一）体色变异

龟体色变异的颜色以白色、黄色、黑色居多。其中，体色变异的同时，龟的眼睛虹膜呈红色，称为白化现象。如体色以黄色、黑色变异，但眼睛虹膜不呈红色，属于非白化现象。白化龟、黄化龟、黑化龟是龟体内的基因变异，改变了色素合成基因，导致体内缺乏黑色素或黑色素过多，引起龟的眼角膜、虹膜和巩膜等颜色、体色变异。因龟的眼角膜、巩膜、虹膜颜色不同，可自成一系。大量的实践案例说明，体色、眼睛颜色的变异，部分后代的基因稳定，具有遗传性。红耳彩龟是变异类型最多的种类，且变异龟的子二代、子三代均已繁殖成功。

变异龟的冠名，通常由首位培育者命名。推向市场后，大家约定俗成，广为流传。体色变异中，红耳彩龟的体色变异类型最多，其他种类以白化、黄化变异为主。

变异龟与众不同，观赏价值高；特别是研发培育出新品系之后，柳暗花明又一村的喜悦，以及一不小心成为首位冠名者的成就感，吸引了国内外的众多变异龟粉，自成一支变异龟的朋友圈，活跃于观赏龟界。

白化巴西龟批量繁殖　深圳龟谷

红耳彩龟体色变异

白 化 巴 西 龟

白化巴西龟由红耳彩龟体色变异而来，简称白巴。龟通体白色或淡黄色，背甲以黄色条纹为主，一些个体或多或少具红色条纹；瞳孔红色，外围乳白色，角膜淡黄色；头侧后部有1对红色条纹（俗称红耳）；四肢有淡黄色条纹。白化巴西龟由美国引入，目前国内已批量繁殖。

白化巴西龟正在产卵　深圳龟谷

白化巴西龟稚龟　深圳龟谷

黑 化 巴 西 龟

黑化巴西龟由红耳彩龟体色变异而来，又名黑珍珠巴西龟，简称黑巴。龟通体黑色，眼睛的虹膜黑色，两侧红色粗条纹（俗称红耳）演变为绿色或者白色斑块（仅个别个体尚存或者完全消失）。四肢及头部纹路均虚化；腹甲花纹虚化为水墨状纹；背甲多数为黑色或深绿色，散布黑色斑点或斑纹。黑化巴西龟基因稳定，其互配后代均为黑化巴西龟，无任何原色。黑化巴西龟是红耳彩龟的一代突变个体定向培育来的。国内于2013年首次繁殖成功。目前，其子二代在国内已繁殖稳定，且繁殖量较大，少量从美国进口。

黑化巴西龟正在产卵　　深圳龟谷

黑化巴西龟稚龟　　深圳龟谷

悖 论 巴 西 龟

悖论巴西龟由红耳彩龟体色变异而来。“悖论”源自paradox的音译，是“似非而是”的意思。龟呈乳白色或淡黄色，分柠檬悖论巴西龟、黄化悖论巴西龟；又因斑纹多样，分点状纹、闪电纹、无纹。悖论巴西龟为显性基因。悖论巴西龟与红耳彩龟交配，其后代均有悖论巴西龟和红耳彩龟。悖论巴西龟由美国佛罗里达州一个龟养殖场首次培育并命名。国内早期由美国引进，零星繁殖。至2017年，国内已可小批量繁殖；2020年开始，可批量繁殖供应市场。悖论巴西龟在现有变异观赏龟品种的升级上，起到了关键的作用。

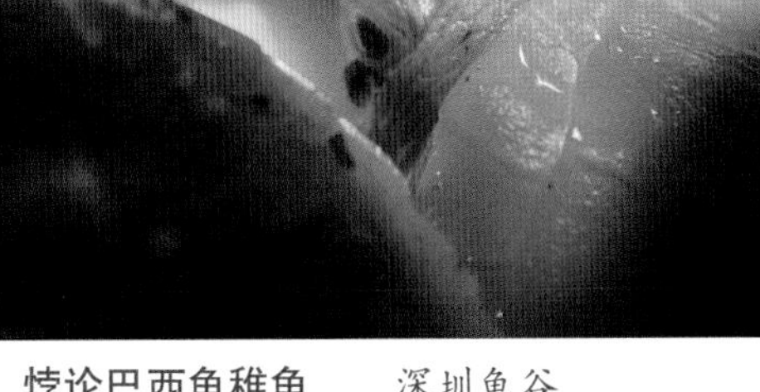

悖论巴西龟稚龟 深圳龟谷

悖论巴西龟成龟 深圳龟谷

翡翠巴西龟

翡翠巴西龟源自红耳彩龟后代基因突变。因背甲和体色以淡绿色为主，故名。翡翠巴西龟头部两侧粗条纹为淡黄色或白色，部分保留红色。翡翠巴西龟与红耳彩龟交配，后代为翡翠巴西龟和红耳彩龟。

翡翠巴西龟成龟 深圳龟谷

翡翠巴西龟幼龟 深圳龟谷

琉璃巴西龟

琉璃巴西龟　深圳龟谷

琉璃巴西龟的背甲和肤色黄中带橙色，似琉璃色彩，故名。琉璃巴西龟是悖论巴西龟和翡翠巴西龟的后代，是双显性基因个体。瞳孔红色，外围淡黄色，虹膜黑褐色夹淡黄色，形成内红外黑，俗称魔眼；甲壳和体色黄化，背甲和皮肤不同程度地带有悖论巴西龟的黑斑纹。琉璃巴西龟由深圳市龟谷有限公司于2020年首次研发培育成功，全球首创，现已批量繁殖。

夜明珠巴西龟

夜明珠巴西龟　深圳龟谷

夜明珠巴西龟由黑化巴西龟升级而来。通体白化特征，似黑夜中闪亮的星光，故名夜明珠。夜明珠巴西龟眼睛为魔眼，皮肤粉色，无纹，背甲白色并带有悖论巴西龟的黑斑。夜明珠巴西龟是悖论巴西龟与黑化巴西龟的后代，是双基因结合体。这个阶段的产品，后代中一窝将出现黑化巴西龟、悖论巴西龟、夜明珠巴西龟和红耳彩龟。夜明珠巴西龟由深圳欧阳于2020年培育繁殖成功，是世界首次。

琥珀巴西龟

琥珀之名源于龟剔透的肤色，温润脂黄的背甲，散布不规则的黑斑。龟眼系魔眼，皮肤淡黄色，头部和四肢无斑纹，背甲黄色带黑斑纹。琥珀巴西龟是黑化巴西龟和蜜蜂巴西龟的后代，是双隐性基因个体；基因稳定，琥珀巴西龟的后代均为琥珀巴西龟。琥珀巴西龟与黑化巴西龟交配，后代为黑化巴西龟，且携带琥珀巴西龟基因。琥珀巴西龟也可与蜜蜂巴西龟匹配，后代为携带琥珀基因的蜜蜂巴西龟。琥珀巴西龟是深圳市龟谷有限公司于2019年研发培育成功，是世界首创。

琥珀巴西龟稚龟 深圳龟谷

琥珀巴西龟幼龟 深圳龟谷

琥珀巴西龟亚成体 深圳龟谷

幽灵巴西龟

龟的眼睛瞳孔黑色，无眼线，角膜黑白绿混杂时隐时现；幼龟通体黄绿黑晕染，似幽灵般，故名。幽灵巴西龟是红耳彩龟基因突变的个体。深圳市龟谷有限公司于2021年孵化出人工子二代，全球首创。幽灵巴西龟基因稳定，可批量繁殖。

幽灵巴西龟成龟　深圳龟谷

幽灵巴西龟稚龟　深圳龟谷

蜜 蜂 巴 西 龟

蜜蜂巴西龟是黄化巴西龟的一种。龟肤色为黄色，有橙黄色条纹；背甲黄色带黑色条形斑纹，故名蜜蜂巴西龟。眼睛多样，有的与红耳彩龟眼睛一样，有的为红眼。蜜蜂巴西龟血统多样。深圳市龟谷有限公司于2016年培育的蜜蜂巴西龟，可以兼容日本和美国的蜜蜂巴西龟血统。

蜜蜂巴西龟亚成体　深圳龟谷

蜜蜂巴西龟幼龟　深圳龟谷

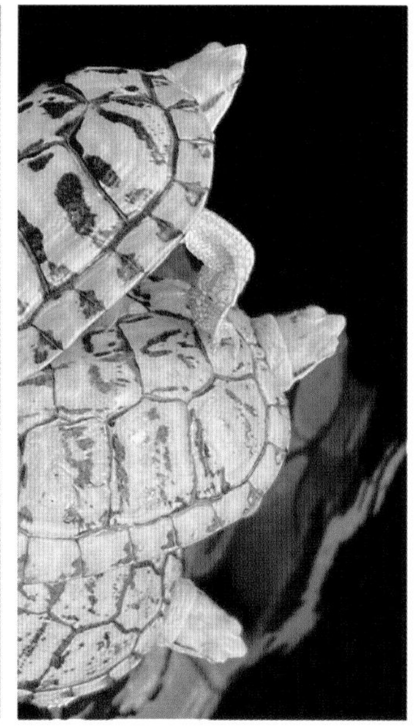

蜜蜂巴西龟成龟　深圳龟谷

焦糖巴西龟

焦糖源自龟的背甲颜色似焦糖色。焦糖巴西龟肤色红粉，无纹，魔眼，背甲为焦糖色，有黑色斑纹；四肢皮肤红粉有黑斑纹，部分个体无任何黑斑纹。焦糖巴西龟是美国最早发现新的变异龟，由红耳彩龟变异而来。焦糖巴西龟基因稳定，部分个体携带粉雪巴西龟基因，后代可繁殖出一定概率的粉雪巴西龟。国内早期引进，现已批量繁殖。

焦糖巴西龟稚龟　深圳龟谷

金粉巴西龟

金粉巴西龟肤色红粉，无条纹；背甲黄色或白色无纹路，故名。龟眼瞳孔红色，无眼线，部分个体瞳孔和虹膜均为红色。红耳彩龟的变异形式多样，有的完全退化、有的红耳斑纹断开、有的红耳斑纹完整。国内早期从美国引进，零星繁殖。金粉巴西龟名称由神甲会命名。目前，国内已批量繁殖。金粉巴西龟由美国培育的果冻巴西龟和白化巴西龟培育而来，是双隐性基因个体。金粉巴西龟基因稳定，后代为金粉巴西龟。如金粉巴西龟与果冻巴西龟交配，后代有果冻巴西龟，有的同窝卵也出现金粉巴西龟。

焦糖巴西龟成龟　深圳龟谷

金粉巴西龟　深圳龟谷

果冻巴西龟

果冻源自龟的肤色似果冻般剔透，故名。龟眼在阳光或者自然光线下呈红色；背甲白色或黄色。基因稳定，互配后代均为果冻巴西龟。国内繁殖者基于红耳彩龟一代基因突变个体，开展定向培育，于2012年成功繁殖出子二代龟苗。目前，国内已批量繁殖。

果冻巴西龟成龟 深圳龟谷

黄金果冻巴西龟幼龟 深圳龟谷

孔雀神皇巴西龟

龟背甲金黄色，盾片上有黑色斑块，斑块外有黑色圆环，形成孔雀尾羽图案，故名。龟头部几乎布满红色斑纹，金黄色背甲上以黑斑（块）构成，似孔雀开屏。龟由神甲会培育并命名为孔雀神皇巴西龟。

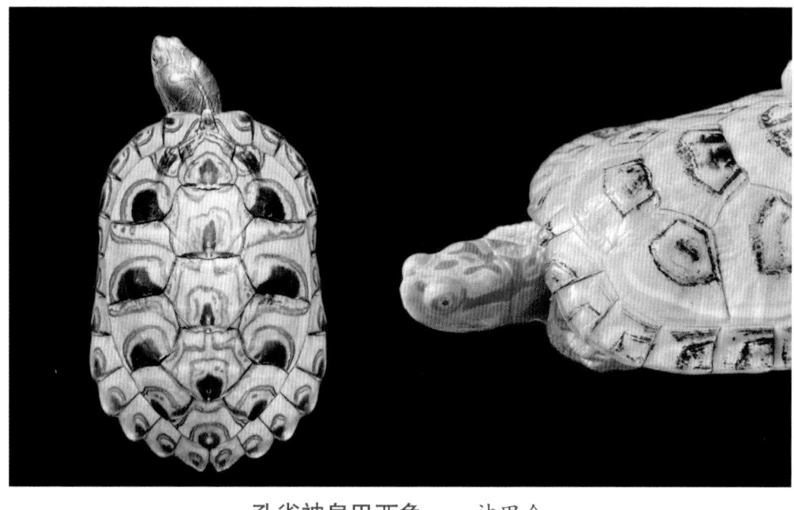

孔雀神皇巴西龟 神甲会

孔雀神皇巴西龟稚龟 神甲会

梵高巴西龟

龟背甲色彩绚丽，斑纹多样，条纹多变，似著名画家梵高（Van Gogh）的印象派风格，故名梵高巴西龟。龟背甲和头部花纹风格不同，但体色和斑纹以黄绿橙为主；成龟背甲呈蓝绿色金属光泽，犹如梵高作品一样深邃迷人，观赏价值极高。梵高巴西龟由神甲会于2014年培育成功，是世界首创；也是培育者用生物遗传学的方法，表达对伟大艺术家梵高的纪念。

梵高巴西龟　神甲会

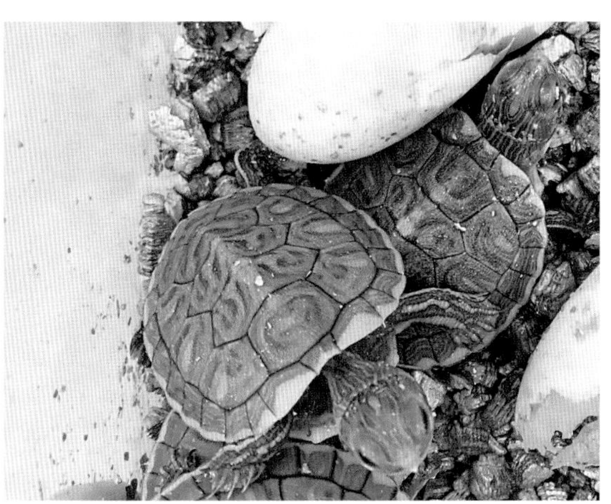

梵高巴西龟稚龟　神甲会

梵高巴西龟幼龟　神甲会

星空巴西龟

龟背甲和体色及背甲斑纹，似著名画家梵高《星空》的蓝色调和星空景象，故名星空巴西龟。龟背甲斑纹美丽迷幻而多变，幼龟背甲自带蓝绿色金属光泽，背甲上散布着宛如夜空繁星般的闪亮星点；成龟背甲为赏心悦目的天蓝色或紫罗兰色，花纹似印象派油画般的星点纹。星空巴西龟由神甲会培育成功，是世界首次。

星空巴西龟　神甲会

星空巴西龟头部　神甲会

星空巴西龟稚龟　神甲会

金钱豹巴西龟

因龟背甲斑纹似豹的毛皮斑纹，故名。金钱豹巴西龟稚龟的背甲边缘有一圈白色环纹，背甲中心具墨绿色斑块；四肢散布不规则的黑色斑点，掌部粉色；眼睛黑中带红色；头部墨绿色。随着年龄增长，背甲斑块逐渐淡化，颜色逐渐变灰色，最终变为奶白色，散布点状黑色花纹，极具视觉冲击力。金钱豹巴西龟由红耳彩龟体色变异的子一代培育而出，东莞小V于2019年首次培育成功，是首款派系列变异巴西龟，开启了派系列变异巴西龟在变异二代的先河。

金钱豹巴西龟成龟　东莞小V

金钱豹巴西龟幼龟　东莞小V

其他种类体色变异

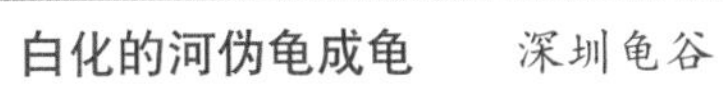

白化的河伪龟成龟　深圳龟谷

白化的河伪龟　深圳龟谷

白化的黄喉似水龟

白化的蛇鳄龟　深圳龟谷

白化的蛇鳄龟亚成体　深圳龟谷

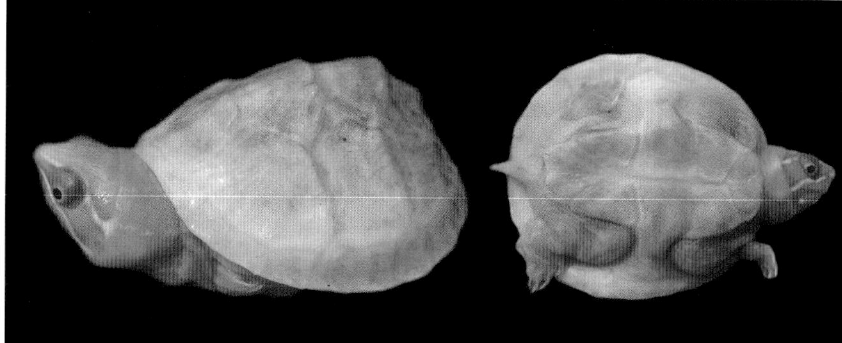

白化的麝香动胸龟

白化的庙龟幼龟　世家喉

白化的黄头南美侧颈龟

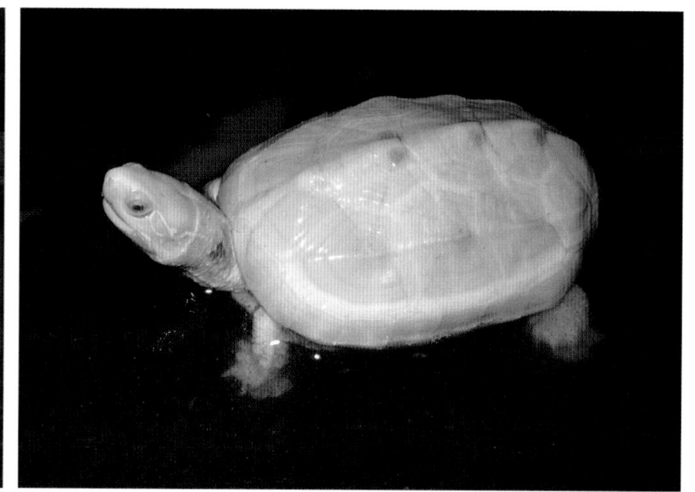

白化的乌龟

白化的西锦龟　深圳龟谷

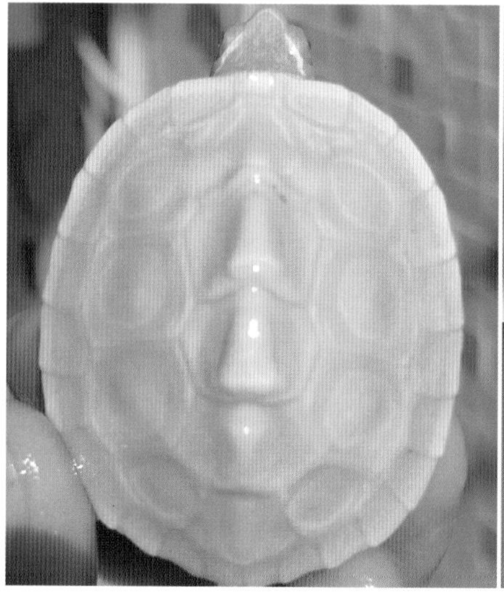

白化的缅甸沼龟　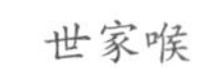世家喉

白化的印度棱背龟　深圳龟谷

白化的圆澳龟　世家喉

白化的花龟成龟　深圳龟谷

白化的花龟幼龟　深圳龟谷

白化的黄耳彩龟（左稚龟，右成龟）　深圳龟谷

白化的纳氏伪龟　深圳龟谷

黄化的纳氏伪龟（火焰龟）　深圳龟谷

黑金刚纳氏伪龟（火焰龟） 深圳龟谷

黄化格兰德彩龟 深圳龟谷

黄化格兰德彩龟稚龟 深圳龟谷

体色变异的纳氏伪龟（金边火焰龟） 深圳龟谷

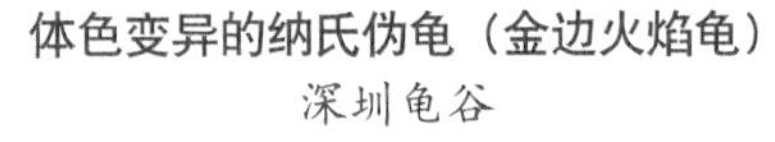

体色变异的纳氏伪龟（金边火焰龟）
深圳龟谷

体色变异的纳氏伪龟（绿幽灵火焰龟）
深圳龟谷

体色变异的纳氏伪龟（绿幽灵火焰龟）稚龟 深圳龟谷

体色变异的黄喉拟水龟

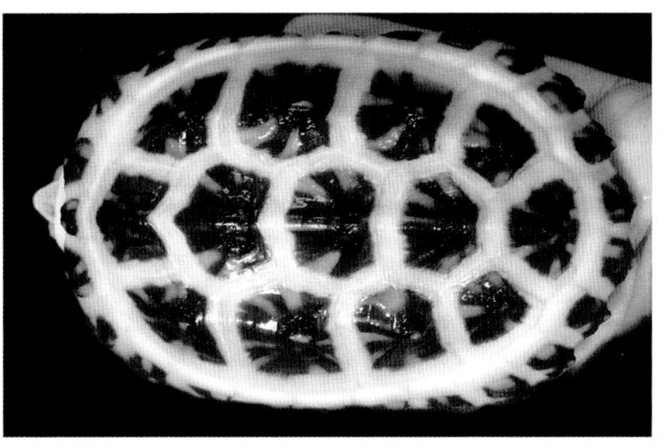
体色变异的斑点池龟

体色变异的东锦龟

（二）盾片变异

盾片变异，指龟背甲和腹甲的盾片数目超过或少于正常的盾片数目。大多数龟背甲上的肋盾为8枚；椎盾为5枚；缘盾为11枚或12枚。通常以背甲上的椎盾、肋盾、缘盾盾片变异居多。其中，椎盾、肋盾盾片数目变异较常见。各种龟的盾片变异均可发生，盾片变异原因可能与孵化温度过高、孵化环境震动等因素有关。盾片变异的龟是否具遗传性，尚未报道。

背甲盾片变异的乌龟
邢振东

背甲盾片变异的百金闭壳杂龟　罗平钊

背甲盾片变异的四眼斑龟

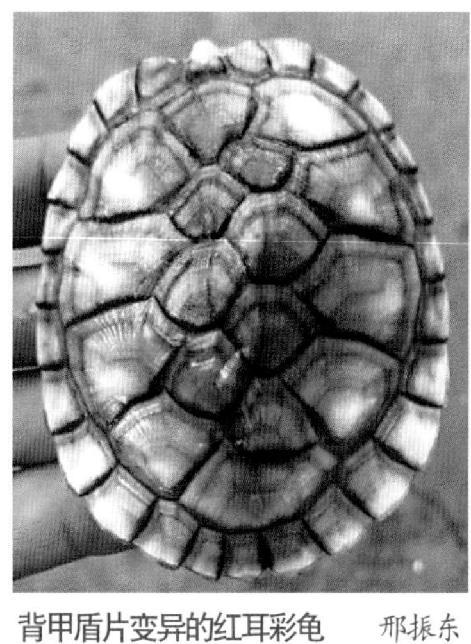

背甲盾片变异的红耳彩龟　邢振东

背甲盾片变异的剃刀动胸龟
邢振东

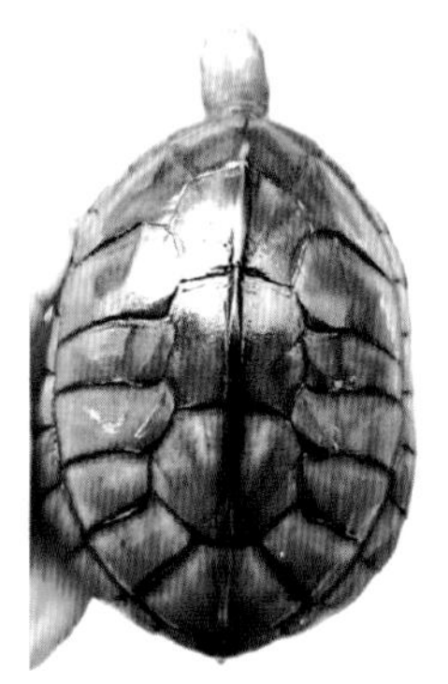

背甲盾片变异的黄喉拟水龟　邢振东

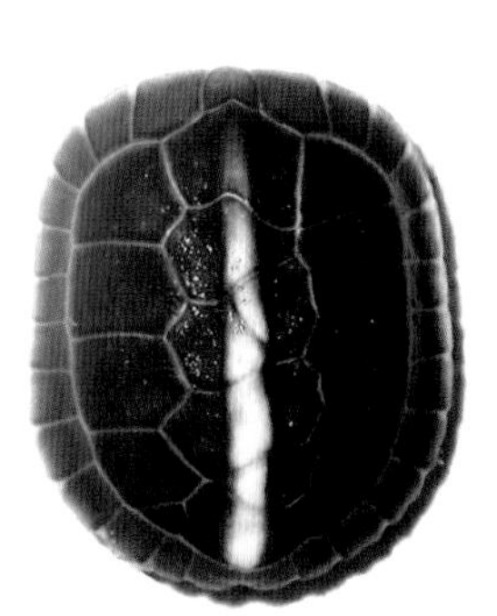

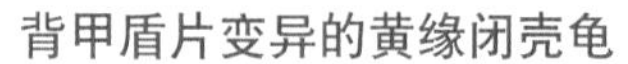

背甲盾片变异的黄缘闭壳龟

（三）畸形

身体畸形，通常指龟头部、四肢的数目多于正常数目。另外，背甲形状出现畸形，也是身体的变异现象。

背甲畸形的黄喉拟水龟

侧部连体的红耳彩龟 邱天梁

侧部连体的黄喉拟水龟

侧部连体的黄喉拟水龟

侧部连体的蛇鳄龟

后部连体的蛇鳄龟稚龟

二、龟类杂交

龟类杂交，是指两个不同的自然种群个体之间交配的过程。杂交所产生的后代一般称为杂交龟、杂种或混种。杂交不仅可发生于人工养殖的圈养环境中，也可发现于自然界。

龟是通过雌雄交配、体内受精、产卵孵化后繁殖。雌雄个体来自不同的种类，交配产生后代。龟类杂交类型、多样性、冠名规则详见《中国龟鳖分类原色图鉴》。杂交龟可以发生在水栖龟与半水栖龟之间，也可发生于不同属的种之间，未见龟与鳖杂交、陆栖龟与水栖龟之间杂交。杂交龟表现出抵抗力强、生长速度快、繁殖力强、外表美观等优于双亲的特征，称为杂交优势。目前，已发现的杂交龟多达

雄性安布闭壳龟与雌性金钱龟交配

60多个，或许还有更多。很多杂交龟是饲养者混养后的结果，雌雄龟的名称不能完全确定，仅从杂交龟的外部形态特征判别双亲的种类；有些杂交龟的双亲，有可能是杂交龟与纯种龟交配后的结果，双亲的种类更难识别。

杂交龟的拉丁名取自双亲的拉丁名，中间用“×”连接，雄龟的拉丁名在前。杂交龟的中文名取自双亲的中文名第一个字，雄龟的中文名在前；也可以根据杂交龟的显著特征冠名，或冠名以有纪念意义、纪念事件的名称，大家约定俗成即可。

乌 黑 颈 杂 龟

双亲名称 乌龟 × 黑颈乌龟（*Mauremys reevesii* × *Mauremys nigricans*）

乌黑颈杂龟成龟

乌 喉 杂 龟

双亲名称 乌龟 × 黄喉拟水龟（*Mauremys reevesii* × *Mauremys mutica*）

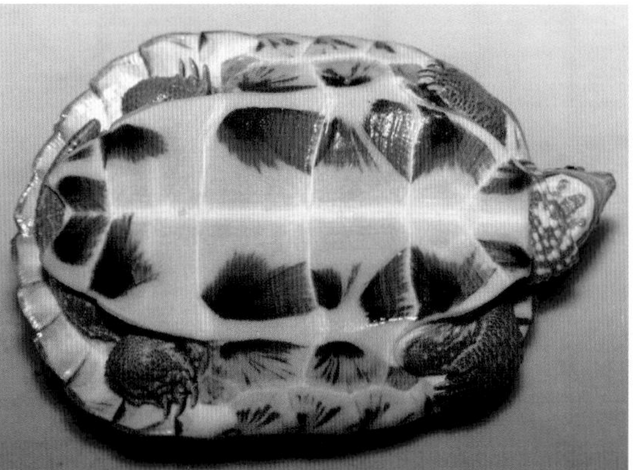

乌喉杂龟成龟

乌 花 杂 龟

双亲名称 乌龟 × 中华花龟（*Mauremys reevesii* ×*Mauremys sinensis*）

乌花杂龟幼龟

乌 缘 杂 龟

双亲名称 乌龟 × 黄缘闭壳龟（*Mauremys reevesii*×*Cuora flavomarginata*）

乌缘杂龟

乌 云 杂 龟

双亲名称 乌龟 × 云南闭壳龟（*Mauremys reevesii*×*Cuora yunnanensis*）

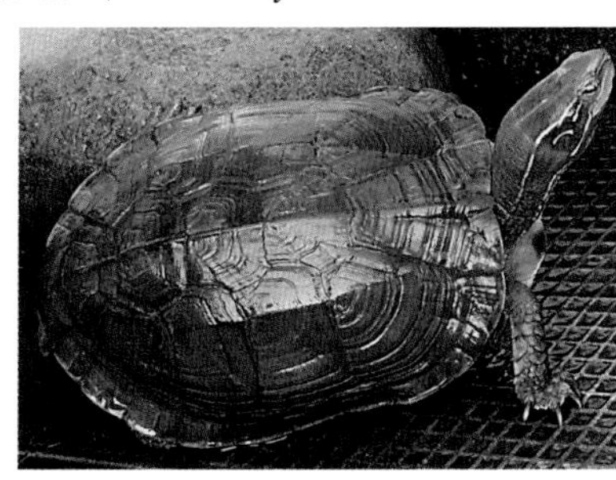
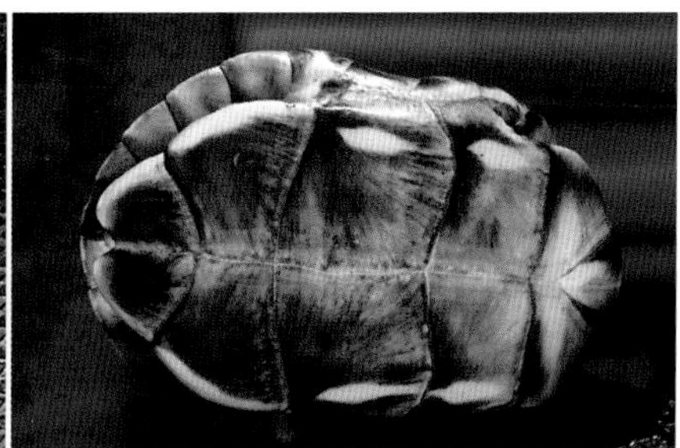

乌云杂龟

乌 石 杂 龟

双亲名称 乌龟 × 日本拟水龟（*Mauremys reevesii* × *Mauremys japonica*）

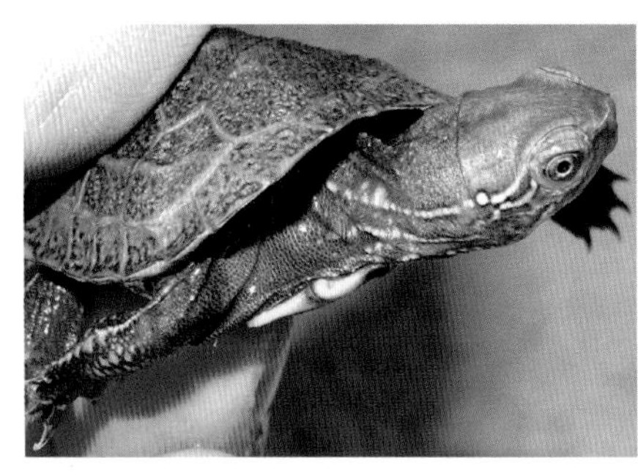

乌石杂龟幼龟

金 安 南 杂 龟

双亲名称 三线闭壳龟* × 安南龟（*Cuora trifasciata* × *Mauremys annamensis*）

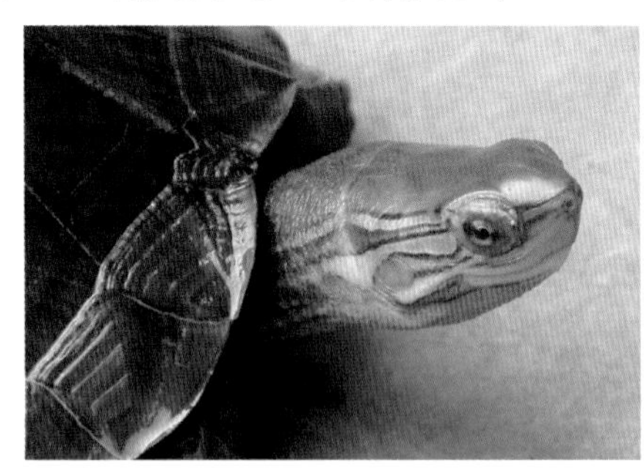

金安南杂龟成龟

金 喉 杂 龟

双亲名称 三线闭壳龟 × 黄喉拟水龟（*Cuora trifasciata* × *Mauremys mutica*）

金喉杂龟幼龟

* 三线闭壳龟泛指中国三线闭壳龟和越南三线闭壳龟。

金黑颈杂龟

双亲名称 三线闭壳龟 × 黑颈乌龟（*Cuora trifasciata* ×*Mauremys nigricans*）

金黑颈杂龟

金花杂龟

双亲名称 三线闭壳龟 × 中华花龟（*Cuora trifasciata* ×*Mauremys sinensis*）

金花杂龟

金眼斑杂龟

双亲名称 三线闭壳龟 × 四眼斑龟（*Cuora trifasciata* × *Sacalia quadriocellata*）

金眼斑杂龟

金黄杂龟

双亲名称 金头闭壳龟 × 黄喉拟水龟（*Cuora aurocapitata* × *Mauremys mutica*）

金黄杂龟幼龟 王佳

金齿闭壳杂龟

双亲名称 三线闭壳龟 × 齿缘龟（*Cuora trifasciata* × *Cyclemys dentata*）

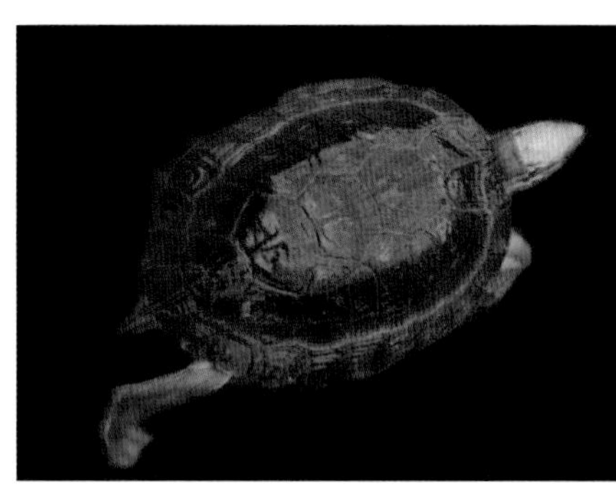
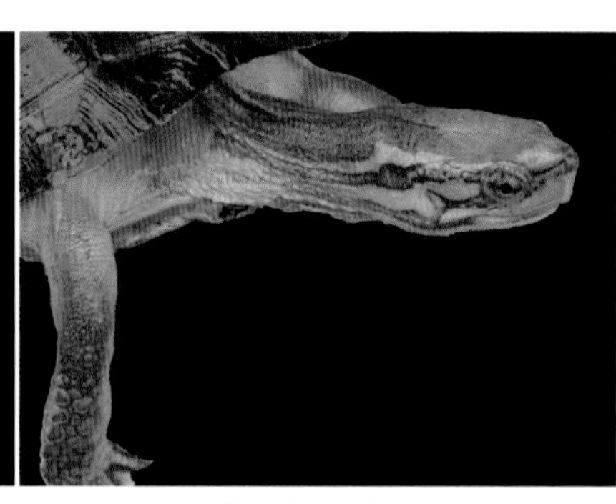
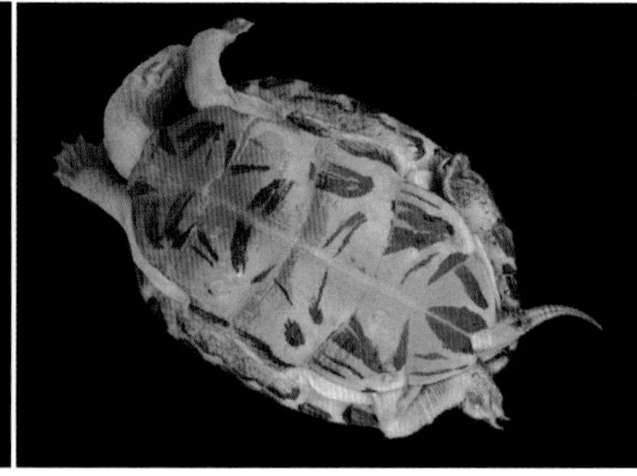

金齿闭壳杂龟

金锯闭壳杂龟

双亲名称 三线闭壳龟 × 锯缘闭壳龟（*Cuora trifasciata* × *Cuora mouhotii*）

金锯闭壳杂龟

金百闭壳杂龟

双亲名称　三线闭壳龟 × 百色闭壳龟（*Cuora trifasciata* × *Cuora mccordi*）

金百闭壳杂龟

金云闭壳杂龟

双亲名称　金头闭壳龟 × 云南闭壳龟（*Cuora aurocapitata* × *Cuora yunnanensis*）

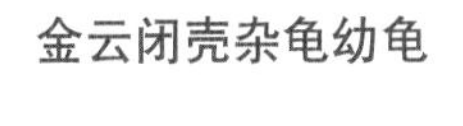

金云闭壳杂龟幼龟

金云闭壳杂龟稚龟

金安布杂龟

双亲名称 三线闭壳龟 × 安布闭壳龟（*Cuora trifasciata* × *Cuora amboinensis*）

金安布杂龟成龟 黄远标

金安布杂龟幼龟

双金闭壳杂龟

双亲名称 三线闭壳龟 × 金头闭壳龟（*Cuora trifasciata* × *Cuora aurocapitata*）

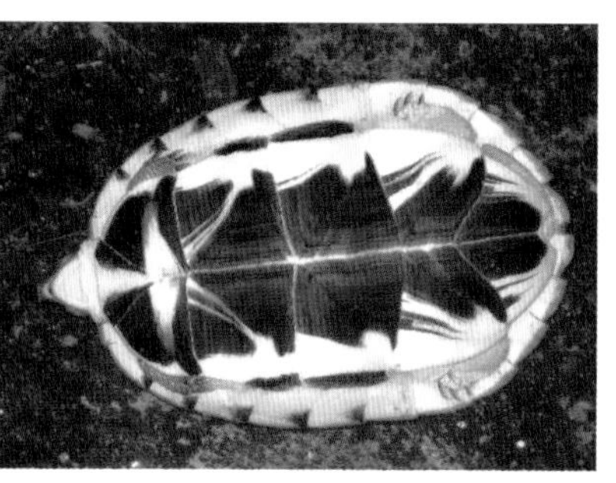

双金闭壳杂龟 吴哲峰

区氏闭壳杂龟

双亲名称 三线闭壳龟 × 周氏闭壳龟或潘氏闭壳龟（*Cuora trifasciata* × *Cuora zhoui* or *Cuora pani*）

区氏闭壳杂龟

周云闭壳杂龟

双亲名称　周氏闭壳龟 × 云南闭壳龟（*Cuora zhoui* × *Cuora yunnanensis*）

周云闭壳杂龟

锯额闭壳杂龟

双亲名称　锯缘闭壳龟 × 黄额闭壳龟（*Cuora mouhotii* × *Cuora galbinifrons*）

锯额闭壳杂龟

百金闭壳杂龟

双亲名称 百色闭壳龟 × 三线闭壳龟（*Cuora mccordi* × *Cuora trifasciata*）

百金闭壳杂龟 罗平钊

黄氏杂龟

双亲名称 地龟 × 锯缘闭壳龟（*Geoemyda spengleri* × *Cuora mouhotii*）

黄氏杂龟

黄金喉杂龟

双亲名称 中国三线闭壳龟 × 黄喉拟水龟（*Cuora trifasciata* × *Mauremys mutica*）

黄金喉杂龟

黑　安　杂　龟

双亲名称　黑颈乌龟 × 安南龟（*Mauremys nigricans* × *Mauremys annamensis*）

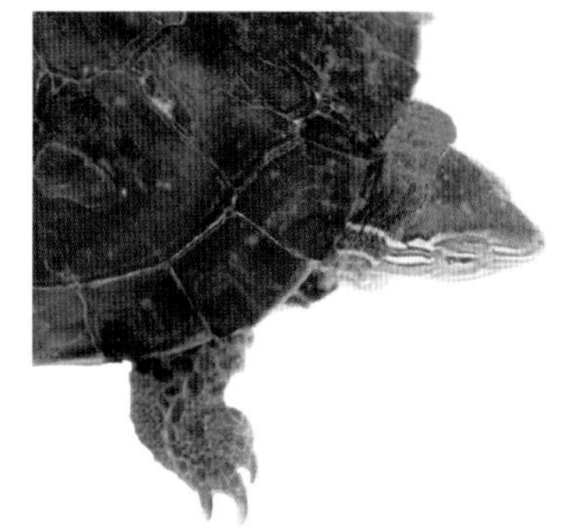

黑安杂龟

喉　金　杂　龟

双亲名称　黄喉拟水龟 × 三线闭壳龟（*Mauremys mutica* × *Cuora trifasciata*）

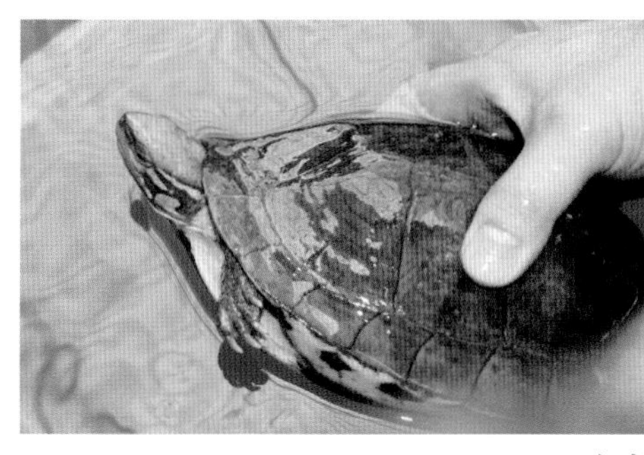

喉金杂龟

喉　锯　杂　龟

双亲名称　黄喉拟水龟 × 锯缘闭壳龟（*Mauremys mutica* × *Cuora mouhotii*）

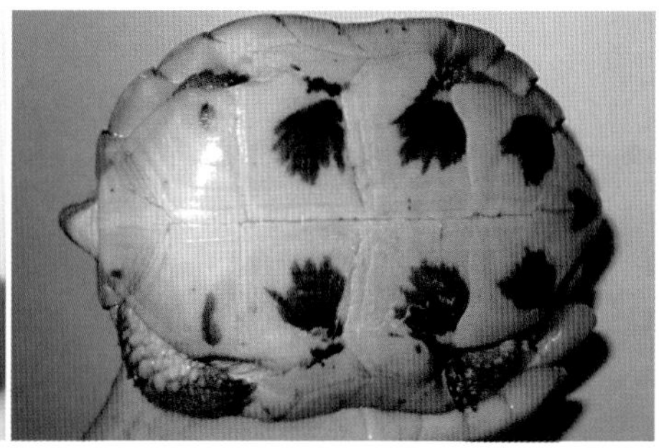

喉锯杂龟　梁世荣

喉 花 杂 龟

双亲名称 黄喉拟水龟 × 中华花龟（*Mauremys mutica* × *Mauremys sinensis*）

喉花杂龟

地 缘 杂 龟

双亲名称 黄缘闭壳龟 × 日本地龟（*Cuora flavomarginata* × *Geoemyda japonica*）

地缘杂龟 刘冰

缘 喉 杂 龟

双亲名称 黄缘闭壳龟 × 黄喉拟水龟（*Cuora flavomarginata* × *Mauremys mutica*）

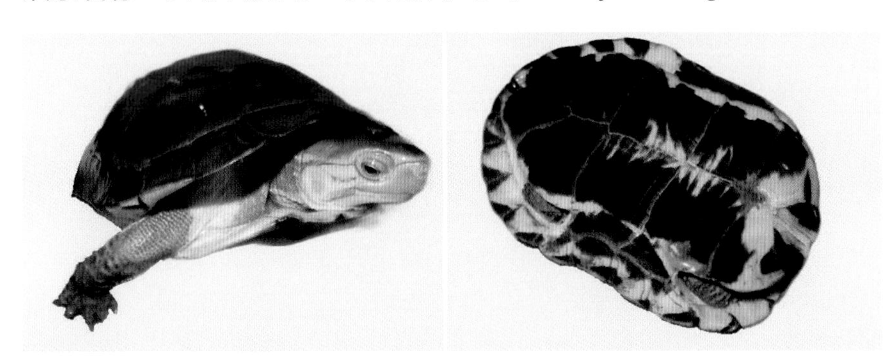

缘喉杂龟 梁世荣

花黑颈杂龟

双亲名称　中华花龟 × 黑颈乌龟（*Mauremys sinensis* × *Mauremys nigricans*）

花黑颈杂龟

花云杂龟

双亲名称　中华花龟 × 云南闭壳龟（*Mauremys sinensis* × *Cuora yunnanensis*）

花云杂龟

花乌杂龟

双亲名称　中华花龟 × 乌龟（*Mauremys sinensis* × *Mauremys reevesii*）

花乌杂龟

安 喉 杂 龟

双亲名称　安南龟 × 黄喉拟水龟（*Mauremys annamensis* × *Mauremys mutica*）

安喉杂龟

图 钻 杂 龟

双亲名称　伪图龟 × 菱斑龟（*Graptemys pseudogeographica* × *Malaclemys terrapin*）

图钻杂龟　　周昊明

眼斑喉杂龟

双亲名称　四眼斑龟 × 黄喉拟水龟（*Sacalia quadriocellata* × *Mauremys mutica*）

眼斑喉杂龟

百喉杂龟

双亲名称　百色闭壳龟 × 黄喉拟水龟（*Cuora mccordi* × *Mauremys mutica*）

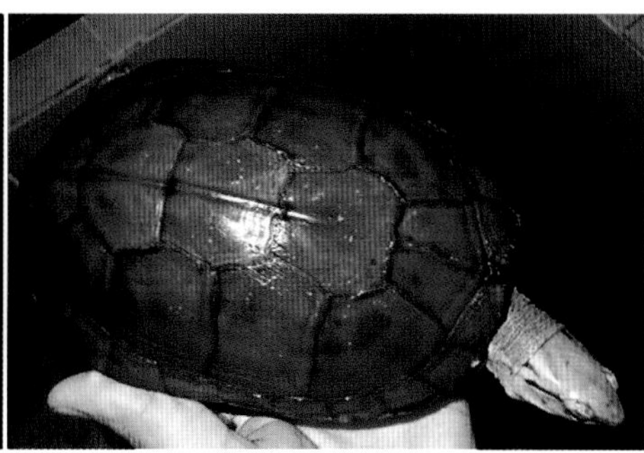

百喉杂龟　王豪

安花杂龟

双亲名称　安布闭壳龟 × 中华花龟（*Cuora amboinensis* × *Mauremys sinensis*）

安花杂龟　黄远标

安 黑 黄 杂 龟

双亲名称 安南龟 × 黑颈乌龟 × 黄喉拟水龟（*Mauremys annamensis* × *Mauremys nigricans* × *Mauremys mutica*）

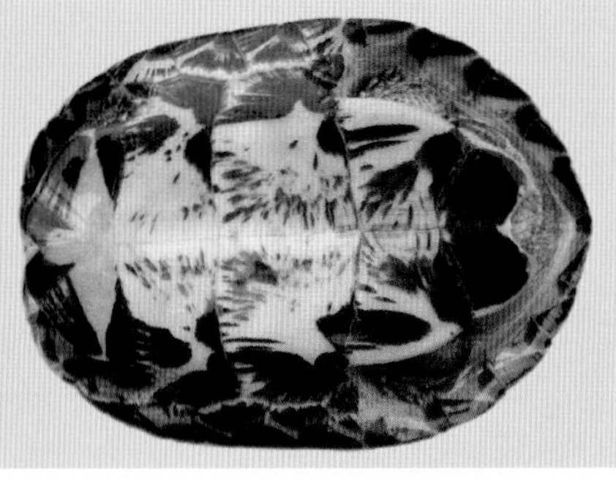

安黑黄杂龟

金 安 乌 杂 龟

双亲名称 三线闭壳龟 × 安布闭壳龟 × 乌龟（*Cuora trifasciata* × *Cuora amboinensis* × *Mauremys reevesii*）

金安乌杂龟 黄远标

金 花 齿 杂 龟

双亲名称 三线闭壳龟 × 中华花龟 × 齿缘龟（*Cuora trifasciata* × *Mauremys sinensis* × *Cyclemys dentata*）

金花齿杂龟 黄远标

金乌喉杂龟

双亲名称 三线闭壳龟×（乌龟×黄喉拟水龟）[*Cuora trifasciata*×（*Mauremys reevesii* ×*Mauremys mutica*）]

金乌喉杂龟 黄远标

金喉金杂龟

双亲名称 三线闭壳龟×（黄喉拟水龟×三线闭壳龟）[*Cuora trifasciata*×（*Mauremys mutica*×*Cuora trifasciata*）]

金喉金杂龟

希乌喉杂龟

双亲名称 希腊拟水龟×乌龟×黄喉拟水龟（*Mauremys rivulata*×*Mauremys reevesii* ×*Mauremys mutica*）

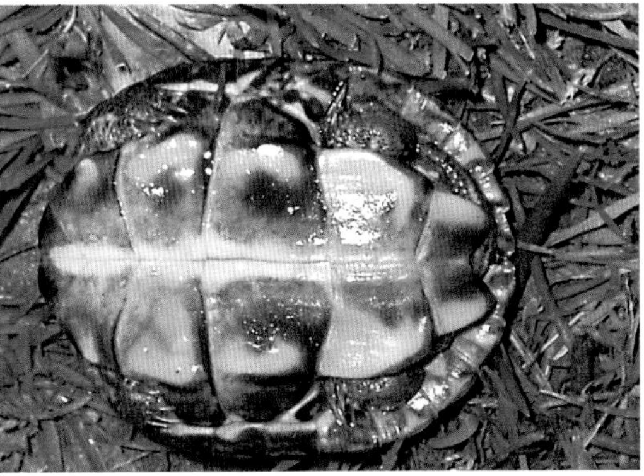

希乌喉杂龟 Torsten Blanck

日落　　赵蕙

第四章
海南省观赏龟规模化驯养繁殖技术

蛇颈龟

20世纪90年代初，海南省已开始涉足观赏龟规模化养殖行业。30多年来，已驯养100多种龟类，繁殖成功60多种，积累了丰富的规模化养殖观赏龟技术和经营规模化养殖场经验。现归纳总结蛇颈龟、麝香动胸龟、菱斑龟等龟的驯养繁殖技术。以下方法仅适用于海南省。

海口龟类养殖场

一、蛇颈龟

蛇颈龟又名西氏蛇颈龟，是国内规模化驯养繁殖最早的侧颈龟类，也是国内驯养繁殖技术成熟的侧颈龟类之一。蛇颈龟体色简单，外形独特，眼睛大，互动性强，适合观赏。因易饲养、生长周期短、产卵量多，深受养殖者的偏爱。

成龟　周峰婷

稚龟　周峰婷

（一）池塘

池塘面积为720米^2，长40米、宽18米，池深1.2米，呈长方形。池底泥沙厚10 ~ 20厘米，池底锅底状或平底状。池四周岸边做水泥硬化。产卵场位于池东侧，产卵场长28米、宽1米，用砖砌，顶用铁皮覆盖，两侧有窗；水泥斜坡连接产卵场与水面；产卵场内放置沙土，土和沙以1 ∶ 4比例混合，沙土深25 ~ 30厘米。岸边一侧用木板做食台，与岸边倾斜连接，木板的1/2部分露出水面。

成龟池塘　伊星

上岸的成龟　伊星

池塘底部

食台　伊星

产卵场　伊星

（二）日常管理

水位　水呈绿色，水深50 ~ 100厘米。水位低于50厘米时，应添加水。

饲养密度　成龟每平方米饲养2只，雌雄比例以3 ∶ 1为宜；幼龟每平方米饲养6 ~ 10只，5年后放入大池塘饲养。

水质　日常水位保持50厘米以上。更换水时，勿抽干全部水，仅排放水位的1/3或2/3，再添加水。日常做好水的消毒工作，雨季时，每15天消毒1次；其他季节，每30天消毒1次。消毒方法为：每亩*用15 ~ 25千克生石灰，加水稀释后，泼洒水面和池塘周围。

* 亩为非法定计量单位，1亩≈666.67米^2。

投喂 食物种类以新鲜鱼（各种鱼）为主，并加入面粉、甲鱼粉、罗非鱼粉。每5千克鱼加250克面粉或甲鱼粉或罗非鱼粉，用搅拌机打成鱼浆。食物放置在池塘岸边，每隔30 ~ 50厘米放置一堆饵料。龟闻到气味后，爬上岸边觅食，也可投喂人工混合颗粒饵料。蛇颈龟食性扁动物性，投喂中不投喂蔬菜等植物性食物。投食前，应查看天气和水温。当水温22℃（含22℃）以上时，每天投喂；投喂量为龟体重的0.5% ~ 0.7%。投喂时间，以每天15：00—16：00为宜。11月至翌年2月，停止投喂。

冬季管理 海南省冬季11月至翌年2月，水温低于20℃时，停止投喂食物。如果中午水温高于20℃，但早晚水温低于20℃，停止投喂。

巡池 巡池工作是日常管理中每天必做的事情。每天早晚巡池，查看水位、水质、龟的活动等情况。如发现龟漂浮等异常行为，应及时捞出。此外，巡池时，应检查龟当天的吃食情况，并清理残食，清洗岸边。

水呈绿色

投喂食物

夜间上岸的龟

（三）繁殖

性成熟期为5 ~ 7年。人工饲养条件下，成熟期可提前1 ~ 2年。雌雄体型、尾部粗细差异大，易识别。雌龟体型较大，一般体重为1.75 ~ 3千克，背甲长20 ~ 25厘米，尾短，泄殖腔孔位于腹甲后部边缘之内；雄龟体型小，体重为0.7 ~ 0.9千克，通常背甲长16 ~ 20厘米，尾长，泄殖腔孔位于腹甲后部边缘之外。

成龟腹部（左雄右雌）

在海南省，蛇颈龟每年8月中旬至12月产卵，11月为产卵高峰期。产卵季节，保持产卵场沙土湿润；如产卵场沙土干燥，应在傍晚向产卵场泼洒水。产卵前，将沙土松一松，并将沙土浇潮湿，产卵季节每天浇水。龟于21：00—22：00点陆续上岸，挖洞、产卵，每只龟产卵1 ~ 2窝。每窝卵9 ~ 15枚，卵硬壳，较其他龟卵坚硬（老鼠很难咬裂开）。每天8：00—10：00挖卵，卵移入孵化房。孵化温度控制在30 ~ 32℃，孵化湿度为60% ~ 70%。使用直径5 ~ 8毫米的蛭石，每500克蛭石加入650克水调和拌匀；用薄膜覆盖待用，防止水分蒸发。孵化箱底部铺2 ~ 3厘米调配好的蛭石，将卵平放。卵间距离1厘米左右，卵上铺2 ~ 3厘米调配好的蛭石。孵化箱可叠加摆放，孵化箱有透气孔即可。

蛇颈龟卵受精斑出现在卵顶部，随着时间推移，白色受精斑逐渐扩大。受精斑比其他龟类的受精斑出现得晚。孵化10 ~ 15天后，卵的顶部有受精斑，有些卵孵化1 ~ 5个月后才出现受精斑。对孵化3个月内未出现霉斑、蛀虫的卵，移入其他孵化箱继续孵化1 ~ 2个月，等待最终结果。受精的龟卵孵化期为120 ~ 200天。5%的受精卵孵化期120天左右，大多数受精卵的孵化期150天左右。稚龟出壳后，放入潮湿的蛭石中。肚脐未完全缩入的龟，通常2 ~ 7天后将完全收缩。孵化后期，孵化箱上加盖翻檐或沙网，避免龟爬出孵化箱。

龟　卵

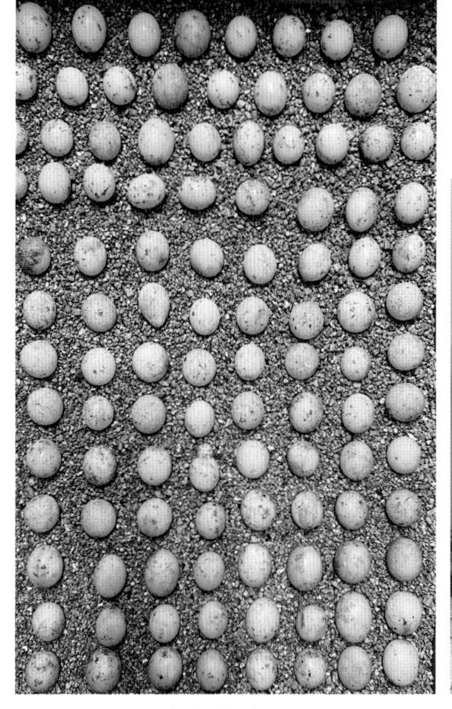

龟卵排放

孵化箱

稚　龟

稚龟暂存

【饲养关键性技术】

（1）蛇颈龟喜深水，水位应控制在50厘米以上。水位勿低于龟的甲壳高度。

（2）投喂食物坚持“四季更迭宜少、季节平稳宜多”的原则。

（3）受精斑出现晚，且龟卵有滞育期，待翌年继续发育。所以，切记勿将未出现受精斑、未裂开、未发臭的龟卵丢弃，应移入其他孵化箱继续孵化。

二、麝香动胸龟

麝香动胸龟别名蛋龟、麝香龟、普通麝香龟。原产于美国和加拿大，是最早引进中国的动胸龟之一。龟体有麝香腺体，受刺激后散发出麝香味。又因体型小、适合家庭饲养、生长周期短、产卵多等优势，是近年龟界受追捧的种类之一，也是龟界养殖的“网红”种类之一。

成　龟

稚　龟

稚龟　周峰婷

（一） 池塘

池塘长方形，面积32米^2，长8米、宽4米。池底有8厘米泥沙，池底平。池深80厘米，产卵场面积占池面积的1/10；产卵场位于池的南面或东面，有一倾斜30°～45°的斜坡；产卵场内土和沙以1∶2混合，沙土深15～20厘米。

水位 水呈绿色，水深28厘米。水位低于28厘米时，加注水。

饲养密度 种龟每平方米饲养5只，稚龟每平方米饲养100只。依据体型大小分池，通常每平方米饲养30～50只，随着年龄增加再逐渐分池。

水质 换水时，仅排水1/3，再添加新水。日常水位保持28厘米。每年消毒2次，分别为4月和8月各1次。

雌雄比例 以4∶1或5∶1混合饲养。

成龟池一角

（二）日常管理

投喂 日常投喂，以每5千克鱼加250克甲鱼粉或罗非鱼粉，用搅拌机打成鱼浆，放置在岸边或食台上。水温20℃（含20℃）以上时，每天投喂；投喂量为龟体重的0.5%～0.7%。每天傍晚投喂，11月至翌年2月停止投喂。8月底前投喂鱼浆，8月底后投喂人工配合饵料。

巡池 每天早晚巡池，清理残食。发现在岸边嗜睡（俗称爬坡）、漂浮等异常现象的龟，及时捞出隔离治疗。

冬季管理 海南省冬季11月至翌年2月，水温低于20℃时，停止投喂食物。加强巡池，查看水位、龟的活动情况。

（三）繁殖

雌雄龟差异大，从体型、尾部、腹部特征可识别。雄龟体型小，腹部凹陷，尾部粗且长；雌龟体型大，腹部平坦，尾部细短。性成熟期为3～4年。

雌龟每年3月底至6月底产卵，4月中旬为产卵高峰期，每只龟可多次产卵。产卵季节，保持产卵场沙土湿润，傍晚向产卵场泼洒水。龟于3：00—6：00陆续上岸，挖洞、产卵，每窝产卵5～7枚，每只龟产卵2～3窝；卵白色，长椭圆形。每天7：00—8：00挖卵，放入孵化箱内孵化。孵化7～10天后，检查受精斑。受精斑通常出现在卵中央，受精斑呈点状，逐渐扩大。在卵中央形成环带状，向卵两头逐渐扩大，直至整个卵。

孵化15～20天后的卵仍未出现受精斑，可丢弃。受精卵的孵化期为45～55天。一只雌龟每年可繁殖8～10只稚龟。稚龟出壳后，放入半干半湿的蛭石中暂存。

孵化后期，可采用人工介入剥壳助产，使稚龟出壳时间提前，提升稚龟成活率。人工介入剥壳方法为：在孵化后期，用照蛋器（Led冷光手电筒）照龟。如果卵内龟体发黑，卵黄已缩小，血丝变细或已消失，确认龟头部位置后，可用硬物敲击卵壳。开一直径0.5～1.0厘米的小孔，露出龟头部和背甲前部，将龟放置在孵化箱内。等待2～3天，龟肚脐收缩后，龟自行爬出。

成龟腹部（左雌右雄）

龟卵 刘德毅

受精卵有白斑 刘德毅

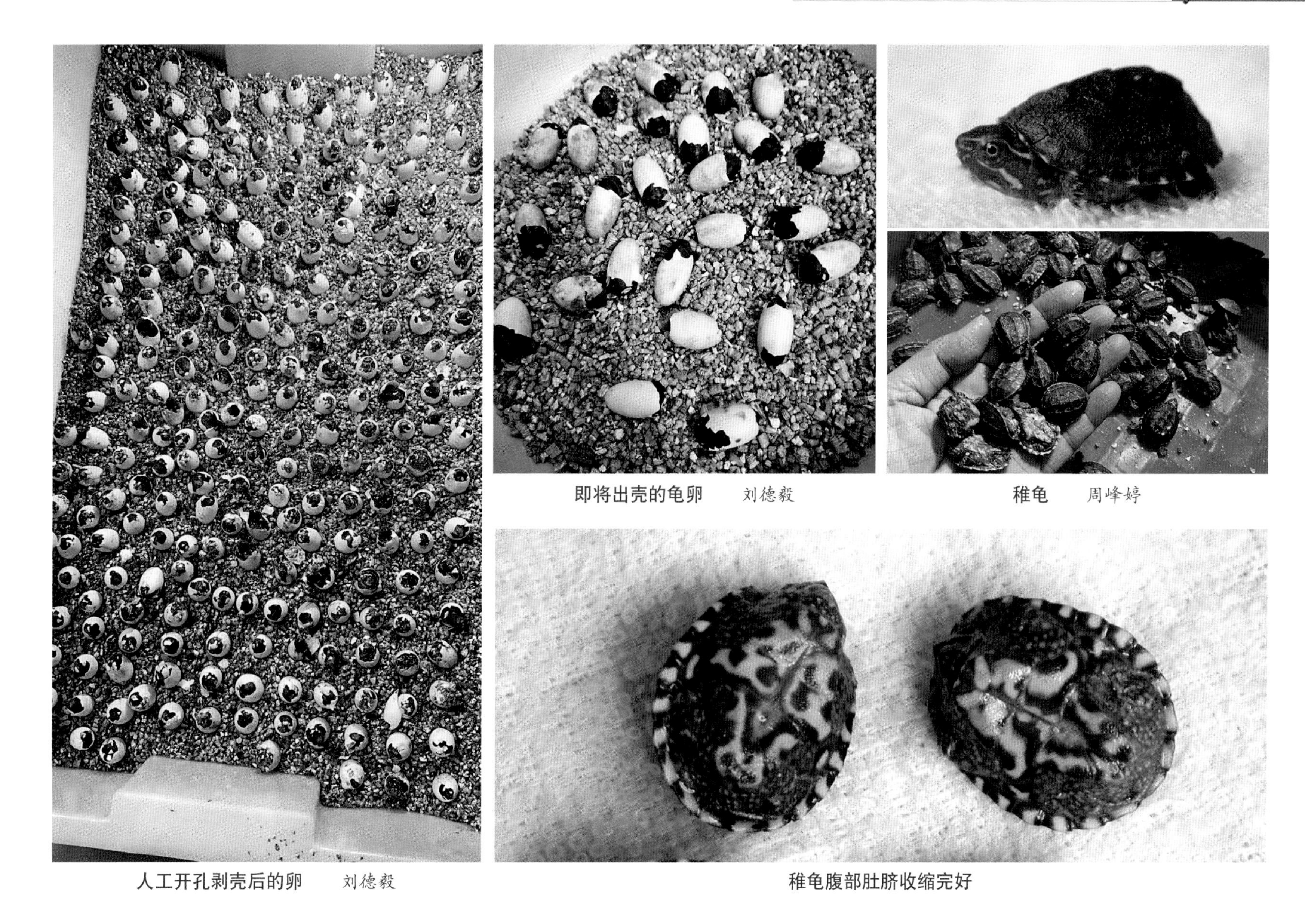

即将出壳的龟卵　刘德毅

稚龟　周峰婷

人工开孔剥壳后的卵　刘德毅

稚龟腹部肚脐收缩完好

【驯养繁殖关键性技术】

（1）龟不喜欢生活于深水区域，适宜水位28厘米以下。

（2）龟喜晚间吃食，且吃食速度慢。检查龟吃食情况时，应在次日早上检查。8月底后，投喂人工配合饵料，保持水质清新，有利于龟的冬眠。

（3）龟怕热不怕冷，喜暗不喜强光。适宜环境温度20 ~ 28℃，可自然冬眠。

（4）有些体弱的卵，如果不使用人工介入剥壳方法，稚龟有可能闷死在卵内；强壮的个体，可借助卵齿啄开卵壳（有些个体是借助龟前脚爪蹬破卵壳）。

三、菱斑龟

菱斑龟又名钻纹龟。早在2005年海南省已引入国内，经多年驯养繁殖，已形成批量和规模化繁殖。因其体色特别，甲壳和皮肤斑纹变化多样，几乎没有两只相同的花纹。高颜值的外表，使其成为观赏龟的热门种类之一，深受观赏龟爱好者的喜欢，是龟界养殖追捧的种类之一。

稚 龟

成 龟

条纹斑纹变化多样的稚龟

（一）池塘

池塘面积为40 ~ 100米^2，长方形。南北走向，东面有4米^{2}的产卵房。池塘中央悬挂2米^{2}的木板晒台（休息台），池四周有斜坡饵料台。水位80厘米，池底有少量泥沙，池四周有T形翻檐。

成龟池

休息台和产卵场

成龟池一角　伊星

（二）日常管理

水位　水呈绿色，不需要加盐。水位应控制在80厘米，低于80厘米时应加水。每次换水仅换1/3，然后加入大塘的水，保持水呈绿色。

饲养密度　种龟每平方米饲养3只，稚龟每平方米饲养50～60只。幼龟根据年龄和体型大小分池饲养，通常每平方米饲养10～30只。

雌雄比例　以3∶1或4∶1混合饲养。

投喂　每5千克鱼加250克面粉或甲鱼粉，用搅拌机打成鱼浆投喂，不投喂蔬菜。每年11月底至翌年2月停食，如温度上升至25℃，仍停食。避免白天投喂后，夜间降温，引起龟肠胃不适。

巡池　每天巡池2次，查看是否有漂浮、爬坡等异常的龟；发现后及时捞出，隔离饲养治疗。另外，清理残食，检查水质、水位、产卵场等情况。

水呈绿色　伊星

投喂食物　周峰婷

（三）繁殖

每年3—6月产卵，4月上旬为产卵高峰期。龟于21：00—22：00陆续上岸，挖洞、产卵，卵软壳（非硬壳，切忌丢弃）。每只龟每年可产2～3窝，每窝9～12枚卵。一只雌龟每年可繁殖15～20只稚龟。每天7：00—8：00挖卵，放入孵化箱内孵化。孵化7～10天后，检查受精斑情况。受精斑出现在龟卵顶部，受精斑呈块状（非环状）。随着时间推移，受精斑逐渐扩大延伸至全卵。受精的龟卵孵化期为45～50天。孵化前期20天偏湿；孵化第35天后，勿喷水，保持蛭石偏干，有利于龟破壳。

稚龟出壳后，放入潮湿的蛭石中，放置3～5天。肚脐收缩好的龟，移入小池饲养，3天后投喂；肚脐未完全收缩的龟，继续放入湿润蛭石中。人工繁殖的稚龟，可以直接用淡水饲养。水中不需要加盐，水位控制在10厘米，水中放置荔枝叶、枇杷叶，有利于龟躲藏和调节水质。

左为受精卵，右为非受精卵

左为圆澳龟卵，右为菱斑龟卵

稚龟　周峰婷

稚龟　周峰婷

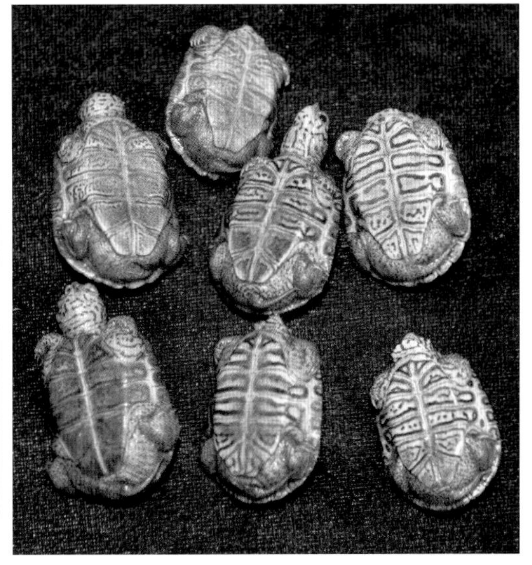

幼龟腹部　周峰婷

幼　龟

【驯养繁殖关键性技术】

(1) 投喂原则“宁饥饿、勿饱食”。龟处于适当饥饿状态下，不会出现问题；但经常饱食，却容易造成龟过于肥胖、脂肪肝等疾病。另外，高温时投喂后，如环境温度降低，易引起龟肠胃的不适，并引起多种疾病。水温低于20℃时，停止投喂。季节更替期间，早晚温度低、中午温度高，不投喂。每年4月清明后10天，可投喂食物；至10月底减少投喂量，仅投喂1/3的量；到12月，根据天气和温度情况，逐渐停喂。

(2) 水管理原则“宁加水、勿换水”。池塘水每年2～3月消毒；9月中旬前后换水1次，将水排去1/3或1/4，然后添加新水；其余时间不再排水换水，仅添加新水，保持适当水位。每年频繁换水，易惊扰龟。换水容易打破水中氧气、氨氮等平衡，特别是产卵季节，勿换水。水面放置的水葫芦、水花生等绿色植物面积不超过水面的2/3，避免植物消耗水中氧气。用PVC管等材料做成围栏，将水生植物圈入围栏中，避免水生植物覆盖整个水面，妨碍龟露出水面呼吸。

(3) 繁殖管理原则“宁勤看、勿搬动”。繁殖季节，宁愿勤查看龟，勿随意搬动换池。产卵季节，投喂食物应充足，并保持产卵场的沙土湿润。

(4) 孵化管理原则“懒人管理法”。孵化期间，除孵化早期正常检查受精状态外，对受精卵勿频繁翻动；日常控制好孵化温度和湿度，通常蛭石调配后，孵化期不需要再喷水。蛭石湿度过度潮湿，卵易爆裂；后期蛭石湿度宜保持偏干。最后，应保持耐心，静候龟出壳。对超过孵化期10天左右未破壳的卵，可人工介入剥壳。

四、大东方龟

大东方龟又名亚洲巨龟，简称亚巨，是东南亚大型龟类之一。早在20世纪90年代初引入国内，经多年驯养繁殖，驯养繁殖技术日趋成熟，是东南亚驯养繁殖呈规模化的种类之一。大东方龟体型较大，杂食性，性情活跃，易饲养。另外，大东方龟背甲和腹甲具放射状斑纹，头部呈橘红色斑点，背甲中央具突起脊棱，后缘呈锯齿状，具有一定的观赏性。

成 龟

成 龟

幼 龟

（一）池塘

池塘呈长方形或正方形，陆地与水面积的比例为1 ： 2。通常水面积为20 ~ 100米^2，四周陆地。池塘四周陆地均作为产卵场，面积约10米^2。产卵场有遮阳棚，遮阳挡雨。产卵场内铺垫沙土，深20 ~ 30厘米。池塘四周岸边呈30° ~ 45°斜坡和宽30 ~ 40厘米的水泥硬化，兼具食台和晒背功能。

（二）日常管理

水　水位控制在30厘米，水色呈绿色。每5～7天更换1次水，保持水质清新。冬季水排干。

饲养密度　种龟的雌雄比例为3∶1，种龟每平方米饲养2～3只。

投喂　大东方龟为杂食性，各种瓜果蔬菜和肉类均食。投喂绿叶菜、南瓜、木瓜、鱼等，搭配人工混合饵料；动植物投喂量比例应为7∶3。投喂量以每500克龟投喂10克食物为准。春夏秋季，每天投喂。环境温度低于18℃时，停止投喂；高于18℃，阳光明媚时投喂，如天气阴冷下雨，则停止投喂。每天巡池，查看龟的状况、清理残食、检查设施等，并做好日常的管理记录。

冬季管理　每年1—2月为冬眠期。环境温度10～15℃时，龟进入冬眠状态。冬眠期间，首先排干池塘中的水，产卵场中铺垫干草，厚20～30厘米；其次，冬眠期间，如气温升高至15℃以上，天气晴朗，阳光充裕，龟不喂食物。冬眠期间，铺垫的草应干燥，勿潮湿。

冬眠期的龟

成龟池

（三）繁殖

每年9月至翌年1月产卵，每只龟可分批产卵1～3窝，每窝卵5～12枚。卵白色，壳坚硬且厚，椭圆形，长径60毫米左右，短径35毫米左右。卵重50克以上，稚龟体重40克以上。

孵化介质使用蛭石。蛭石的湿度调配方法：500克蛭石加400克水，拌匀后放置备用。收集回来的卵，放入孵化箱，孵化箱表面覆盖一层薄膜，起到保温保湿的作用。孵化环境温度为28～30℃。孵化7天后，查看受精状况，受精斑呈圆环状；少部

龟　卵

稚龟　周峰婷

稚龟　周峰婷

分龟卵的受精斑需孵化10 ～ 15天后出现，未出现受精斑的卵单独放置孵化箱中，继续孵化；孵化20 ～ 30天后，如仍未出现受精斑的卵则丢弃。受精卵孵化30天后检查1次，挑拣出坏的卵，并将坏卵周围的蛭石一起拿出，避免影响其他的龟卵。整个孵化过程中，不再需要喷水加湿。孵化期100天左右。稚龟出壳后，于半干半湿的蛭石中存放。

【驯养繁殖关键性技术】

（1）投喂食物种类应多样化。投喂量宜少不宜多；投喂量过多，易引起龟肠胃等方面的不适。

（2）冬眠期间，切忌搬动龟。冬眠环境宜干，勿潮湿。

（3）孵化期间，少翻动龟卵。发现坏卵及时拿出，坏卵周围的蛭石也一起拿出。

五、伪龟类

伪龟类又名甜甜圈龟类，是指伪龟属（*Pseudemys*）的河伪龟、纳氏伪龟等8种龟。因其体色鲜艳，斑纹似甜甜圈，故别名甜甜圈龟。产自美国、墨西哥。幼龟体色鲜艳，斑纹以环状为主。腹甲以淡黄色为底色，以黑色斑纹或斑块为辅。伪龟类观赏性极强，国内已大量驯养繁殖。伪龟类驯养繁殖方法相似，现以纳氏伪龟为例介绍如下。

北部红肚龟

北部红肚龟稚龟

纳氏伪龟

佛州甜甜圈龟稚龟

（一）池塘

池塘长方形，面积8亩。池塘四周沙土，并栽种各种高矮不一的植物，无固定产卵场。池塘岸边有水泥台和斜坡，供龟上岸晒壳，也兼作食台。池塘边用高50～60厘米的水泥板做护栏，池塘拐角有翻檐。

池　塘

（二）日常管理

水　水位50～80厘米，水以绿色为佳。日常排除部分水，然后添加新水。每天坚持巡池，观察水位、水色、龟状况、池塘设施等情况。发现异常和问题，及时处理解决。

投喂　大多数伪龟类杂食性。纳氏伪龟以植物性食物为主，佛州甜甜圈龟以动物性食物为主。有些种类在幼体时以植物性食物为主，成年后以杂食性食物为主。植物性食物以各种绿叶菜为主。投喂量以龟体重的3%～5%为宜。环境温度22℃以上时，每天投喂1次。

池塘一角

巡　池

投喂食物

冬季管理　每年1—2月冬眠。环境温度低于18℃时，龟进入冬眠期。冬眠期，如环境温度升高，少量投喂食物。冬眠期间，龟多数在水中冬眠，少部分龟在岸上。冬季应加强巡塘，如发现岸上嗜睡、浮水龟等异常的龟，应及时捞出，隔离饲养治疗。

（三）繁殖

伪龟类的繁殖期几乎相同。佛州甜甜圈龟于10月至翌年7月产卵，其他伪龟类于3月至翌年7月产卵。每只龟可分批产卵，每年产卵3～5窝，每窝8～15枚。卵白色，椭圆形，壳软。每天早上收集龟卵，寻找泥土湿润、有翻动痕迹的地方，轻轻挖开泥土，用筷子、汤勺拣卵。放入收集箱中，卵上方覆盖蛭石，并用海绵或棉垫覆盖，避免太阳直射。

龟　卵

卵放置于孵化箱中，孵化5～7天后检查受精斑状况。受精斑乳白色，位于卵上方，逐渐扩大至卵下方。孵化20天左右时，检查龟卵，剔除坏卵及坏卵周围的蛭石。孵化温度为28～30℃，孵化期60天左右。如有卵黄囊未收缩的稚龟，应放置在孵化箱内，通常3～7天后收缩好。平均每只雌龟每年可繁殖50只稚龟。

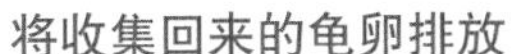
将收集回来的龟卵排放

孵化房

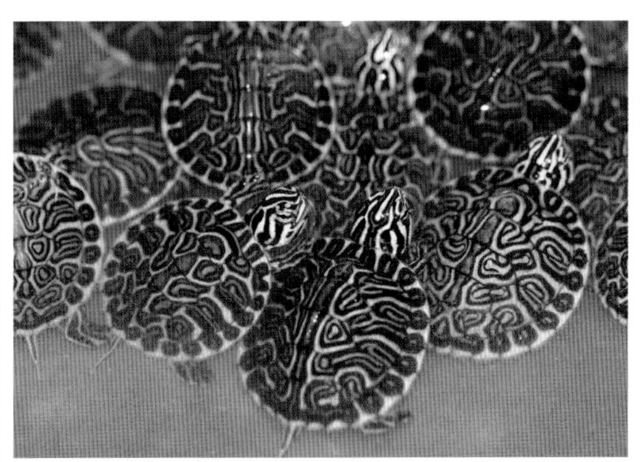
稚龟　周峰婷

【驯养繁殖关键性技术】

（1）伪龟类的多数种类为杂食性，个别种类为肉食性。有些种类幼体阶段以植物性食物为主，成年后食性为杂食性。

（2）龟卵是柔软的壳，非硬壳。受精斑位于卵顶部，受精斑是斑块状，非环状。

（3）幼体时投喂植物性食物为主；成年时投喂杂食性食物。

（4）卵黄未完全收缩的稚龟，放置于半干半湿的蛭石中暂存。

六、图龟类

地图龟类又名图龟类，是指地图龟属（*Graptemys*）的14种龟。地图龟体色以卡其色为主，布满黄色条纹和不规则环状斑纹，似地图状，故名。地图龟类仅地理图龟在加拿大有分布；其他13种龟均分布于美国，可谓美国特有种。地图龟类中的伪图龟、黄斑地图龟、眼斑地图龟、黑瘤图龟等7种已在国内驯养繁殖，其中，伪图龟繁殖量最大。地图龟类易饲养、观赏性强。地图龟类驯养繁殖方法相似，现以伪图龟为例介绍如下。

伪图龟幼龟

黑瘤图龟稚龟

（一）池塘

伪图龟池塘8～10亩。池底有泥土，池底中央深、四周浅。池塘边缘有水泥板护栏，拐角有翻檐。池塘水面的四周陆地以泥土为主，栽种各种植物，以短矮杂草为主。无固定产卵场，水面岸边有斜坡，连接陆地。并有宽20厘米的水泥面，兼作食台和休息台。

伪图龟成龟池

图龟类成龟池

（二）日常管理

水　水位在40 ~ 60厘米，水色以绿色为佳。

投喂　地图龟类为杂食性，投喂食物以鱼为主，搭配15% ~ 20%的人工配合饵料。鱼搅拌成糊状，放置在岸边食台上；人工配合饵料直接撒入水面。投喂量以龟体重的1% ~ 3%为宜。环境温度22℃以上时投喂，低于22℃不投喂。

冬季管理　环境温度低于18℃，龟进入冬眠期。冬眠期间，如环境温度偶尔升高，不投喂食物。冬季巡塘，发现浮水、岸边嗜睡龟，应捞出单独饲养管理。

（三）繁殖

产卵季节为3—7月，每年产卵3 ~ 5窝，每窝6 ~ 12枚。卵白色，椭圆形，壳软，受精斑位于卵顶部。产卵季节，每天早上收集龟卵，收集方法参照纳氏伪龟。

伪图龟产卵

龟　卵

龟卵排放

收集的卵，放入孵化箱内。卵与卵间隔1厘米，可放2层。孵化3 ~ 5天后，将卵顶部出现乳白色受精斑块或出现微弱受精斑的卵，移入另外一个孵化箱继续孵化；随孵化时间的推移，受精斑逐渐扩大。剔除未出现受精斑的卵。孵化期间勿喷水，孵化30天后检查一下卵，将坏卵剔除，其他卵继续孵化。孵化温度为28 ~ 30℃，孵化期60天左右。

挑拣伪图龟稚龟　周峰婷

1龄幼龟　　稚龟　周峰婷

【驯养繁殖关键性技术】

（1）季节更替时，特别要注意天气和温度。温度不稳定时，宁停喂或少喂，勿多喂。避免温度下降，引起龟肠胃的不适。

（2）孵化时，孵化温度28 ~ 30℃，雌龟居多；孵化温度26℃左右，雄龟居多。

（3）冬眠前，增加投喂量，使龟存储足够的能量，安全度过冬眠期。

第五章 规模化养殖场池塘建造和布局

陆笑笑

自2006年起开展“中国龟鳖养殖状况”项目以来，作者走访参观养殖场（户）200多家。2009年项目完成后，出版了《中国龟鳖养殖原色图谱》。项目虽圆满完成，但走访参观养殖场的兴趣一直未减。近10多年以来，目睹各种各样、形式不一的规模化养殖场池塘，各有各的利弊。现归纳如下，供读者借鉴和参考。

一、水栖龟池

水栖龟池面积可因地制宜，大的面积有4 ~ 10亩，小的面积1 ~ 3亩。龟池布局包含产卵场、晒台和食台等。池塘、产卵场、晒台和食台的面积、形状可多样化，因地制宜建造。池塘形状通常以长方形、方形、椭圆形居多。池塘多数为土池，池壁以砖砌、水泥抹外表；也可用瓷砖、防渗膜铺垫。池底锅底状或平底状。池塘四周的陆地面积因地制宜，通常陆地面积为水面积的1/5 ~ 1/3。陆地面积（除产卵场外）应用网或砖、水泥覆盖，减少龟随处产卵和增加挖卵的工作量。龟的逃逸能力往往超过人的想象，很多种类的龟具有爬墙本领。在池塘拐角处、粗糙墙壁等，龟以其坚韧不拔的倔强攀爬，以及叠罗汉的方式逃逸。龟池拐角处应加盖翻檐，杜绝龟的逃逸。

土池全景

陆笑笑

土池一角

小型养殖场

大型养殖土池

土　池

长方形大型养殖池

中型养殖池

大型养殖场的土池

大型养殖池

池的四周用瓷砖围挡

土池的四周以瓷砖围挡

成龟池内用竹竿围挡水生植物

成龟池四周砌护墩

池四周垂直，仅产卵场和晒台处有斜坡

池中央设置水泥栈道，便于巡池等日常管理

干塘后的成龟池，四周斜坡、中间深

大型养殖池塘放置小船

异形水泥池

岸边铺垫红砖的晒台

毛竹晒台

木板平式晒台

木板后倾斜式晒台

晒台、食台兼用

石棉瓦、水泥板、木板晒台　陆义强

水排放后的晒台

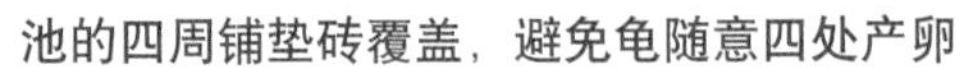
池的四周铺垫砖覆盖，避免龟随意四处产卵

龟爬墙　　伊星

产卵场分封闭型、半开放型和开放型。产卵场内以沙土、泥土铺垫30～50厘米，沙土深，不利于挖卵；沙土浅，不利于龟产卵。5亩的池塘中间可加栈道，便于巡池、投喂等工作。晒台、食台可用木棒、木板、竹竿、PVC管等材料制作。栈道以水泥墩、木棒等做桩，桩上铺木板或水泥板等材料。

后倾斜半开放型产卵场

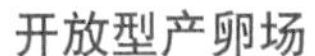
开放型产卵场

平顶式产卵房

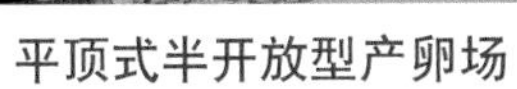

平顶式半开放型产卵场

前倾斜半开放型产卵场

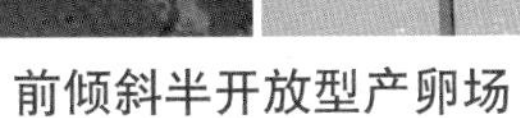

前倾斜半开放型产卵场

半开放型产卵场内部

前倾斜封闭型产卵场

前倾斜封闭型产卵场

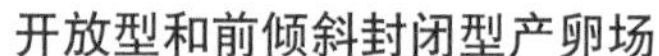

开放型和前倾斜封闭型产卵场

前倾斜和后倾斜封闭型产卵场

“人”字顶封闭型产卵场

二、半水栖龟池

半水栖龟池的面积通常为10～50米^2，布局以陆地、产卵场、龟窝、食台、绿化为主。半水栖龟类以陆栖为主，故陆地面积大于水面积。陆地以水泥抹平，也可铺瓷砖（将反面朝上）和各种砖。如直接用土，宜铺网，避免随意产卵现象。黄缘闭壳龟有食卵行为，养殖者自创了隔离产卵、悬空产卵等方法，对龟的食卵行为起到了一定的阻碍作用。

半水栖龟饲养池

池内树下覆盖泥土，避免龟随意产卵

饲养池内泥土上覆盖网，避免龟随意产卵

饲养池内栽种植物，起到遮阴绿化作用

PVC管喂食器

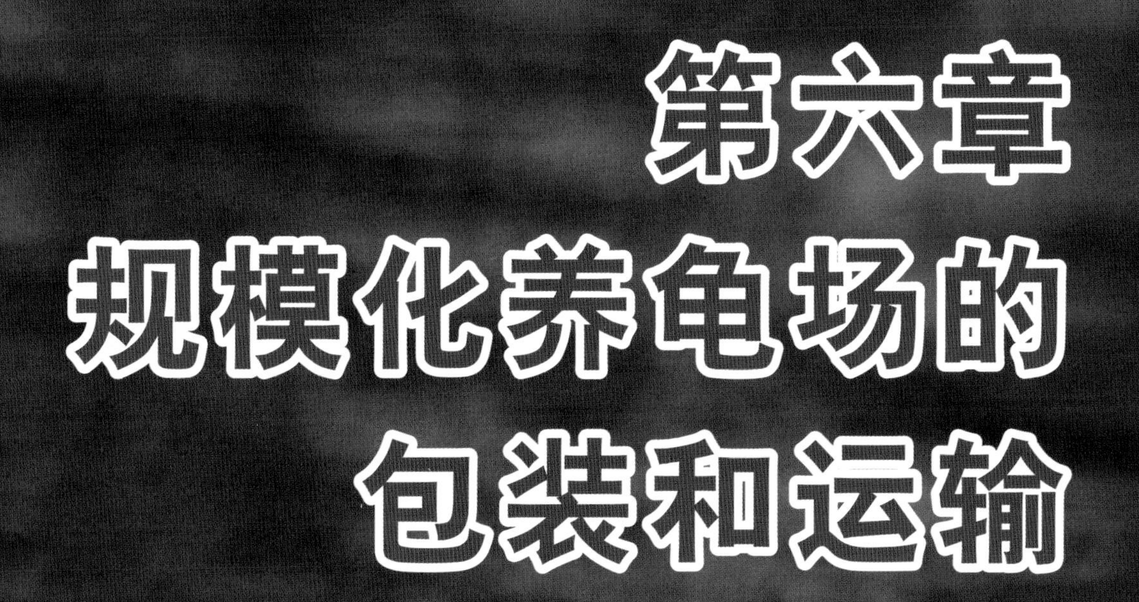

第六章 规模化养龟场的包装和运输

黄头南美侧颈龟

规模化养龟场的包装和运输，与少量龟的包装和运输有着本质区别。包装，是为了运输过程中保护龟的安全和提高成活率。规模化养龟场包装和运输龟，由于不同规格的龟对外界环境适应性和对生物抵抗力的差异，不同规格的龟包装和运输要求也不同。我国南北方气温差异大，南龟北运、北龟南运过程中带来一些新的问题和挑战。正确的包装和运输方法，是确保龟成活的前提。以下包装和运输方法，仅适用于水栖和半水栖龟类。

一、龟类批量包装前的准备工作

1. 龟苗　龟苗又称稚龟。指未开食、有乳牙的龟（少数稚龟有未开食乳牙脱落现象）。

乳　牙

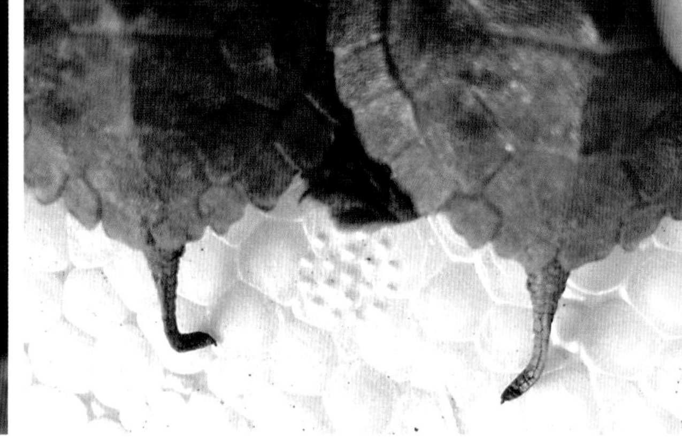

腹部有虫孔和尾部弯曲的龟苗

【方法1】 包装前，龟苗应放入水中，让龟爬动，将龟身上的蛭石、沙土洗净。同时，可检查龟的质量和健康状态，剔除龟腹部有虫孔、肚脐未完全吸收、尾部弯曲等现象的龟。健康的龟晾干后待装箱。

【方法2】 有些龟苗可不洗，直接从孵化箱内捡出，检查健康状况，清点待包装。

2. 幼龟、亚成体和成龟　幼龟、亚成体和成龟，是已经开食养过的龟。包装前，应停食2 ~ 3天，使龟排空肠胃，避免因温差、挤压、晃动、颠簸等因素而造成不适。

二、龟类批量包装的方法

龟类批量包装材料，可用纸箱、泡沫箱、网袋和胶框等。不同规格的龟，包装材料也不同。

1. 龟苗和幼龟包装

（1）纸箱　纸箱大小可定制，纸箱尺寸依据装龟的塑料盒尺寸而定。纸箱的纸质分防水和非防水两种。纸箱两面或四面应有透气孔，纸箱内用塑料盒装龟。塑料盒通常不超过4层，每盒装8 ~ 10只。塑料盒外面应用胶带或胶圈加固。塑料盒内可铺垫报纸条、餐巾纸、苔藓、蛭石等材料，也可不铺垫。铺垫材料起到保湿、防撞的作用。冬季运输龟时，可在纸箱内加发热包、泡沫箱等，起到保温的效果。另外，龟苗用网袋封口后，也可直接平铺放入纸箱，加盖后贴公司标识等。

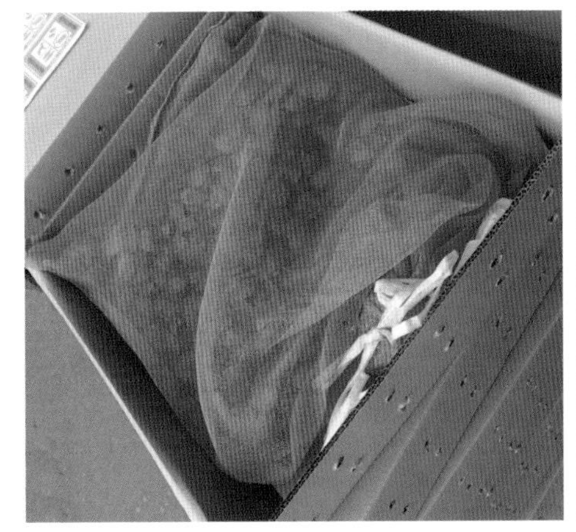

龟苗装入网袋后放入纸箱

纸箱外部

装箱后的龟苗

（2）尼龙网袋（高密度聚乙烯网袋）　用40目或网眼1毫米的网袋（网眼过大，龟爪易将网眼扒大，头、四肢易伸出，磨损皮肤）。尼龙网制作成长方形、正方形，网袋3个边应翻转压缝，避免龟爪扒动、网眼扩大后逃逸。建议用双层网袋包装，做到万无一失。依据网袋大小、种类、季节的不同，每袋装龟的数量也不同。花龟、红耳彩龟、黄耳彩龟等种类的稚龟，每袋装200 ~ 400只；乌龟、锦龟等体小的种类，每袋装300 ~ 500只；其他规格的龟，应适当减少数量。网袋扎口后，应水平放置，勿叠压或竖立，避免龟堆积而引起互相挤压的现象。

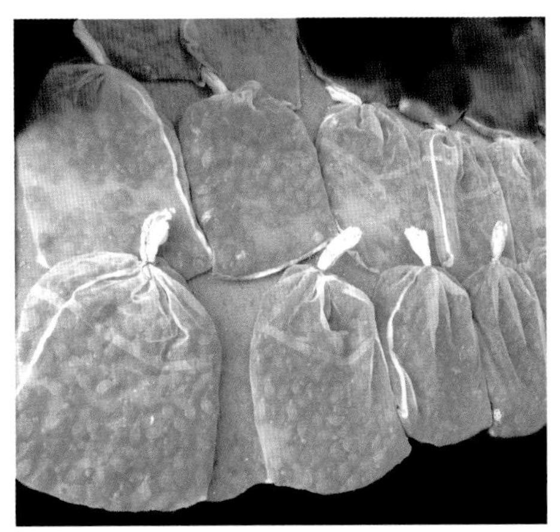

网袋水平放置

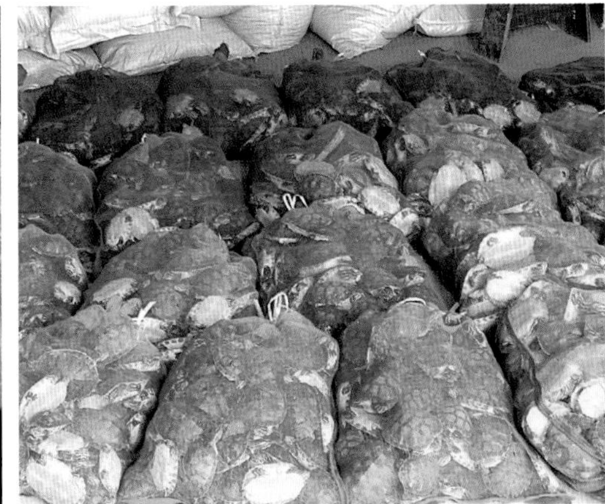

网袋装的亚成体

网袋装的幼龟

(3) 胶框包装　龟放入网袋后封口，直接平铺放入塑料筐中。

①单层塑料筐（有透气孔）包装时，盖上塑料盖固定；塑料盖上面放置一块三夹板，并固定在塑料筐四周。塑料筐外用聚乙烯编织袋（蛇皮袋）包裹，用胶带固定，起到抗压的作用。

②双层塑料筐包装时，第一层放一袋龟后，在塑料筐中部插入2根硬木棒或铁丝，作为支架，支架上放三夹板（三夹板厚度根据龟的尺寸而定）；再放一袋龟，然后放上盖，塑料筐盖上面再放置一块三夹板，起到防压防撞的作用。

双层包装的木支架

双层包装的竹支架

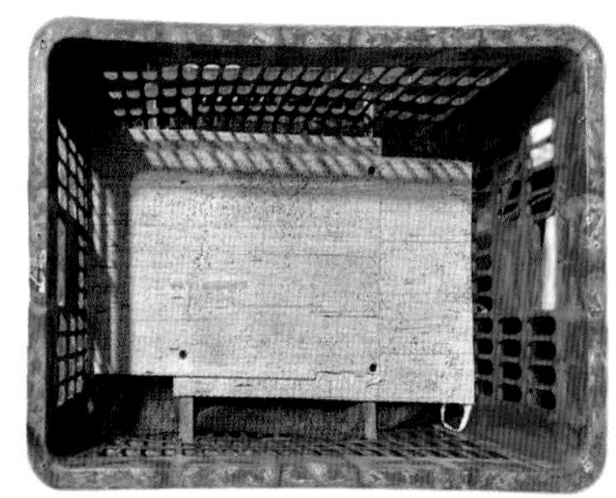

第二次垫板

二层包装的龟苗

(4) 独立包装　用布袋、聚乙烯袋（蛇皮袋）等材料，将每只龟独立包装；也可1个大袋装数只龟，每只龟之间用绳扎紧，将每只龟隔离。

2.亚成体和成龟包装　亚成体和成龟壳硬，抵抗力强，龟可直接装入袋中。龟装入袋内，扎紧口，使龟与龟之间互相靠近。袋内空间小，有利于龟安静，少爬动，减少龟的体力损耗。龟装入网袋后，可放入塑胶盆或塑胶框内，盆（框）可层层叠加放置，塑胶盆之间应留透气孔。

龟与龟之间隔离包装

成龟网袋包装　陆笑笑

塑胶框叠加摆放　陆笑笑

有透气孔的塑胶框

三、网袋束口方法

1. 电动封包机　用手提电动封包机封口，网袋边翻卷1次。拆封口时，拉线头即可拆开。

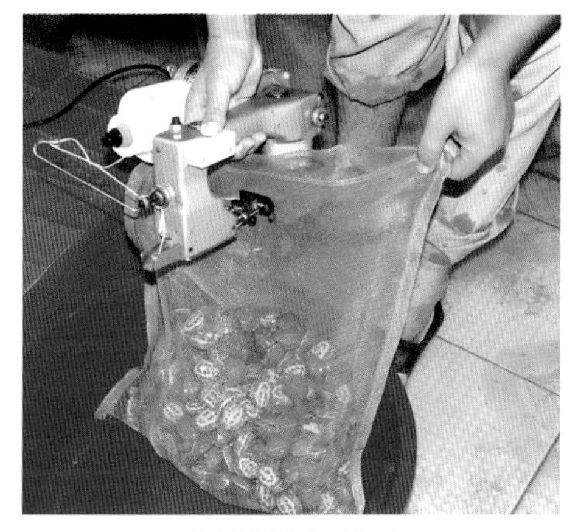

电动封包机封口　　封口后

2. 手工打结　网袋口有绳头，按照下列图示方法操作即可。手工打结，操作简单，不易脱落，拆封迅速。

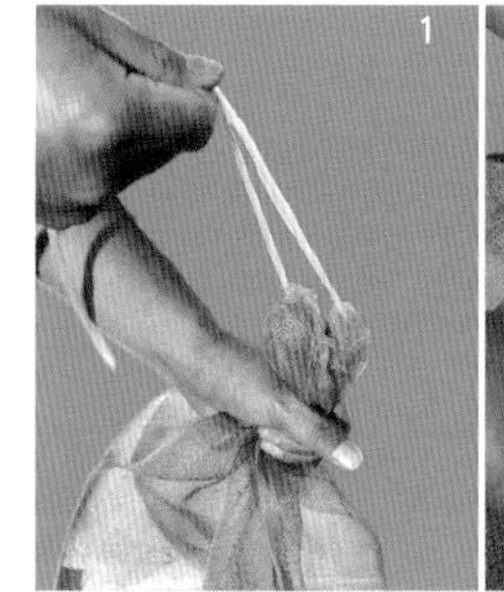

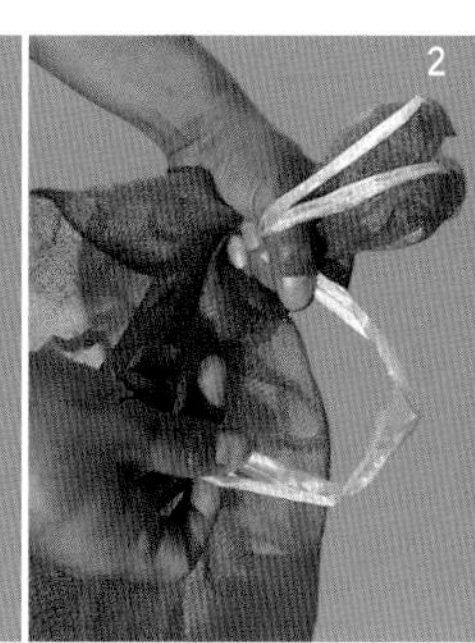

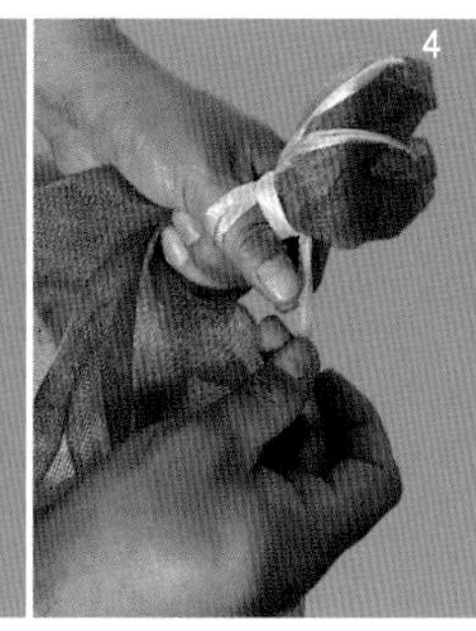

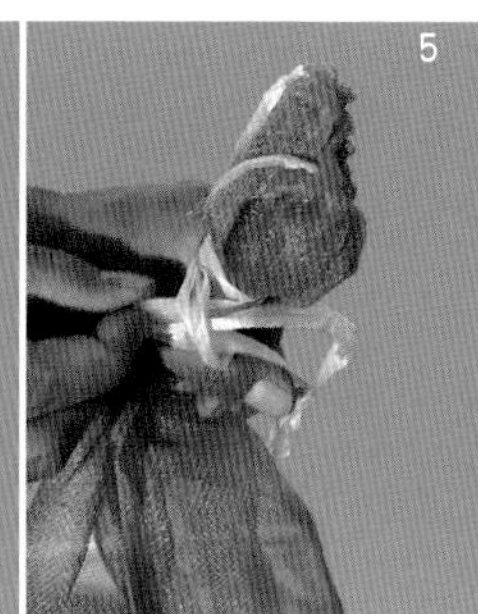

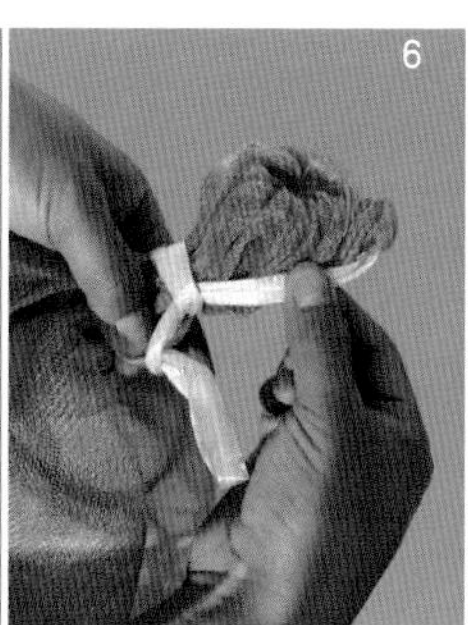

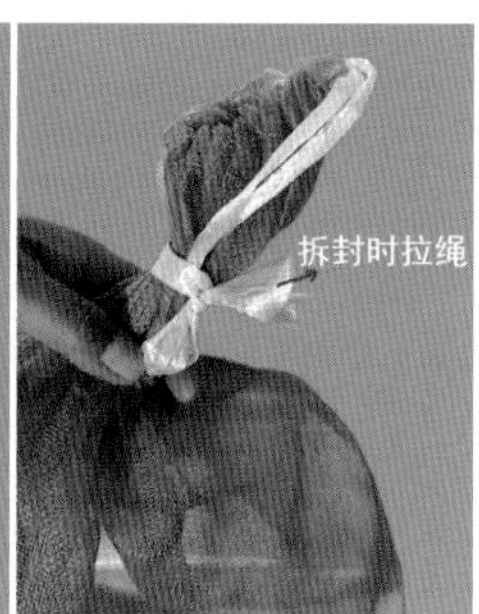

网袋束口手工打结方法

四、包装和运输的关键因素

（1）包装材料应满足防水、透气、抗压等因素，避免出现损耗。

（2）不同规格的龟分开包装。规格相差大的个体应分开包装，避免挤压和堆积。

（3）切记勿低估龟的逃逸能力。已封口的一袋龟，袋内龟喜爬背，互相叠加，聚拢在一起，向一个方向爬，使网袋移动。龟用实际行动，证明了“团结就是力量”的真谛。

参考文献

李友邦，韦振逸，邹异，等，2010. 广西野生动物非法利用和走私的种类初步调查[J]. 野生动物学报，32(5): 280-284.

李义明，李典谟，1997. 中越边境野生动物活体贸易调查[G]. 北京：中国环境科学出版社：159-175.

乔轶伦，2010. 中国两栖爬行宠物饲养概况[J]. 水族世界 (10): 160-161.

王健，宋亦希，肖嘉杰，等，2017. 广州花地湾市场龟鳖类调查[J]. 动物学杂志，52(2): 244-252.

杨清，陈进，白志林，等，2000. 中国、老挝野生动植物边境贸易现状及加强管理的建议[J]. 生物多样性，8(3): 284-296.

周婷，2004. 龟鳖分类图鉴[M]. 北京：中国农业出版社.

周婷，王伟，2009. 中国龟鳖养殖原色图谱[M]. 北京：中国农业出版社.

周婷，李丕鹏，2014. 中国龟鳖分类原色图谱[M]. 北京：中国农业出版社.

Jesús A Loc-Barragán, Reyes-Velasco J , Woolrich-Pia G A, et al. 2020. A New Species of Mud Turtle of Genus *Kinosternon* (Testudines: Kinosternidae) from the Pacific Coastal Plain of Northwestern Mexico [J]. Zootaxa, 4885 (4) : 509-529.

TTWG [Turtle Taxonomy Working Group: Rhodin A. G. J., Iverson J. B., Bour, R., Fritz, U., Georges, A., Shaffer, H. B., and Van Dijk P. P.]. 2021. Turtles of the World: Annotated Checklist and Atlas of Taxonomy, Synonymy, Distribution, and Conservation Status [J]. (9th Ed.). Chelonian Research Monographs, 8: 1-472.

Vetter Holger, 2002. Terralog: Turtles of the World Vol. 1 Africa, Europe and Western Asia [M]. Frankfurt: Chimaira Buchhandelsgesellschaft mbH.

Vetter Holger, 2004. Terralog: Turtles of the World Vol. 2 North America [M]. Frankfurt: Chimaira Buchhandelsgesellschaft mbH.

Vetter Holger, 2005. Terralog: Turtles of the World Vol. 3 Central and South America [M]. Frankfurt: Chimaira Buchhandelsgesellschaft mbH.

Vetter Holger, Peter Paul van Dijk. 2006. Terralog: Turtles of the World Vol. 4 East and South Asia [M]. Frankfurt: Chimaira Buchhandelsgesellschaft mbH.

Vetter Holger, 2018. Terralog: Turtles of the World Vol. 5 Australia and Oceania [M]. Frankfurt: Chimaira Buchhandelsgesellschaft mbH.

附录Ⅰ　《国家重点保护野生动物名录》中的龟鳖物种名录

（2021年版）

中文名	拉丁名	保护级别		备　注
龟鳖目	**TESTUDINES**			
平胸龟科#	**Platysternidae**			
*平胸龟	*Platysternon megacephalum*		二级	仅限野外种群
陆龟科#	**Testudinidae**			
缅甸陆龟	*Indotestudo elongata*	一级		
凹甲陆龟	*Manouria impressa*	一级		
四爪陆龟	*Testudo horsfieldii*	一级		
地龟科	**Geoemydidae**			
*欧氏摄龟	*Cyclemys oldhamii*		二级	
*黑颈乌龟	*Mauremys nigricans*		二级	仅限野外种群
*乌龟	*Mauremys reevesii*		二级	仅限野外种群
*花龟	*Mauremys sinensis*		二级	仅限野外种群
*黄喉拟水龟	*Mauremys mutica*		二级	仅限野外种群
*闭壳龟属所有种	*Cuora* spp.		二级	仅限野外种群
*地龟	*Geoemyda spengleri*		二级	
*眼斑水龟	*Sacalia bealei*		二级	仅限野外种群
*四眼斑水龟	*Sacalia quadriocellata*		二级	仅限野外种群
海龟科#	**Cheloniidae**			
*红海龟	*Caretta caretta*	一级		原名“蠵龟”
*绿海龟	*Chelonia mydas*	一级		
*玳瑁	*Eretmochelys imbricata*	一级		
*太平洋丽龟	*Lepidochelys olivacea*	一级		
棱皮龟科#	**Dermochelyidae**			
*棱皮龟	*Dermochelys coriacea*	一级		
鳖科	**Trionychidae**			
*鼋	*Pelochelys cantorii*	一级		
*山瑞鳖	*Palea steindachneri*		二级	仅限野外种群
*斑鳖	*Rafetus swinhoei*	一级		

* 代表水生野生动物；# 代表该分类单元所有种均列入名录。

附录Ⅱ 《濒危野生动植物种国际贸易公约》附录中的龟鳖物种名录

（自2023年2月23日起生效）

附录Ⅰ	附录Ⅱ	附录Ⅲ
龟鳖目 TESTUDINES		
两爪鳖科 Carettochelyidae		
	两爪鳖 *Carettochelys insculpta*	
蛇颈龟科 Chelidae		
短颈龟 *Pseudemydura umbrina*	麦氏长颈龟 *Chelodina mccordi*（野外来源标本出口零限额） 亚马逊蛇颈龟 *Chelus fimbriatus*（包含*C. orinoensis*）	
海龟科 Cheloniidae		
★海龟科所有种 Cheloniidae spp.		
鳄龟科 Chelydridae		
	拟鳄龟 *Chelydra serpentina* 大鳄龟 *Macrochelys temminckii*	
泥龟科 Dermatemydidae		
	泥龟 *Dermatemys mawii*	
棱皮龟科 Dermochelyidae		
★棱皮龟 *Dermochelys coriacea*		
龟科 Emydidae		
牟氏水龟 *Glyptemys muhlenbergii* 科阿韦拉箱龟 *Terrapene coahuila*	斑点水龟 *Clemmys guttata* 布氏拟龟 *Emydoidea blandingii* 木雕水龟 *Glyptemys insculpta* 巴伯图龟*Graptemys barbouri* 恩斯特图龟*Graptemys ernsti* 吉本斯图龟*Graptemys gibbonsi* 珀尔河图龟*Graptemys pearlensis* 花图龟*Graptemys pulchra* 钻纹龟 *Malaclemys terrapin* 箱龟属所有种 *Terrapene* spp.（除被列入附录Ⅰ的物种）	图龟属所有种 *Graptemys* spp.（除被列入附录Ⅱ的物种）（美国） 欧洲池龟 *Emys orbicularis*（乌克兰种群）（乌克兰）
地龟科 Geoemydidae		
马来潮龟 *Batagur affinis* 潮龟 *Batagur baska* 红冠潮龟 *Batagur kachuga* 布氏闭壳龟 *Cuora bourreti* ★黄额闭壳龟 *Cuora galbinifrons* 图纹闭壳龟 *Cuora picturata* 黑池龟 *Geoclemys hamiltonii* 安南龟 *Mauremys annamensis* 三脊棱龟 *Melanochelys tricarinata* 眼斑沼龟 *Morenia ocellata* 印度泛棱背龟 *Pangshura tecta*	咸水龟 *Batagur borneoensis*（野生标本商业目的零限额） 三棱潮龟 *Batagur dhongoka* 缅甸潮龟 *Batagur trivittata*（野生标本商业目的零限额） ★闭壳龟属所有种 *Cuora* spp.（除被列入附录Ⅰ的物种；金头闭壳色 *Cuora aurocapitata*、黄缘闭壳龟 *C. flavomarginata*、百色闭壳龟 *C. mccordi*、锯缘闭壳龟 *C. mouhotii*、潘氏闭壳龟 *C. pani*、三线闭壳龟 *C. trifasciata*、云南闭壳龟 *C. yunnanensis* 和周氏闭壳龟 *C. zhoui* 的野生标本商业目的零限额） ★摄龟属所有种 *Cyclemys* spp. 日本地龟 *Geoemyda japonica* ★地龟 *Geoemyda spengleri* 冠背草龟 *Hardella thurjii*	★艾氏拟水龟 *Mauremys iversoni*（中国） ★大头乌龟 *Mauremys megalocephala*（中国） ★腊戍拟水龟 *Mauremys pritchardi*（中国） ★乌龟 *Mauremys reevesii*（中国） ★花龟 *Mauremys sinensis*（中国） ★缺颌花龟 *Ocadia glyphistoma*（中国） ★费氏花龟 *Ocadia philippeni*（中国） ★拟眼斑水龟 *Sacalia pseudocellata*（中国）

（续）

附录Ⅰ	附录Ⅱ	附录Ⅲ
	庙龟 *Heosemys annandalii*（野生标本商业目的零限额） 扁东方龟 *Heosemys depressa*（野生标本商业目的零限额） 大东方龟 *Heosemys grandis* 锯缘东方龟 *Heosemys spinosa* 苏拉威西地龟 *Leucocephalon yuwonoi* 呵叻食螺龟 *Malayemys khoratensis* 大头马来龟 *Malayemys macrocephala* 马来龟 *Malayemys subtrijuga* 日本拟水龟 *Mauremys japonica* ★黄喉拟水龟 *Mauremys mutica* ★黑颈乌龟 *Mauremys nigricans* 黑山龟 *Melanochelys trijuga* 印度沼龟 *Morenia petersi* 果龟 *Notochelys platynota* 巨龟 *Orlitia borneensis*（野生标本商业目的零限额） 泛棱背龟属所有种 *Pangshura* spp.（除被列入附录Ⅰ的物种） 木纹龟属所有种*Rhinoclemmys* spp. ★眼斑水龟 *Sacalia bealei* ★四眼斑水龟 *Sacalia quadriocellata* 粗颈龟 *Siebenrockiella crassicollis* 雷岛粗颈龟 *Siebenrockiella leytensis* 蔗林龟*Vijayachelys silvatica*	
动胸龟科 Kinosternidae		
科拉动胸龟 *Kinosternon cora* 沃格特动胸龟 *Kinosternon vogti*	窄桥匣龟 *Claudius angustatus* 动胸龟属所有种 *Kinosternon* spp.（除被列入附录Ⅰ的物种） 沙氏麝香龟 *Staurotypus salvinii* 三棱麝香龟 *Staurotypus triporcatus* 小麝香龟所有属 *Sternotherus* spp.	
平胸龟科 Platysternidae		
★平胸龟科所有种 Platysternidae spp.		
侧颈龟科 Podocnemididae		
	马达加斯加大头侧颈龟 *Erymnochelys madagascariensis* 亚马孙大头侧颈龟 *Peltocephalus dumerilianus* 南美侧颈龟属所有种 *Podocnemis* spp.	
陆龟科 Testudinidae		
辐纹陆龟 *Astrochelys radiata* 马达加斯加陆龟 *Astrochelys yniphora* 象龟 *Chelonoidis niger* 印度星龟 *Geochelone elegans* 缅甸星龟 *Geochelone platynota* 黄缘沙龟 *Gopherus flavomarginatus* 饼干龟 *Malacochersus tornieri* 几何沙龟 *Psammobates geometricus* 马达加斯加蛛网龟 *Pyxis arachnoides* 扁尾蛛网龟 *Pyxis planicauda* 埃及陆龟 *Testudo kleinmanni*	★陆龟科所有种 Testudinidae spp.（除被列入附录Ⅰ的物种。苏卡达陆龟*Centrochelys sulcata*野外获得标本且以商业为主要目的贸易年度出口零限额）	

（续）

附录Ⅰ	附录Ⅱ	附录Ⅲ
鳖科 Trionychidae		
刺鳖深色亚种 *Apalone spinifera atra*	亚洲鳖 *Amyda cartilaginea*	
	北美洲鳖属所有种*Apalone* spp.（除被列入附录Ⅰ的亚种）	
小头鳖 *Chitra chitra*	小头鳖属所有种 *Chitra* spp.（除被列入附录Ⅰ的物种）	
缅甸小头鳖 *Chitra vandijki*	努比亚盘鳖 *Cyclanorbis elegans*	
恒河鳖 *Nilssonia gangetica*	塞内加尔盘鳖 *Cyclanorbis senegalensis*	
宏鳖 *Nilssonia hurum*	欧氏圆鳖 *Cycloderma aubryi*	
莱氏鳖 *Nilssonia leithii*	赞比亚圆鳖 *Cycloderma frenatum*	
黑鳖 *Nilssonia nigricans*	马来鳖 *Dogania subplana*	
	斯里兰卡缘板鳖 *Lissemys ceylonensis*	
	缘板鳖 *Lissemys punctata*	
	缅甸缘板鳖 *Lissemys scutata*	
	孔雀鳖 *Nilssonia formosa*	
	★山瑞鳖 *Palea steinadachneri*	
	★鼋属所有种 *Pelochelys* spp.	
	★砂鳖 *Pelodiscus axenaria*	
	★东北鳖 *Pelodiscus maackii*	
	★小鳖 *Pelodiscus parviformis*	
	大食斑鳖 *Rafetus euphraticus*	
	★斑鳖 *Rafetus swinhoei*	
	非洲鳖 *Trionyx triunguis*	

★ 代表中国分布。

注：表中部分物种中文名与本书的中文名不一致，以拉丁名为准。

附录Ⅲ 《濒危野生动植物种国际贸易公约附录水生物种核准为国家重点保护野生动物目录》中的龟鳖物种名录

（2021年11月16日起生效）

中文名	拉丁名	公约附录级别	*名录级别	核准级别
两爪鳖科 Carettochelyidae				
两爪鳖	*Carettochelys insculpta*	Ⅱ	未列入	二（仅野外种群）
蛇颈龟科 Chelidae				
短颈龟	*Pseudemydura umbrina*	Ⅰ	未列入	二（仅野外种群）
麦氏长颈龟	*Chelodina mccordi*	Ⅱ	未列入	二（仅野外种群）
海龟科 Cheloniidae				
海龟科所有种（除列入国家重点保护野生动物名录的物种）	Cheloniidae spp.	Ⅰ	未列入	一
红海龟（蠵龟）	*Caretta caretta*	Ⅰ	一	
绿海龟	*Chelonia mydas*	Ⅰ	一	
玳瑁	*Eretmochelys imbricata*	Ⅰ	一	
太平洋丽龟	*Lepidochelys olivacea*	Ⅰ	一	
鳄龟科 Chelydridae				
拟鳄龟（美国）	*Chelydra serpentina*	Ⅲ	未列入	暂缓核准
大鳄龟（美国）	*Macroclemys temminckii*	Ⅲ	未列入	暂缓核准
泥龟科 Dermatemydidae				
泥龟	*Dermatemys mawii*	Ⅱ	未列入	二（仅野外种群）
棱皮龟科 Dermochelyidae				
棱皮龟	*Dermochelys coriacea*	Ⅰ	一	
龟科 Emydidae				
牟氏水龟	*Glyptemys muhlenbergii*	Ⅰ	未列入	二（仅野外种群）
科阿韦拉箱龟	*Terrapene coahuila*	Ⅰ	未列入	二（仅野外种群）
斑点水龟	*Clemmys guttata*	Ⅱ	未列入	二（仅野外种群）
布氏拟龟	*Emydoidea blandingii*	Ⅱ	未列入	二（仅野外种群）
木雕水龟	*Glyptemys insculpta*	Ⅱ	未列入	二（仅野外种群）
钻纹龟	*Malaclemys terrapin*	Ⅱ	未列入	二（仅野外种群）

（续）

中文名	拉丁名	公约附录级别	*名录级别	核准级别
箱龟属所有种（除被列入附录Ⅰ的物种）	*Terrapene* spp.	Ⅱ	未列入	二（仅野外种群）
图龟属所有种（美国）	*Graptemys* spp.	Ⅲ	未列入	暂缓核准
地龟科 Geoemydidae				
马来潮龟	*Batagur affinis*	Ⅰ	未列入	二（仅野外种群）
潮龟	*Batagur baska*	Ⅰ	未列入	二（仅野外种群）
黑池龟	*Geoclemys hamiltonii*	Ⅰ	未列入	二（仅野外种群）
安南龟	*Mauremys annamensis*	Ⅰ	未列入	二（仅野外种群）
三脊棱龟	*Melanochelys tricarinata*	Ⅰ	未列入	二（仅野外种群）
眼斑沼龟	*Morenia ocellata*	Ⅰ	未列入	二（仅野外种群）
印度泛棱背龟	*Pangshura tecta*	Ⅰ	未列入	二（仅野外种群）
咸水龟	*Batagur borneoensis*	Ⅱ	未列入	二（仅野外种群）
三棱潮龟	*Batagur dhongoka*	Ⅱ	未列入	二（仅野外种群）
红冠潮龟	*Batagur kachuga*	Ⅱ	未列入	二（仅野外种群）
缅甸潮龟	*Batagur trivittata*	Ⅱ	未列入	二（仅野外种群）
闭壳龟属所有种（除被列入附录Ⅰ的物种或我国分布种）	*Cuora* spp.	Ⅱ	未列入	二（仅野外种群）
闭壳龟属所有种（我国分布种）	*Cuora* spp.	Ⅱ	二（仅野外种群）	
布氏闭壳龟	*Cuora bourreti*	Ⅰ	二（仅野外种群）	
图纹闭壳龟	*Cuora picturata*	Ⅰ	二（仅野外种群）	
摄龟属所有种（除被列入国家重点保护野生动物名录的物种）	*Cyclemys* spp.	Ⅱ	未列入	二（仅野外种群）
欧氏摄龟	*Cyclemys oldhaml*	Ⅱ	二	
日本地龟	*Geoemyda japonica*	Ⅱ	未列入	二（仅野外种群）
地龟	*Geoemyda spengleri*	Ⅱ	二	
冠背草龟	*Hardella thurjii*	Ⅱ	未列入	二（仅野外种群）
庙龟	*Heosemys annandalii*	Ⅱ	未列入	二（仅野外种群）
扁东方龟	*Heosemys depressa*	Ⅱ	未列入	二（仅野外种群）
大东方龟	*Heosemys grandis*	Ⅱ	未列入	二（仅野外种群）
锯缘东方龟	*Heosemys spinosa*	Ⅱ	未列入	二（仅野外种群）
苏拉威西地龟	*Leucocephalon yuwonoi*	Ⅱ	未列入	二（仅野外种群）
大头马来龟	*Malayemys macrocephala*	Ⅱ	未列入	二（仅野外种群）
马来龟	*Malayemys subtrijuga*	Ⅱ	未列入	二（仅野外种群）
日本拟水龟	*Mauremys japonica*	Ⅱ	未列入	二（仅野外种群）

（续）

中文名	拉丁名	公约附录级别	*名录级别	核准级别
黄喉拟水龟	*Mauremys mutica*	Ⅱ	二（仅野外种群）	
黑颈乌龟	*Mauremys nigricans*	Ⅱ	二（仅野外种群）	
黑山龟	*Melanochelys trijuga*	Ⅱ	未列入	二（仅野外种群）
印度沼龟	*Morenia petersi*	Ⅱ	未列入	二（仅野外种群）
果龟	*Notochelys platynota*	Ⅱ	未列入	二（仅野外种群）
巨龟	*Orlitia borneensis*	Ⅱ	未列入	二（仅野外种群）
泛棱背龟属所有种（除被附录Ⅰ的物种）	*Pangshura* spp.	Ⅱ	未列入	二（仅野外种群）
眼斑水龟	*Sacalia bealei*	Ⅱ	二（仅野外种群）	
四眼斑水龟	*Sacalia quadriocellata*	Ⅱ	二（仅野外种群）	
粗颈龟	*Siebenrockiella crassicollis*	Ⅱ	未列入	二（仅野外种群）
雷岛粗颈龟	*Siebenrockiella leytensis*	Ⅱ	未列入	二（仅野外种群）
蔗林龟	*Vijayachelys silvatica*	Ⅱ	未列入	二（仅野外种群）
艾氏拟水龟（中国）	*Mauremys iversoni*	Ⅲ	未列入	二（仅野外种群）
大头乌龟（中国）	*Mauremys megalocephala*	Ⅲ	未列入	二（仅野外种群）
腊戌拟水龟（中国）	*Mauremys pritchardi*	Ⅲ	未列入	二（仅野外种群）
乌龟	*Mauremys reevesii*	Ⅲ	二（仅野外种群）	
花龟	*Mauremys sinensis*	Ⅲ	二（仅野外种群）	
缺颌花龟（中国）	*Ocadia glyphistoma*	Ⅲ	未列入	二（仅野外种群）
费氏花龟（中国）	*Ocadia philippeni*	Ⅲ	未列入	二（仅野外种群）
拟眼斑水龟（中国）	*Sacalia pseudocellata*	Ⅲ	未列入	二（仅野外种群）
平胸龟科 Platysternidae				
平胸龟科所有种（除被列入国家重点保护野生动物名录的物种）	Platysternidae spp.	Ⅰ	未列入	二（仅野外种群）
平胸龟	*Platysternon megacephalum*	Ⅰ	二（仅野外种群）	
侧颈龟科 Podocnemididae				
马达加斯加大头侧颈龟	*Erymnochelys madagascariensis*	Ⅱ	未列入	二（仅野外种群）
亚马孙大头侧颈龟	*Peltocephalus dumerilianus*	Ⅱ	未列入	二（仅野外种群）
南美侧颈龟属所有种	*Podocnemis* spp.	Ⅱ	未列入	二（仅野外种群）
鳖科 Trionychidae				
刺鳖深色亚种	*Apalone spinifera atra*	Ⅰ	未列入	二（仅野外种群）
小头鳖	*Chitra chitra*	Ⅰ	未列入	二（仅野外种群）
缅甸小头鳖	*Chitra vandijki*	Ⅰ	未列入	二（仅野外种群）

（续）

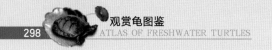

中文名	拉丁名	公约附录级别	*名录级别	核准级别
恒河鳖	*Nilssonia gangetica*	Ⅰ	未列入	二（仅野外种群）
宏鳖	*Nilssonia hurum*	Ⅰ	未列入	二（仅野外种群）
黑鳖	*Nilssonia nigricans*	Ⅰ	未列入	二（仅野外种群）
亚洲鳖	*Amyda cartilaginea*	Ⅱ	未列入	二（仅野外种群）
小头鳖属所有种（除被列入附录Ⅰ的物种）	*Chitra* spp.	Ⅱ	未列入	二（仅野外种群）
努比亚盘鳖	*Cyclanorbis elegans*	Ⅱ	未列入	二（仅野外种群）
塞内加尔盘鳖	*Cyclanorbis senegalensis*	Ⅱ	未列入	二（仅野外种群）
欧氏圆鳖	*Cycloderma aubryi*	Ⅱ	未列入	二（仅野外种群）
赞比亚圆鳖	*Cycloderma frenatum*	Ⅱ	未列入	二（仅野外种群）
马来鳖	*Dogania subplana*	Ⅱ	未列入	二（仅野外种群）
斯里兰卡缘板鳖	*Lissemys ceylonensis*	Ⅱ	未列入	二（仅野外种群）
缘板鳖	*Lissemys punctata*	Ⅱ	未列入	二（仅野外种群）
缅甸缘板鳖	*Lissemys scutata*	Ⅱ	未列入	二（仅野外种群）
孔雀鳖	*Nilssonia formosa*	Ⅱ	未列入	二（仅野外种群）
莱氏鳖	*Nilssonia leithii*	Ⅱ	未列入	二（仅野外种群）
山瑞鳖	*Palea steindachneri*	Ⅱ	二（仅野外种群）	
鼋属所有种（除被列入国家重点保护野生动物名录的物种）	*Pelochelys* spp.	Ⅱ	未列入	二（仅野外种群）
鼋	*Pelochelys bibroni*	Ⅱ	一	
砂鳖	*Pelodiscus axenaria*	Ⅱ	未列入	二（仅野外种群）
东北鳖	*Pelodiscus maackii*	Ⅱ	未列入	二（仅野外种群）
小鳖	*Pelodiscus parviformis*	Ⅱ	未列入	二（仅野外种群）
大食斑鳖	*Rafetus euphraticus*	Ⅱ	未列入	二（仅野外种群）
斑鳖	*Rafetus swinhoei*	Ⅱ	一	
非洲鳖	*Trionyx triunguis*	Ⅱ	未列入	二（仅野外种群）
珍珠鳖（美国）	*Apalone ferox*	Ⅲ	未列入	暂缓核准
滑鳖（美国）	*Apalone mutica*	Ⅲ	未列入	暂缓核准
刺鳖（美国）（除被列入附录Ⅰ的亚种）	*Apalone spinifera*	Ⅲ	未列入	暂缓核准

* 名录级别指《国家重点保护野生动物名录》。

附录Ⅳ 拉丁名索引

刘健

附录Ⅴ　中文名索引

晚霞　赵蕙

百色闭壳龟稚龟　孙晓峰

附录Ⅵ　观赏龟企业

变异巴西龟　深圳龟谷

李艺金钱龟

世界著名金钱龟养殖繁育基地

——惠州李艺金钱龟生态发展有限公司

李艺金钱龟生态发展有限公司所属的金钱龟养殖繁育基地，是全国休闲渔业示范基地、全国第七批农业标准化示范区、农业部第六批水产健康养殖示范场、广东省农业重点龙头企业、广东省省级金钱龟良种场、广东省现代化产业500强项目单位、广东省休闲农业与乡村旅游示范点。

公司创立于1989年，是一家集养殖、科普、研发、旅游、农业观光等为一体的大型综合性产业链龟业企业。目前，公司金钱龟养殖产业化、标准化和规模化水平位于世界前列，是世界著名的金钱龟养殖基地，养殖技术处于国内外领先水平。公司开发了金钱露、金钱龟精、龟参津、金钱龟酒、金钱龟含片和龟苓膏六大系列养生产品。其中，龟益寿龟苓膏在同类产品中独树一帜，以“只做真龟龟苓膏”的理念，精选6年以上成龟，配以多味中草药，经48小时熬制，打造超级龟苓膏。

为进一步推动金钱龟产业发展，公司投资1.8亿元建设李艺金钱龟生态园。该生态园占地面积345亩，园内设立万龟园、文化长廊、金钱龟微型野生保护区（野龟岛）、游客接待中心等景点和设施，CCTV-1《科技博览》、CCTV-2《财富故事会》、CCTV-7《农广天地》，以及《羊城晚报》《香港商报》等省内外20多家媒体深度采访和报道过。

公司致力于濒临灭绝动物的保护，致力于开发研究金钱龟的食用与药用价值，致力于金钱龟养殖业与旅游业并行发展，致力于经济发展与社会效益，是公司的长期目标。董事长李艺先生热烈欢迎各级领导、各界人士莅临指导！

人气养颜龟苓膏
元气满满看得见

龟益寿®
真龟熬制

真龟熬制更放心
龟胶原蛋白含量≥0.9%

龟益寿®
真龟熬制

天然食品
安心之选

惠州李艺金钱龟生态发展有限公司　　联系电话：0752-5892222　6693319　13809691016
地址：广东省惠州市博罗县杨侨镇28座01号

rlyl
rlyl的自然世界
联系人：朱彤
联系电话：13803056618
自然界的“维基百科”

长江十年禁捕 保护生态环境
关注微笑天使 保护长江江豚

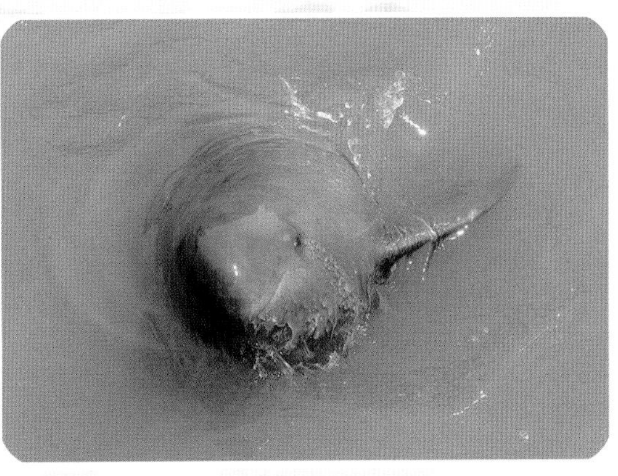

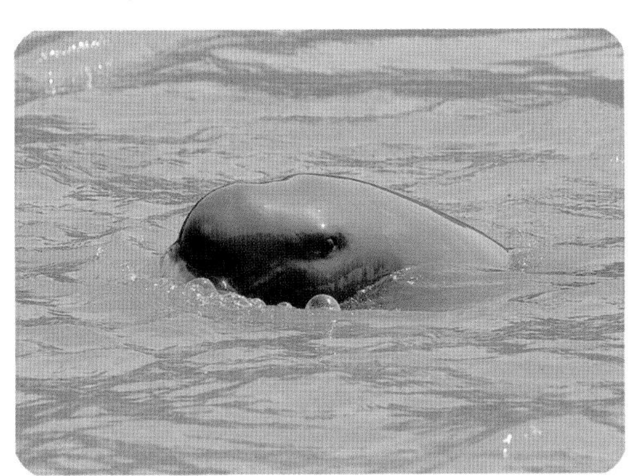

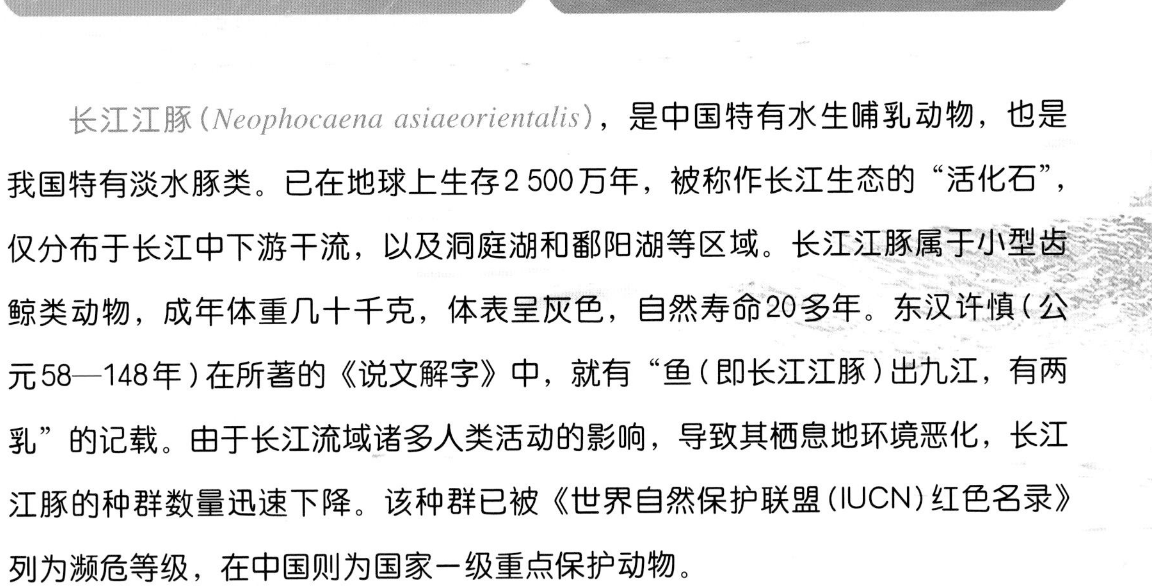

长江江豚(*Neophocaena asiaeorientalis*)，是中国特有水生哺乳动物，也是我国特有淡水豚类。已在地球上生存2 500万年，被称作长江生态的“活化石”，仅分布于长江中下游干流，以及洞庭湖和鄱阳湖等区域。长江江豚属于小型齿鲸类动物，成年体重几十千克，体表呈灰色，自然寿命20多年。东汉许慎（公元58—148年）在所著的《说文解字》中，就有“鱼（即长江江豚）出九江，有两乳”的记载。由于长江流域诸多人类活动的影响，导致其栖息地环境恶化，长江江豚的种群数量迅速下降。该种群已被《世界自然保护联盟（IUCN）红色名录》列为濒危等级，在中国则为国家一级重点保护动物。

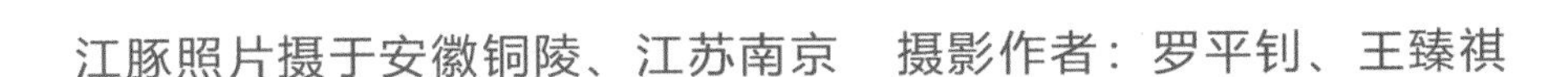

江豚照片摄于安徽铜陵、江苏南京　摄影作者：罗平钊、王臻祺

铜陵市郊区长江豚保护协会
安徽金玄武养殖有限公司
（联合发布）

国内著名蛋龟场

——苏州青青水产发展公司

苏州青青水产发展公司位于江苏省最南部的苏州市吴江区震泽镇。公司外塘面积700余亩，现代化育苗室和驯化车间30 000米^2。养殖各种蛋龟类等60多种龟鳖动物。公司自1997年成立以来，长期致力于发展名特优龟鳖动物的驯养繁殖。近五年来，致力发展观赏龟繁育等工作，主要繁育种类有剃刀动胸龟、麝香动胸龟、巨头动胸龟、虎纹动胸龟、东方动胸龟、果核动胸龟、黄泽动胸龟、窄桥动胸龟等。年繁殖各种动胸龟类10万余只。此外，公司传承了30余年中华鳖养殖经验，每年向社会供应5龄以上的长江系中华鳖。

联系电话：13771689333
企业地址：苏州市吴江区震泽镇

神甲会自培

公司自主技术培育世界上第一种蓝色的龟类：星辰大海

欢迎来到
神甲变异世界

从石器时代走出来后，人类洞悉了大自然创世造物的秘密，并依靠培育变异新品种，来将这个星球改造成一个适合人类生存的美好新世界。然而，所谓的培育其实就是一场以人类想法和喜好所引导的演变而已，伟大的繁殖家们通过自己高超的技艺和对未来美好的向往，将毫不起眼的野草、野兽变成丰收的庄稼和肥美的家畜，将平凡的鲤、乌龟变成了精美的艺术品。天上闪耀的星宿与源远流长的历史神话都为这一切带来无限的灵感，变异万岁！欢迎来到变异新世界！

黄凯 董事长
13809218633

Ee. 董事长助理
15811704468

企业名称：神甲养殖有限公司

企业地址：广东省佛山市南海区狮山镇桃园东路 89号

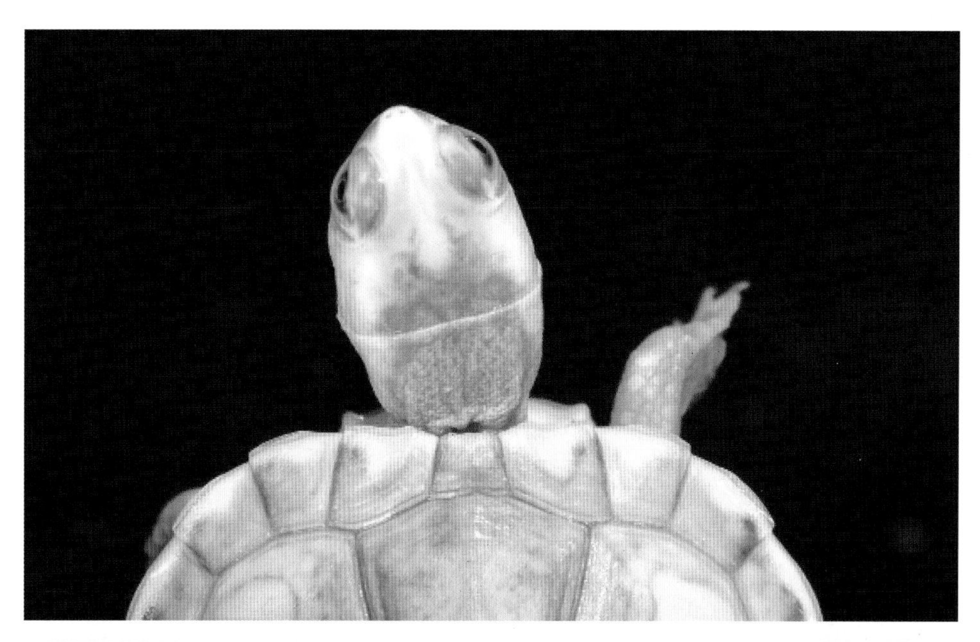

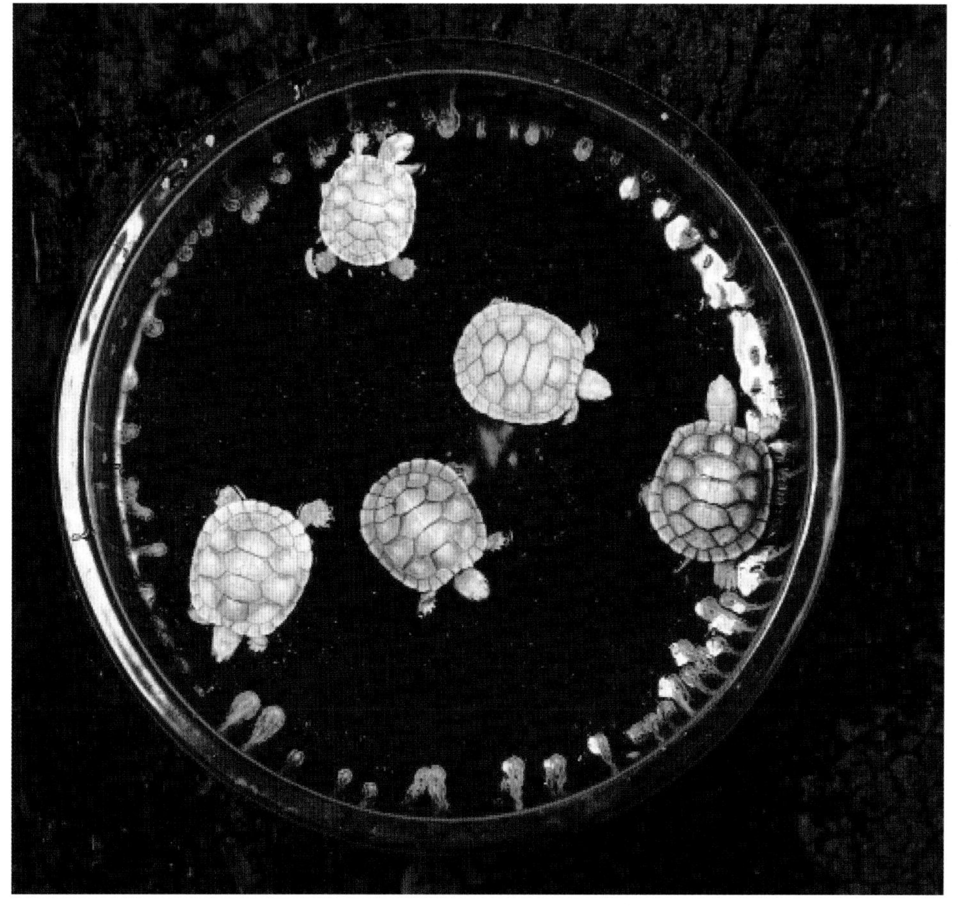

北南龟缘

——传播龟鳖文化的劳动者

北南龟缘成立于2016年，是国内北方和南方龟友们自发成立的非盈利性团队。自成立以来，团队中的每一名成员都具有多年丰富的驯养繁育经验。北南龟缘在团队创始人王斌的带领和团队精英何俊的创新下，团队在繁育技术上，始终秉承“精心繁育，推陈出新”的原则，将北南龟鳖养殖文化和养殖理念融合一体，成功繁殖了多种大型龟鳖物种、东南亚物种、变异红耳彩龟和动胸龟类。

2019年，北南龟缘团队创始人王斌又协同龟友魏常伟，在北京开办了第一家龟主题餐厅，餐厅的开业，吸引了北京电视台的关注与专访。2022年，团队还筹划在北京开办第一家龟主题民宿，目前正在进行规划与设计当中。相信北南龟缘团队会在稀有龟鳖养殖和龟主题文化传播的道路上继续绽放异彩！

BTV 生活
20:43
特色龟主题川菜馆
马来西亚巨龟
巨龟
美食地图
联系电话：13501391568
13807719661

金振养殖有限公司

张金芳总经理

金振养殖有限公司坐落于浙江省湖州市德清县新市镇，是一家以中高端龟类养殖和繁殖的特种龟养殖基地。公司成立于1998年，张金芳总经理从养殖商品甲鱼开始转型到养殖商品龟，以及中高端龟的养殖和繁殖。经过10多年的努力摸索，逐步拥有了一套自己的养殖模式。目前，公司拥有80个露天中高档种龟池，10多个外塘种龟池。配备了孵化室、可控温培育苗室。拥有麝动胸龟、虎纹麝香龟、白化乌龟、白化巴西龟等30多种中高端龟类，年出苗15万只。

10多年的发展，造就了金振养殖的品牌力量。今天的我将不断提升自我，破茧成蝶，在下一个10年再创辉煌。

北京市渔业协会龟鳖分会

（Beijing Turtle Association，BTA）

王一军会长

北京市渔业协会龟鳖分会（以下简称北京龟协），是在北京市渔业协会领导下的非盈利民间协会。北京龟协自创建之初，即以“保护龟鳖资源，宣传龟鳖文化”为宗旨，募集了各类热爱龟鳖、与龟鳖饲养繁殖有关的爱心人士，并积极开展龟鳖类动物学术研究交流活动，旨在团结广大龟鳖爱好者，宣传注重环保、爱护生态环境、保护野生动物的保育理念，为我国龟鳖养殖业的绿色发展贡献力量。

本协会积极开展会员交流活动，利用北京动物园、中国科学院古脊椎动物与古人类研究所等学术机构资源，组织会员开展科普宣传活动和科学研讨等活动；并通过协会活动模式，多次与国内各省龟鳖协会机构及龟鳖养殖企业联络，开展经验交流、学习、考察、展示与推广等活动，不仅增进了会员间的联系，也拓宽了会员视野。

北京龟协，热忱欢迎您的参与。

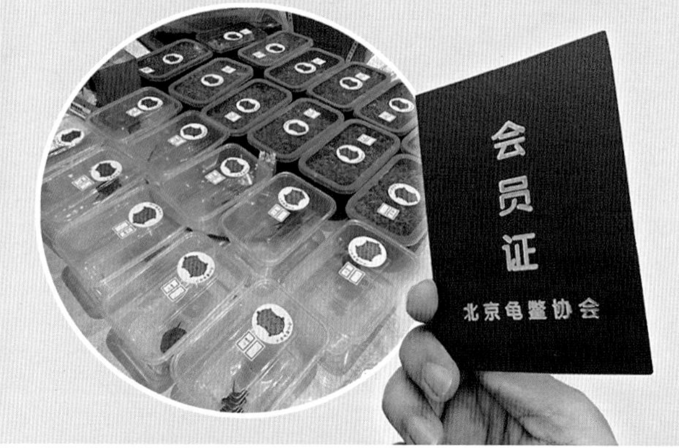

北京卓玛动保生态科技有限公司

卓玛动保

公司创始人/CEO　　马卓

北京卓玛动保生态科技有限公司，位于北京西二环附近，是一家集观赏龟育种、育苗、选育、科研和营销于一体的龟类专业繁育机构，也是北京市首批获得《水生野生动物人工繁育许可证》《水生野生动物经营利用许可证》的创新企业。公司自创立之初，就坚持观赏龟集约化家庭饲养的环保理念。已会同北京市渔业协会龟鳖分会（以下简称北京龟协），合作开展了多次北京市龟鳖产业调研活动，力求推动家庭化饲养产业模式的推广实施。

公司创始人马卓，自幼痴迷养龟，成功繁殖的多种珍惜龟种，均具有较高的观赏及商业价值。其本人秉承“保护龟鳖资源，宣传龟鳖文化”的宗旨，在繁忙的工作之余兼任北京龟协常务副会长一职，招募各类爱龟人士及企业，广泛参与各大展会及各地龟协养殖场技术交流，积极开展龟类动物研究学术交流活动，致力于推动我国龟鳖养殖业的绿色科学发展。

联系人：马卓

联系电话：13801061006

海口天鹅湖动物园管理有限公司

海口天鹅湖动物园管理有限公司是一家集野生动物养殖、繁育、展示、科普为一体，以散养模式为主的野生动植物乐园。园区位于海口市桂林洋经济开发区，总占地8公顷，由水面、小岛及半岛组成。共展示非洲、美洲12种灵长类动物，陆龟类、金刚鹦鹉、澳洲鸸鹋、袋鼠、南浣熊、耳廓狐等来自五大洲的近百种野生动物。其中，陆龟类有阿尔达布拉陆龟、苏卡达陆龟、辐射陆龟、豹纹陆龟、红腿陆龟、黄腿陆龟等多种大型陆龟。2018年，首次成功繁殖阿尔达布拉陆龟，开启了国内人工繁育阿尔达布拉陆龟的先例。近几年，园内陆龟繁育水平得到提升，每年均有辐射陆龟、豹纹陆龟、苏卡达陆龟、黄腿陆龟等多种陆龟繁育出优良幼龟。除此之外，园内环尾狐猴、松鼠猴、黑帽悬猴等多种灵长类物种也得到优良繁育。另外，园区散养世界最全的天鹅种类，是国内饲养展示全世界7种天鹅唯一的园区。园内的赤颈鹤、红鹮、彩鹮、粉红琵鹭构成五彩飞鸟乐园。此外，园内设狐猴岛、陆龟天地、鹦鹉世界三大主题互动区，游客零距离与动物接触。目前，公司已获得《陆生野生动物驯养繁殖许可证》《陆生野生动物经营利用许可证》，已引进多种天鹅、鹦鹉等近百种野生动物，并人工繁育成功。

关联企业

海口海之语海洋科普有限公司

成立于2017年，主要致力于海洋生物的养殖、繁育、科普及展示。

地址：海南省海口市龙华区观澜湖新城地下01、02

电话：0898-65515273

天津金色家园动物进出口贸易有限公司

成立于2009年，主要从事野生动物进出口业务，为国内各大、中、小型动物园、野生动物园、动物养殖机构及海洋馆、极地馆等引进国外珍稀观赏动物。

地址：天津市河东区太阳城橙翠园24-4-101

电话：022-24650136

天津绿之语动物养殖有限公司

成立于2012年。公司成立以来，从国外进口并驯养繁殖了多种珍稀野生动物，极大地满足了国内动物园、野生动物园、动物养殖公司等单位对国外动物种源的需求。已获得国家一、二级保护动物驯养繁殖资格，一直处于特种养殖企业的先锋位置。

地址：天津市宁河县造甲城镇冯台村外村林场附近

电话：022-24650136

天鹅湖园区位置：海南省海口市美兰区国营桂林洋农场桂林洋大道252号

电话：0898-65717932

邮箱：tehzoo@163.com

上海欣归生物科技有限公司，坐落于上海崇明岛，持有国家审批的保育与非保育动物繁殖许可资质，饲养规模覆盖多达50余种龟、蛇、蜥蜴等爬行动物，数量达20 000只以上，能够从繁殖、产蛋、幼体饲养等各阶段完整跟踪动物繁育情况。曾多次参与政府相关的物种繁育和保护计划，成功人工繁育出20余种繁殖难度极大的观赏龟种，如钻纹龟、窄桥匣龟、星点水龟、木雕水龟、东部箱龟、尤卡坦箱龟等，并已成熟掌握球蟒、猪鼻蛇等蛇类基因选育技术。

中山市僖缘农业有限公司

公司位于生态环境良好、风景优美、交通便利的广东省中山市古镇镇海洲村南方绿博园名龟园内。于2016年10月正式注册成立，占地总面积69.4亩，计划总投资2亿元。公司坚持以“在保护中发展，在发展中保护”为宗旨，主要驯养繁育金头闭壳龟、百色闭壳龟、三线闭壳龟、黄缘闭壳龟等水栖龟、半水栖龟、陆栖龟类共50多种，近3万只珍稀龟类，可批量供应国内外的观赏市场。

广东中山市僖缘农业有限公司大门

联系人：周昊明
联系电话：13380899999

黄缘闭壳龟

星点水龟

钻纹龟

苏卡达陆龟

红腿陆龟

黑凹甲陆龟（靴脚陆龟）

海南三少农牧有限公司
Hainansanshao Agriculture and animal husbandry Co., Ltd

海南三少农牧有限公司

海南三少农牧有限公司（简称三少公司）位于美丽的海南国际旅游岛海口市秀英区石山镇（火山口），占地面积25亩。公司主要养殖经营精品观赏龟，种类有钻纹龟全系列和变异白化龟等。公司将不断总结繁育、选育经验，探索和开发高端新品种观赏龟。未来三少公司将不断加大品种扩张和技术投入，为龟业发展奉献自己的一份力量。热忱欢迎各界龟友莅临公司参观交流学习。

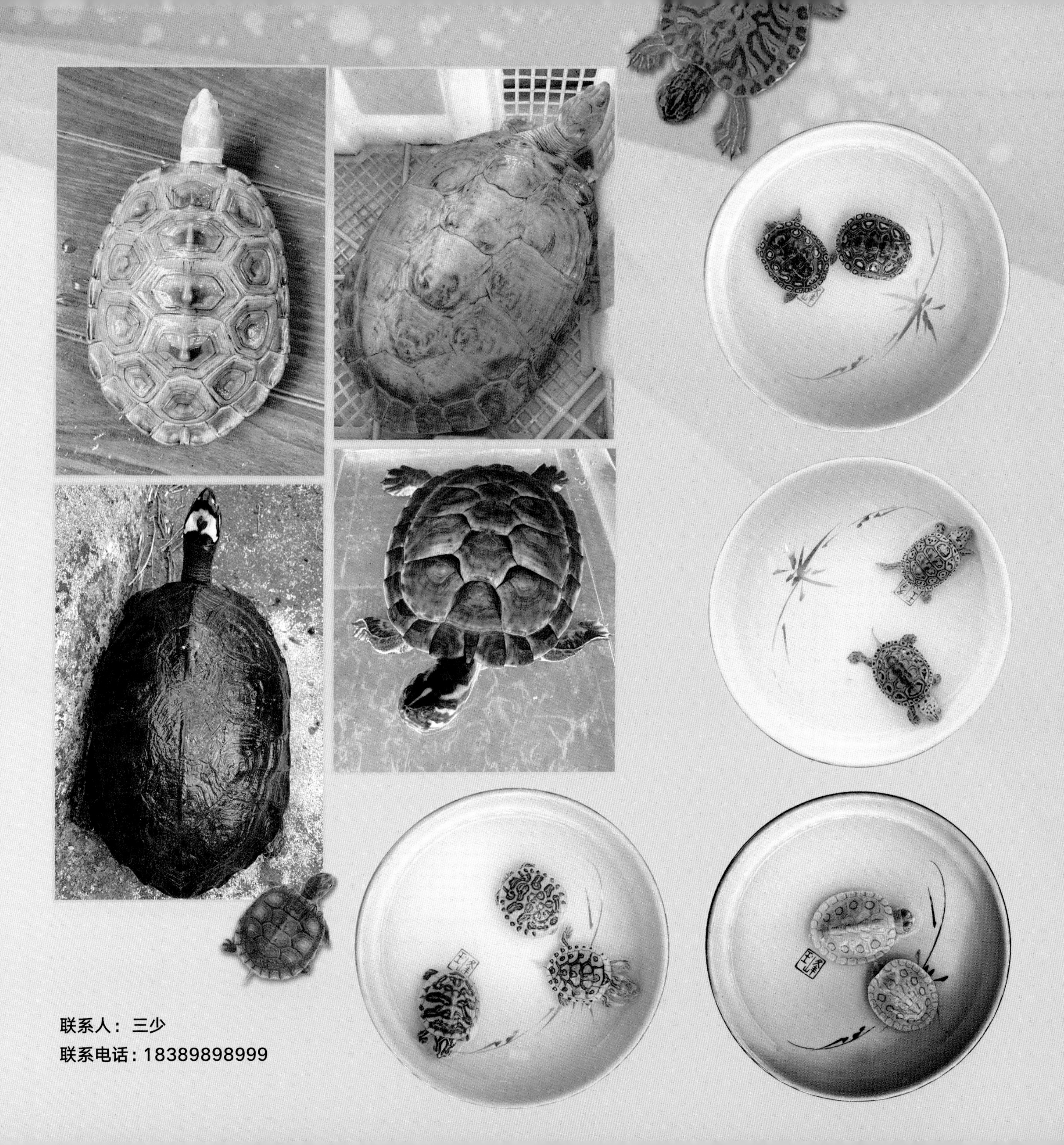
联系人：三少
联系电话：18389898999

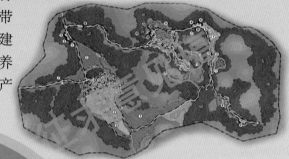

北京大路广翼水产研究中心

北京大路广翼水产研究中心成立于2003年，占地6.7公顷左右。中心总投资4 000万元，建有高标准水泥护坡室外池塘、实用龟鳖生态养殖大棚、工厂化商品鱼养殖车间、仿野生龟鳖生态养殖池和600米^{2}集展示、科普教育、休闲为一体的多功能厅 1个，中心已养殖大鳄龟300只、蛇鳄龟3 000多只等10多种龟鳖。同时，还拥有松浦镜鲤和匙吻鲟500多尾。

经10多年发展，中心已成为北京市农业科技试验示范基地，北京市菜篮子工程优级标准化生产基地，北京市农林科学院科技惠农行动计划示范基地，北京市龟鳖良种场，北京鲟鱼、鲑鳟鱼创新团队示范基地等10多个示范基地。同时，也是大连海洋大学研究生实训基地和北京农学院经济管理学院校外实习基地。

北京大路广翼水产研究中心已发展成为我国北方较大的优质食用龟鳖和观赏龟苗种繁育、商品生产基地，成为集生产、休闲、展示、科普于一体的综合性现代化农业企业。

联系人：老龟王
联系电话：13701009523

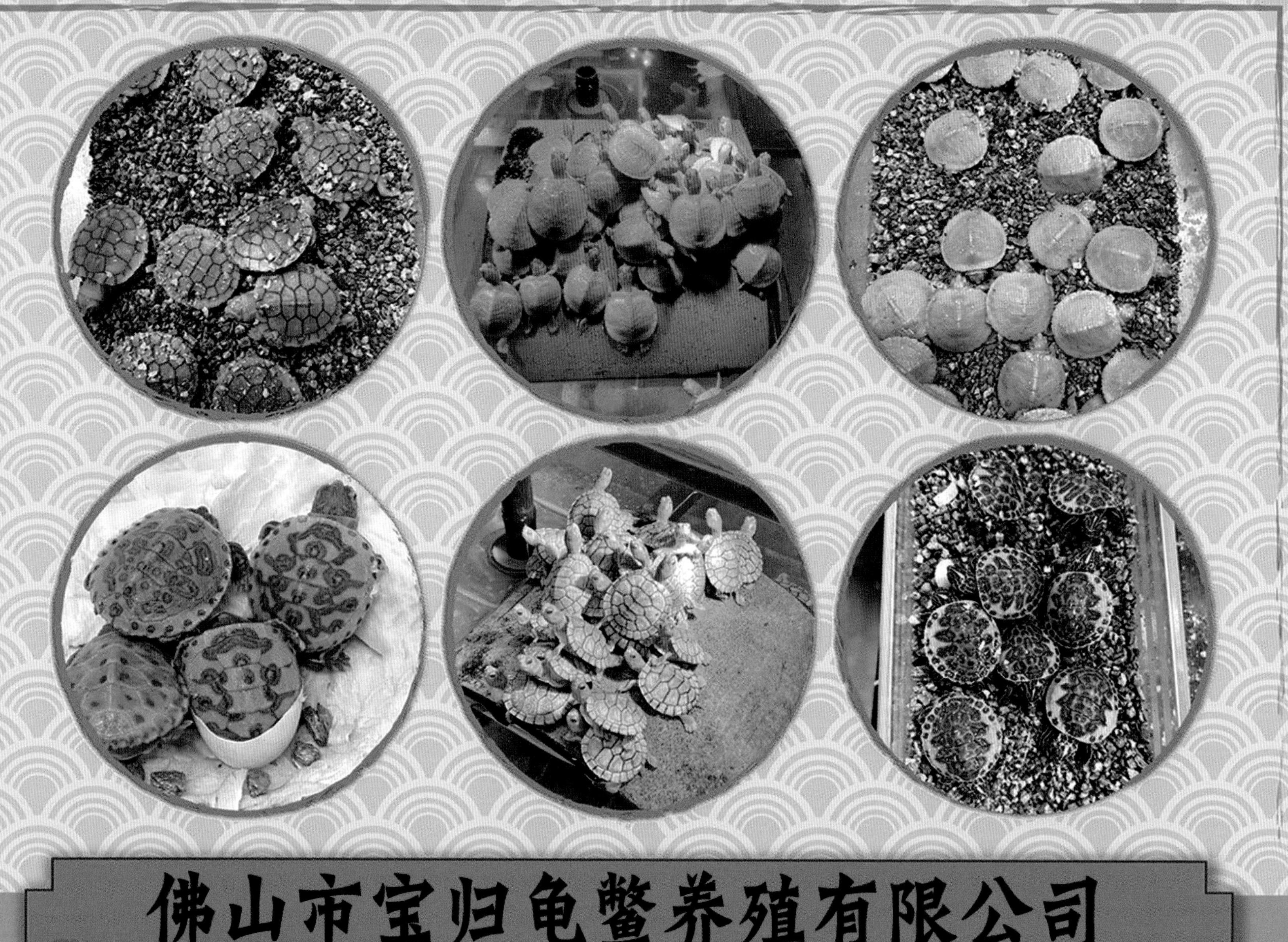

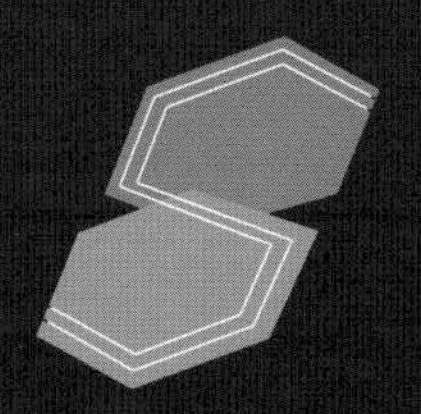

上海水产行业协会龟鳖分会

上海水产行业协会龟鳖分会

GUI BIE FENHUI

会长陈如江（左二）、秘书长沈卫（左三）接受政府授牌、颁证

上海是休闲农业龟养殖、品鉴等产业聚集地，其规模也不断扩大。据统计，2022年上海市龟类养殖户数约1300多户，参与户约150多户，龟产业总投入达1.8亿元，龟产业渔业经济总产值达20亿元，本协会的会员经济总产值达18亿元，占全市龟养殖户总产值的90%。

龟具有观赏、药用和展示价值。上海观赏龟产业占全国观赏龟产业的比重达到10%，终端消费市场占到全国的1/3。上海水产行业协会龟鳖分会于2023年3月24日成立，协会以“致力于促进龟等两栖爬行动物产业化、合法化、规范化及两栖爬行动物的保护事业，促进行业发展”为宗旨。积极贯彻国家提出构建现代农业产业体系、生产体系、经营体系三大体系的振兴战略，带动会员形成集聚效应，促进产业公平竞争，通过制定行业标准，推动行业技术及产业发展，使上海龟产业驶入健康、稳定、持续发展之路。

上海龟友联谊会（筹）第一届理事会

龟义诊

联系人：沈卫
联系电话：13311978836

國龟探秘
龜寶寶
系列纪录片

龟宝宝国龟记录
The baby tortoise records
联系电话：15888635252
（龟宝宝安缘基地1号）

寸金INCH-GOLD
惠州市寸金饲料有限公司
HUIZHOU INCH-GOLD FISH FOOD CO.,LTD.

寸金INCH-GOLD

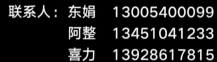

变异巴西龟

白化巴西龟、黑化巴西龟、焦糖巴西龟、果冻巴西龟、金粉巴西龟、彩色巴西龟及蜜蜂巴西龟等实现批量出苗，通过多年改良及基因叠加，推出多款复合基因观赏龟。

变异火焰龟

通过多年选育改良，正在逐步完善火焰龟的变异品系。目前已经实现金边火焰龟、幽灵火焰龟、黑金刚火焰龟及黄化火焰的量产，白化火焰龟等新兴品系不久将上市。

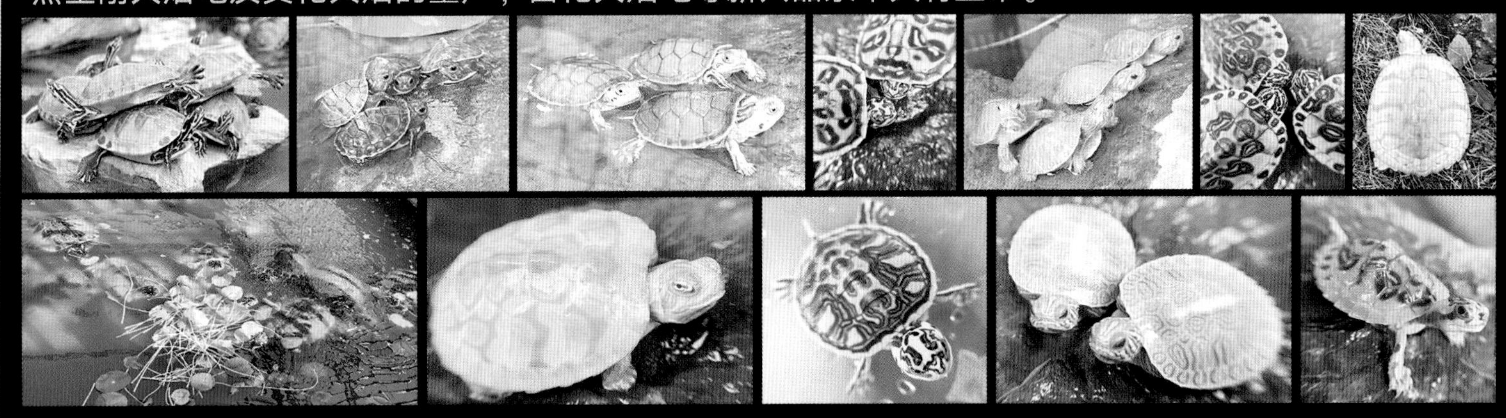

其他变异龟

白化甜甜圈龟、白化剃刀动胸龟、白化麝动胸龟、白化地图龟、白化锦龟、白化花龟、白化蛇鳄龟等几十种观赏龟也陆续上市。

海南村长观赏龟繁育中心

海南村长观赏龟繁育中心位于海南省海口市，目前已驯养繁殖窄桥龟(窄桥匣龟)、钻纹龟、图钻龟、黄斑图龟、吉氏图龟、金边火焰龟，各类变异巴西龟，各种动胸龟等30多种观赏龟类。其中，窄桥龟、钻纹龟、图钻龟、黄斑图龟、吉氏图龟是国内年繁殖量较多的机构之一，也是国内出苗时间较早的地区。

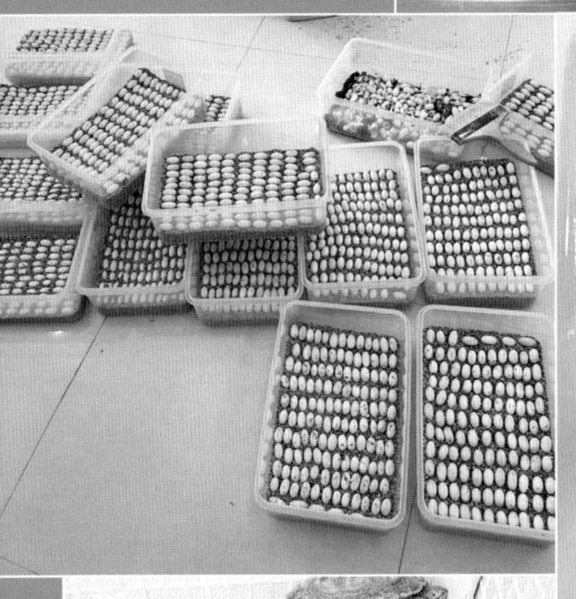

宏骏贸易有限公司

WATER VIEW CO., LTD

宏骏贸易有限公司创始于我国台湾省台中市，致力于爬虫类领域已有20年之久。从创业初始，以个人努力独立推广和开发市场，奠定了良好基础；到现在已成为有实力、有规模的国际贸易公司。

台湾宏骏贸易有限公司主要从事国内外两栖爬虫、哺乳类和各类动物进出口贸易，也包含各种宠物饲料及营养补给品。同时，我们也扮演繁殖者的角色，繁殖种类有变异缅甸蟒、变异网纹蟒、黄化及白化红腿陆龟、黑靴陆龟、白化苏卡达陆龟、白化豹龟等陆龟，稀有的澳洲变异蓝舌蜥、白化南美蜥、白化绿鬣蜥、雷氏巨蜥、硫磺泽巨蜥等。10多年来，缅甸蟒一直是我们主力繁殖品系。最引以为傲的是，2010年我们繁殖出世界第一只派缅甸蟒。最近5年来，我们扩大了繁殖场规模，成功繁殖了大型的阿尔达布拉陆龟、索玛利豹龟及一些稀有蜥蜴类。

我们希望与国际爬虫水族市场接轨，与世界各地爬友们交流学习，为爬虫市场和爬友们提供各式各样的爬虫种类及专业知识，未来我们将带给爬友们外形倩丽、质量好的宠物。

宏骏贸易有限公司坚持以保护野生物种及生态环境保育为社会责任，持续减少野生物种交易，扩大繁殖种类。我们也鼓励爬虫爱好者们，尽可能采购人工繁殖物种，切勿任意弃养您的宠物，让我们为环境保育同尽一份心力。

联系电话：886-4-2461-0900
邮箱：waterview89@msn.com
pieburmpython@gmail.com

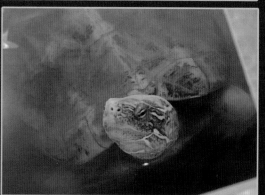

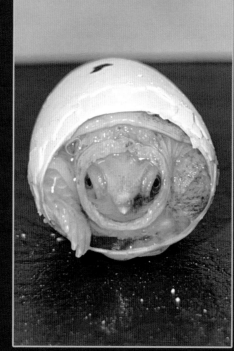